Geheimnisse der Bienenhaltung erklärt

M. Quinby

Writat

Diese Ausgabe erschien im Jahr 2024

ISBN: 9789361464195

Herausgegeben von
Writat
E-Mail: info@writat.com

Inhalt

VORWORT.

Bevor der Leser zu dem Schluss kommt, dass eine Entschuldigung für die Einführung eines weiteren Werks über Bienen in die Öffentlichkeit notwendig ist, bleibt zu hoffen, dass er die Geduld aufbringt, den Inhalt dieses Werks zu prüfen.

Der Verfasser der folgenden Seiten begann 1828 mit der Bienenhaltung, ohne dass ihm irgendwelche handwerklichen Kenntnisse hätten helfen können, abgesehen von ein paar Anweisungen zum Einsetzen der Bienenstöcke, zum Räuchern mit Schwefel usw. Fast alle verfügbaren Informationen waren so mit falschen Einfällen und Vorstellungen vermischt, dass es langer Erfahrung bedurfte, um wesentliche und schlüssige Punkte voneinander zu unterscheiden. Es war *unmöglich*, ein Werk zu finden, das die für die Praxis notwendigen Informationen lieferte. Von damals bis heute ist kein ausreichender Leitfaden für Unerfahrene erschienen. Die hier neu veröffentlichten europäischen Werke sind nur von geringem Wert. Weeks, Townley, Miner und andere Schriftsteller dieses Landes haben uns innerhalb weniger Jahre Abhandlungen geliefert, die bis zu einem gewissen Grad wertvoll waren, aber mehrere Kapitel völlig vernachlässigt, die für Anfänger sehr wichtig und unverzichtbar sind. Die Bienenhaltung *galt* und wird von der Mehrheit als gefährliches Unterfangen angesehen. Die Verwüstungen durch die Motte waren so groß und die Verluste so häufig, dass dem Thema lange Zeit nur wenig Aufmerksamkeit geschenkt wurde. Mr. Weeks verlor seinen gesamten Bestand dreimal in fünfzehn Jahren. Doch bald nachdem die Entdeckung bekannt wurde, dass man einem Bestand Honig entnehmen kann, ohne die Bienen zu töten, wurde die Aufmerksamkeit verstärkt und steigerte sich vielerorts zu einer wahren Raserei. Es scheint leicht verständlich, dass in diesem Zweig des landwirtschaftlichen Bestands der Erfolg *mit Profit* einhergehen muss, da die „Bienen umsonst arbeiten und sich selbst finden". Dieses Interesse an Bienen sollte so lange gefördert werden, bis genug Bienen gehalten werden, um den gesamten Honig einzusammeln, der jetzt verschwendet wird; was im Vergleich zu den gegenwärtigen Sammlungen mehr als tausend Pfund zu eins ausmachen würde. Doch das ist die Schwierigkeit, Erfolg zu haben. Vor etwa achtzehn Jahren sagte ein alter und geschätzter Freund nach einer günstigen Saison zu mir: „Man kann nicht erwarten, dass Sie immer so viel Glück haben werden; Sie müssen damit rechnen, dass sie nach einiger Zeit ausgehen. Mir ist immer aufgefallen, dass, wenn Leute eine Zeit lang erstklassiges Glück haben, die Bienen in der Regel eine Kehrtwende machen und nach ein paar Jahren verschwunden sind."

Ich bin mir nicht sicher, ob die Ursache meines späteren Erfolgs auf die obigen Bemerkungen zurückzuführen ist. Sie regten mich zu Beobachtungen und Nachforschungen an. Ich fand bald heraus, dass gute Jahreszeiten die „glücklichen" waren und dass viele in einer ungünstigen Jahreszeit alles verloren, was sie zuvor gewonnen hatten. Außerdem waren starke Familien die einzigen, auf die ich mich in Sachen Schutz gegen die Motte verlassen konnte. Dies veranlasste mich, die Ursachen zu ermitteln, die dazu neigen, die Größe der Familien zu verringern, und Heilmittel anzuwenden. Ob meine Bemühungen erfolgreich waren oder nicht, kann der Leser nach Durchsicht der Arbeit beurteilen.

Es ist an der Zeit, das Wort „ *Glück* " im Zusammenhang mit der Bienenzucht zu verwerfen. Die vorherrschende Meinung, dass Bienen unter den gleichen Umständen bei einer Person besser gedeihen als bei einer anderen, ist falsch. Sie trifft auch auf Handwerker und Landwirte zu. Dem nachlässigen, unwissenden Landwirt gelingt es vielleicht gelegentlich, trotz eines schlechten Zauns eine Ernte zu erzielen, aber er könnte sie jederzeit durch eindringendes Vieh verlieren. Er hat vielleicht anfangs geeigneten Boden, aber ohne das Wissen über die richtige Anwendung von Düngemitteln kann er keinen Ertrag bringen, es sei denn, eine *zufällige* Anwendung *ist* richtig.

Beim *intelligenten* Landwirt ist die Sache jedoch anders: Die Zäune sind in Ordnung, der Dünger wird mit Bedacht ausgebracht und die Jahreszeiten sind günstig, und er kann sich sicher sein, dass er erfolgreich ist. Nennen Sie ihn „ *glücklich* ", wenn Sie möchten; es sind sein Wissen und seine Sorgfalt, die ihn glücklich machen. Auch bei der Bienenhaltung ist der sorgfältige Mann der „Glückliche". Es kann keine Wirkung ohne vorhergehende Ursache geben. Wenn Sie einen Bienenbestand verlieren, gibt es eine oder mehrere Ursachen, die dies hervorrufen, genauso sicher, wie der Misserfolg einer Ernte beim unsparsamen Landwirt auf einen schlechten Zaun oder unfruchtbaren Boden zurückgeführt werden kann. Sie können sicher sein, dass irgendwo ein Geländer von Ihrem Zaun abgefallen ist oder die richtigen Anwendungen nicht durchgeführt wurden. In Bezug auf Bienen sind diese Dinge vielleicht nicht ganz so offensichtlich, aber dennoch wahr. Warum gibt es in der Bienenwissenschaft so viel mehr Unsicherheit als in anderen landwirtschaftlichen Betrieben? Es muss der Tatsache zugeschrieben werden, dass unter den Tausenden, die sich mit Landwirtschaft beschäftigen und sie studiert haben, vielleicht nicht mehr als einer seine Energie der Natur und den Gewohnheiten der Bienen gewidmet hat. Wenn das Wissen im gleichen Verhältnis gewonnen wird, sollten wir zu einem Thema tausendmal mehr Erkenntnisse gewinnen als zu einem anderen, und dennoch gibt es selbst in der Landwirtschaft einiges, das noch gelernt werden kann.

Viele gehen davon aus, dass wir bereits über alles Wissen verfügen, das wir zum Thema *Bienen* haben. Das ist nicht überraschend; eine Person, die nie eine vollständige Abhandlung gelesen hat, könnte zu solchen

Schlussfolgerungen gelangen. Wenn ihre eigene Erfahrung nicht tiefer geht, kann sie nicht beurteilen, was noch hinter ihr liegt.

In einem Gespräch über dieses Werk mit einer Person mit beträchtlichen wissenschaftlichen Kenntnissen bemerkte er: „Sie wollen die Naturgeschichte der Bienen überhaupt nicht wiedergeben; diese ist bereits hinreichend bekannt." Und wie wird sie verstanden: so wie Huber sie wiedergibt oder in Übereinstimmung mit einigen unserer eigenen Autoren? Wenn wir Huber als Leitfaden nehmen, finden wir viele Punkte, die sich in letzter Zeit widersprachen. Wenn wir Autoren unserer Tage vergleichen, stellen wir fest, dass sie sich widersprechen. Einer empfiehlt einen speziell konstruierten Bienenstock als genau das Richtige, das ihrer Natur und ihren Instinkten entspricht. Wenn ein einziger Punkt mit ihrer Natur übereinstimmt, bemüht er sich, alle anderen zu seinen Zwecken zu verdrehen, obwohl es sich dabei um ein Grundprinzip handeln kann, das unmöglich zu vereinbaren ist. Jemand anderem gelingt ein anderer Punkt und er empfiehlt dann etwas völlig anderes. Falsche und widersprüchliche Behauptungen werden entweder aus Unwissenheit oder aus Eigeninteresse aufgestellt. Eigeninteresse kann das Urteil trüben und eine gefälschte Geschichte kann täuschen.

Es ist töricht, auf lange Sicht Erfolg in der Bienenhaltung zu erwarten, ohne ihre Natur und Instinkte richtig zu kennen; und das werden wir mit dem bisher verfolgten Weg nie erreichen. Da ein Großteil ihrer Arbeit im Dunkeln verrichtet wird und schwer zu beobachten ist, hat dies zu Vermutungen und falschen Schlussfolgerungen geführt, die zu falschen Schlussfolgerungen geführt haben.

Wenn *ich* sage, dass etwas *so ist* oder dass es *nicht so ist* , welche Beweise hat der Leser dann, dass es bewiesen oder nachgewiesen ist? *Meine* bloßen Behauptungen werden nicht denen anderer vorgezogen; solche Beweise haben wir mehr als genug. Die meisten Menschen haben nicht die Zeit, Geduld oder Fähigkeit, sich ruhig hinzusetzen, die Sache genau zu beobachten und gründlich zu untersuchen. Daher hat es sich als einfacher erwiesen, Irrtümer als Wahrheit zu akzeptieren, als die notwendige Anstrengung zu unternehmen, sie zu widerlegen; umso mehr, als es keinen Leitfaden gibt, der die Untersuchung leitet. Ich werde daher einen anderen Weg verfolgen und für jede Behauptung *einen* Test anstellen, den der Leser anwenden und selbst überzeugen kann und auf niemanden vertrauen muss. Was Theorien betrifft, werde ich versuchen, sie von den Fakten zu trennen und die Beweise, die ich habe, entweder für oder gegen sie vorzulegen. Wenn der Leser weitere Beweise hat, die die Sache in einem anderen Licht erscheinen lassen, wird er natürlich das Recht auf eine andere Meinung ausüben.

Ich könnte eine Reihe von Regeln für die Praxis aufstellen und mich dabei sehr kurz fassen, aber das wäre unbefriedigend. Wenn uns gesagt wird, dass etwas *getan werden muss* , möchten die meisten von uns, wie der „neugierige Yankee", wissen, *warum* es notwendig ist, und dann möchten wir wissen, *wie* es zu tun ist. Das gibt uns die Gewissheit, dass wir richtig liegen. Daher werde ich versuchen, den praktischen Teil so eng wie möglich mit der Naturgeschichte zu beschreiben, die es vorschreibt.

Dieses Werk enthält mehrere Kapitel, die für die Öffentlichkeit völlig neu sind: das Ergebnis meiner eigenen Erfahrung, das für alle von größtem Wert sein wird, die den größtmöglichen Nutzen aus ihren Bienen ziehen möchten.

Die Ergänzungen zu den Kapiteln, die bereits teilweise von anderen besprochen wurden, enthalten viel Originalmaterial, das sonst nirgendwo zu finden ist. Wenn viele Bestände gehalten werden, kann allein das Kapitel über den „Verlust von Königinnen" bei sorgfältiger Beachtung jedem, der nicht im Geheimen ist, in einer Saison genug ersparen, um ein Vielfaches der Kosten dieser Arbeit wert zu sein. Dasselbe gilt für die Kapitel über kranke Brut, künstliche Schwärme, überwinternde Bienen und viele andere.

Hätte man mir vor zwanzig Jahren ein solches Werk in die Hände gegeben, hätte ich mit den Informationen Hunderte von Dollar verdient. Stattdessen habe ich mich zunächst auf die Suche nach einem Heilmittel oder einer Vorbeugung gemacht. Der Leser kann sich davon befreien, da ich diese Anleitungen getrost empfehlen kann.

Neu ist außerdem, dass jede Saison eigene Aufgaben wahrnimmt, beginnend mit der Frühjahrsbewirtschaftung und endend mit der Winterbewirtschaftung.

In meinem Bemühen, von allen Leserklassen verstanden zu werden, bin ich mir bewusst, dass ich die elegante Konstruktion und Anordnung der Sätze als zweitrangig angesehen habe und sie daher zu Recht kritisiert werden können. Für den Leser, dessen Ziel Informationen zu diesem Thema sind, kann dies jedoch nur von geringer Bedeutung sein.

KAPITEL I.

EINE KURZE GESCHICHTE.

DREI BIENENARTEN.

Jeder erfolgreiche Schwarm oder jede erfolgreiche Bienenfamilie muss aus einer Königin, mehreren tausend Arbeiterinnen und während eines Teils des Jahres einigen hundert Drohnen bestehen.

KÖNIGIN.   **ARBEITER.**   **DROHNE.**

KÖNIGIN BESCHRIEBEN.

Die Königin ist die Mutter der gesamten Familie. Ihre Aufgabe scheint nur darin zu bestehen, Eier in die Zellen zu legen. Ihr Hinterleib erreicht seine volle Größe sehr abrupt dort, wo er sich mit dem Rumpf oder Körper verbindet, und verjüngt sich dann allmählich zu einer Spitze. Sie ist länger als die Drohnen oder Arbeiterinnen, aber ihre Größe ist in anderer Hinsicht ein Mittelmaß zwischen den beiden. In ihrer Gestalt ähnelt sie eher der Arbeiterin als der Drohne und hat wie diese einen Stachel, den sie aber für nichts unter dem königlichen Rang verwendet. Sie hat fast keinen Flaum oder Haare; an Kopf und Rumpf ist nur sehr wenig zu sehen. Dies verleiht ihr auf der Oberseite ein dunkles, glänzendes Aussehen – einige sind fast schwarz. Ihre Beine sind etwas länger als die einer Arbeiterin; die beiden hinteren und die Unterseite sind oft von heller Kupferfarbe. Bei einigen von ihnen umgibt ein gelber Streifen den Hinterleib an den Gelenken fast vollständig und trifft auf dem Rücken zusammen. Ihre Flügel sind ungefähr gleich wie die der Arbeiterinnen, aber da ihr Hinterleib viel länger ist, erreichen sie nur etwa zwei Drittel der Länge davon. In den ersten Tagen nach dem Verlassen der Zelle ist sie viel kleiner als nach der Übernahme ihrer mütterlichen Pflichten. Sie verlässt den Stock selten, vielleicht nie, außer wenn sie einen Schwarm anführt und wenn sie erst wenige Tage alt ist, um die Drohnen in der Luft zum Zwecke der Befruchtung zu treffen. Die Art und Weise der Befruchtung der Königin ist noch immer ein umstrittener Punkt und wurde wahrscheinlich noch nie von jemandem beobachtet. Die Mehrheit der aufmerksamen Beobachter ist meiner Meinung nach der Meinung, dass die Drohnen die Männchen sind und dass die sexuelle Verbindung in der Luft stattfindet · Sie führen ihre Liebschaften im Flug aus, wie die Hummel und einige andere Insekten. Es scheint, dass eine Befruchtung während ihres Lebens wirksam ist, da man alte Königinnen später nicht mehr zu diesem Zweck herauskommen sieht.

BESCHREIBUNG UND PFLICHTEN DER ARBEITNEHMER.

Da die ganze Arbeit den Arbeiterinnen obliegt, sind sie mit einem Sack oder Beutel für Honig ausgestattet. An ihren Beinen befinden sich korbähnliche Hohlräume, in denen sie Blütenpollen in kleine Kügelchen packen, die sie bequem nach Hause tragen können. Sie sind außerdem mit einem Stachel und einem starken Gift ausgestattet, das sie jedoch nicht im Ausland einsetzen, wenn sie unbehelligt sind. Wenn sie jedoch angegriffen werden, verteidigen sie sich im Allgemeinen ausreichend, um zu entkommen. Sie durchstreifen die Felder nach Honig und Pollen, sondern Wachs ab, bauen Waben, bereiten Nahrung zu, säugen die Jungen, bringen Wasser für die Gemeinschaft, beschaffen Propolis , um alle Spalten im Bienenstock abzudichten, stehen Wache und halten Eindringlinge, Räuber usw. usw. fern.

BESCHREIBUNG DER DROHNEN.

Wenn die Familie groß und Honig im Überfluss vorhanden ist, wird ein Drohnenbrut aufgezogen; die Zahl hängt wahrscheinlich mehr als alles andere vom Honigertrag und der Größe des Schwarms ab. Wenn der Honig knapp wird, werden sie vernichtet. Ihre Körper sind groß und ziemlich plump, mit kurzen Haaren oder Borsten bedeckt. Ihr Hinterleib endet sehr abrupt, ohne die Symmetrie der Königin oder Arbeiterin. Ihr Summen, wenn sie fliegen, ist lauter und unterscheidet sich völlig von dem der anderen. Sie scheinen von allen im Stock von geringstem Wert zu sein. Vielleicht wird nicht mehr als eine von tausend jemals dazu herangezogen, die Aufgabe zu erfüllen, für die sie geschaffen wurden. Dennoch helfen sie manchmal, die notwendige animalische Wärme im alten Stock aufrechtzuerhalten, nachdem ein Schwarm ihn verlassen hat.

Die meisten Bruten finden im Frühjahr statt.

Im Frühjahr und Frühsommer, wenn fast alle Waben leer sind und es reichlich Nahrung gibt, ziehen sie mehr Brut auf als zu jeder anderen Zeit (gegen Herbst werden mehr Waben mit Honig gefüllt, sodass weniger Platz für die Brut bleibt). Der Stock füllt sich bald mit Bienen, und es werden Zellen für die Königinnen gebaut, in die die Königin ihre Eier legt. Wenn einige dieser jungen Königinnen weit genug fortgeschritten sind, um versiegelt zu werden, ziehen die alte und der Großteil ihrer Untertanen an einen neuen Ort (das nennt man Schwärmen). Sie versammeln sich bald in einem Schwarm, und wenn sie in einen leeren Stock gesetzt werden, beginnen sie von neuem mit ihrer Arbeit: Sie bauen Waben, ziehen Brut auf und lagern Honig, um ihn im nächsten Jahr an einen anderen Ort zu bringen. Einer von hundert kann dies in derselben Saison tun, wenn der Stock rechtzeitig wieder gefüllt und überfüllt wird, um dies zu rechtfertigen. Nur große frühe Schwärme tun dies.

IHRE BRANCHE.

Fleiß liegt in ihrer Natur. Wenn die Blüten Honig liefern und das Wetter schön ist, brauchen sie keinen Anstoß vom Menschen, um ihren Teil zu leisten. Wenn ihr Behausung mit allem Notwendigen ausgestattet ist, um eine weitere Quelle zu erreichen, oder wenn ihr Vorratshaus voll ist und kein Bedarf oder Platz für eine Erweiterung besteht und wir ihnen mehr Platz bieten, arbeiten sie fleißig daran, es aufzufüllen. Anstatt ihre Zeit mit Müßiggang zu verschwenden , deponieren sie während einer reichlichen Honigernte ihren Überschuss in Waben außerhalb des Stocks oder unter dem Ständer. Diese natürliche Fleißgewohnheit liegt allen Vorteilen der Bienenhaltung zugrunde; daher müssen unsere Stöcke mit diesem Ziel vor Augen gebaut werden und dürfen gleichzeitig andere Aspekte ihrer Natur nicht beeinträchtigen; dieses Thema wird jedoch im nächsten Kapitel behandelt. Die besonderen Merkmale ihrer Natur, die hier erwähnt werden, werden in verschiedenen Teilen dieses Werks ausführlicher behandelt, wenn sie erforderlich erscheinen und wenn Beweise zur Unterstützung der hier eingenommenen Positionen angeboten werden, die bisher nichts weiter als bloße Behauptungen sind.

KAPITEL II.

NESSELSUCHT.

Bienenstöcke müssen sorgfältig hergestellt werden.

Bienenstöcke sollten aus gutem Material und mit Brettern ausreichender Dicke gebaut sein, die keine Fehler oder Risse aufweisen, gut passen und gründlich genagelt sind.

Der Zeitpunkt für die Herstellung ist nicht sehr genau, vorausgesetzt, es geschieht in der Saison. Die Herstellung nach Wunsch sollte auf keinen Fall bis zur Schwarmzeit verschoben werden, denn wenn sie bemalt werden sollen, sollte dies so lange wie möglich vorher geschehen, da der strenge Geruch von frisch aufgetragenem Öl und Farbe für die Bienen unangenehm sein könnte.

Aber was für ein Bienenstock soll gebaut werden?

Als Antwort wurden weniger als tausend Formen angegeben. Die Vorteile der Bienenhaltung hängen ebenso sehr von der Konstruktion der Bienenstöcke ab wie von allem anderen. Dennoch gibt es zu keinem Thema in diesem Zusammenhang so unterschiedliche Meinungen, und ich habe nur wenig Hoffnung, all diese widersprüchlichen Ansichten, Meinungen, Vorurteile und Interessen in Einklang zu bringen.

VERSCHIEDENE MEINUNGEN ÜBER SIE.

Einer befürwortet die alte Kiste und die grausame Praxis, die Bienen zu töten, um an den Honig zu kommen, als einzige Möglichkeit, „Glück" zu haben; „wenn sie sich damit anlegen, werden sie sicher ausgehen." Ein anderer verfällt ins andere Extrem und befürwortet alle extravaganten Einfälle des fahrenden Patentverkäufers als das *Nonplusultra* aller Bienenstöcke, obwohl sie vielleicht als Brennholz mehr wert wären als als Bienenhaus.

DER AUTOR HAT KEIN PATENT ZU EMPFEHLEN.

Um dem Leser die Befürchtung zu nehmen, dass ich ein Patent verurteile, um ein anderes zu empfehlen, möchte ich gleich zu Beginn sagen, dass ich *kein Patent zu loben habe, kein Interesse daran habe, zu täuschen , und ich hoffe, dass mich keine Vorurteile dazu verleiten, ein System* zu befürworten oder zu verurteilen . Ich möchte die Bienenhaltung klar, einfach, wirtschaftlich und profitabel machen, sodass der Gewinn, wenn wir ihn zusammenrechnen, „nicht in der anderen Tasche zu finden ist".

Es ist ein in unserem Gesetz verankerter Grundsatz, dass niemand als Geschworener geeignet ist, der entweder durch Eigeninteresse oder

Vorurteile voreingenommen ist. Ob ich nun der unparteiische Jurist bin, kann ich nicht beurteilen, aber ich möchte das Thema fair diskutieren. Ich hoffe, dass einige wenige in die Lage versetzt werden, ihr eigenes Interesse zu erkennen. Auf jeden Fall sollten Vorurteile so weit wie möglich außer Acht gelassen werden, während wir untersuchen, inwiefern *eine Klasse* in der Gemeinschaft für Bienenzüchter unrentabel ist.

SPEKULATOREN HABEN LANG GENUG UNTERSTÜTZT.

Wir haben lange Zeit treu eine Menge Spekulanten in unserem Geschäft unterstützt; oft scherten sie sich nicht im Geringsten um unseren Erfolg, nachdem sie die Gebühr für erfolgreiche „Schwindel" eingesteckt hatten. Kaum ist einer weg, werden wir von einem anderen bedrängt, der etwas völlig anderes und natürlich den Gipfel der Perfektion bietet.

PATENTPRÄFIX: EINE SCHLECHTE EMPFEHLUNG.

Dies wurde so lange getan, bis allein schon das Präfix „Patent" oder „Prämie", das einem Bienenstock beigefügt ist, es fast sicher macht, dass dieser mit Nachteilen für den Imker verbunden ist, entweder in Form von Baukosten oder in Form einer komplizierten und verwirrenden Verwaltung, die einen Ingenieur für die Verwaltung und einen geschickten Architekten für die Konstruktion erfordert.

Was weiß der amerikanische Wilde, der ohne Schwierigkeiten den Panther oder Wolf verfolgen kann, von den Prinzipien der Chemie? Was weiß der Chemiker davon, einer Spur im Wald zu folgen, wenn ihn nichts als verwelkte Blätter leiten können? Jeder versteht Prinzipien, die *Einzelheiten* von denen der andere nicht einmal geträumt hat.

Unwissenheit von Beamten und Ausschüssen.

So scheint es auch mit der Vergabe von Patenten und Prämien zu sein, wenn wir das nehmen, was von unseren Ausschüssen und Beamten als Verbesserungen in der Bienenzucht patentiert und gelobt wurde. Diese Leute mögen fähig, intelligent und für ihren Bereich gut geeignet sein, aber in Bienenangelegenheiten sind sie ungefähr so fähig zu beurteilen, wie ein Hottentotte die Vorzüge einer komplizierten Dampfmaschine beurteilen kann. Wissen und Erfahrung sind die einzigen Qualifikationen, die eine Entscheidung fällen können.

Gegner der Einfachheit.

Ich bin mir bewusst, dass viele der Tausenden, deren direkte Interessen meiner einfachen und schlichten Art zurecht zu stehen, bereit sind, mit mir über jede Abweichung von ihren patentierten, verbesserten oder Premium-Bienenstöcken zu streiten, je nachdem, was der Fall ist.

INDEM SIE EINEN PUNKT ERHALTEN, HERVORRAGEN SIE EIN WEITERES ÜBEL.

Ich denke, es wird leicht zu zeigen sein, dass jede Abweichung von der Einfachheit, um *einen* Punkt zu erreichen, in einem anderen ein entsprechendes Übel mit sich bringt, das oft den erreichten Vorteil übersteigt. Dass wir in Kunst und Wissenschaft und in jedem Bereich menschlicher Angelegenheiten enorme Fortschritte gemacht haben, wird niemand bestreiten; folglich wird angenommen, dass wir uns auch im Bienenstock entsprechend verbessern müssen; dabei wird vergessen, dass die Natur dem Instinkt der Biene Grenzen gesetzt hat, die sie nicht überschreiten wird!

Es wird notwendig sein, die Vorteile und Einwände dieser angeblichen Verbesserungen aufzuzeigen, und dann werden wir sehen, ob wir die Einwände nicht vermeiden *und die Vorteile ohne Kosten beibehalten können*, indem wir einfach einen gewöhnlichen Bienenstock ergänzen; denn wenn wir die Bienenhaltung fördern wollen, müssen sie mehr Erfolg haben als ein Nachbar von mir, der 50 Dollar für Bienen und ein Patent ausgegeben und in drei Jahren alles verloren hat! Die meisten Imker sind Bauern; nur sehr wenige sind ausreichende Ingenieure, um erfolgreich mit ihnen zu arbeiten. Allen, die die Natur der Bienen nicht verstehen, würde ich sagen: Bleiben Sie bei der Einfachheit, bis Sie sie verstehen, und dann werden Sie ganz sicher kein Verlangen nach Veränderung verspüren.

ERSTE WAHNSINN.

Die erste Wahnvorstellung in der Patentreihe entstand wahrscheinlich aus der Vorstellung, man müsse unbedingt einen Kammerstock haben, um überschüssigen Honig zu erhalten. Um die Plagen der Mäuse zu vermeiden, wurde ein hängender Stock konstruiert. Dann wurde ein geneigtes Bodenbrett hinzugefügt, um die Würmer auszuwerfen. Um zu verhindern, dass die Waben nach unten rutschen, wurde das untere Ende verengt.

Das Prinzip, Bienen aus Arbeiterinneneiern Königinnen zu züchten, wenn diese keine Bienen mehr haben, führte zur Entwicklung von Teilungsbeuten in verschiedenen Formen. Waben werden nach mehrjähriger Verwendung dick und schwarz und müssen ausgetauscht werden. Daher wurden Wechselbeuten eingeführt. Um Risiken und Ärger zu vermeiden, wurden Nichtschwärmer eingeführt. Mottensichere Beuten, um die Verwüstungen durch Würmer usw. zu verhindern.

KAMMERBIENSCHENKORB.

Der Kammerstock besteht aus zwei Kammern; die untere und größere ist für den ständigen Aufenthalt der Bienen bestimmt, die obere oder Kammer für die Kästen. Seine Vorteile sind diese: Die Kammer bietet allen notwendigen Schutz für Glaskästen; als Abdeckung betrachtet geht sie nie verloren. Seine Nachteile sind Unbequemlichkeit bei der Handhabung; er nimmt mehr Platz ein, wenn er im Winter ins Haus gestellt wird; bei Verwendung von Glaskästen ist nur ein Ende zu sehen, und dieses kann voll sein, während das andere noch einige Pfund fasst, und wir können das unmöglich wissen, bis es herausgenommen wird. Ich weiß, man sagt uns, wir sollen solche Kästen zurückgeben, wenn sie nicht voll sind, „und die Bienen werden sie bald aufbrauchen", aber das hängt von der jeweiligen Honigertragsmenge ab; ist er reichlich, wird er gefüllt sein; wenn nicht, werden die Bienen sehr wahrscheinlich einen Wink verstehen und unten entfernen, was in dem Kasten ist; Wäre die Kammer hingegen vom Bienenstock getrennt und keine Kammer, sondern eine lose Kappe zum Abdecken der Kästen, könnte man sie jederzeit anheben, ohne eine einzige Biene zu stören, und man könnte den genauen Zeitpunkt des Befüllens der Kästen feststellen (das heißt, wenn sie aus Glas sind).

FRAU GRIFFITHS HIVE.

Mrs. Griffith aus New Jersey soll den Hängekammerstock mit geneigtem Bodenbrett erfunden haben. Man könnte meinen, dieser sei recht unpraktisch in der Handhabung und schwierig und teuer in der Konstruktion.

WOCHENWEISE VERBESSERUNG.

Doch Mr. Weeks nimmt eine Änderung vor und nennt sie eine Verbesserung. Die Kosten sind nur geringfügig höher; es genügt, um durch ein Patent sanktioniert zu werden. Von vorne nach hinten ist die Unterseite etwa drei Zoll schmaler als die Oberseite, etwas keilförmig; die Kanten sind gestützt, sodass die Waben nicht herunterrutschen, wenn sie gerade *hergestellt* werden. Die Einwände sind, dass der Bienendreck nicht so leicht auf den Boden fällt, als wenn jede Seite senkrecht wäre, und dass die Konstruktion zusätzliche Schwierigkeiten bereitet.

GENEIGTE BODENBRETTER WERFEN NICHT ALLE WÜRMER HERAUS.

Geneigte Bodenbretter bilden die Grundlage eines oder zweier Patente, die angeblich gut geeignet sind, um die Würmer herauszurollen. Ich kann mir vorstellen, dass eine Erbse von einem solchen Brett rollt; aber ein Wurm wird nicht oft in rollender Form gefunden. Die meisten von uns wissen, dass ein Wurm, wenn er aus den Waben fällt, wie eine Spinne ist, an deren Oberseite ein Faden befestigt ist. Die einzige Möglichkeit, wie ich mir vorstellen kann, dass einer von diesen Brettern herausgeschleudert wird, ist, dass er tot ist, wenn er darauf auftrifft, oder so kalt, dass er keinen Faden spinnen kann, und dass der Wind das Brett schüttelt, bis er herunterrollt. Die Einwände gegen diese Bretter hängen mit dem hängenden Bienenstock zusammen, mit dem sie normalerweise verbunden sind.

Einwände gegen aufgehängte Bienenstöcke.

Alle Hängestöcke *müssen* für jeden , der den *wahren Zustand seiner Bienen jederzeit* kennen möchte, ein Problem darstellen . Man denke nur an die Mühe, die Bodenplatte abzuhaken, sich auf den Rücken zu legen oder den Hals zu verdrehen, bis einem schwindelig wird, um zwischen den Waben nach oben zu schauen und dann wegen des Mangels an Licht nichts zu finden, was zufriedenstellend wäre; oder den Stock von seinen Stützen zu heben und umzudrehen. Diese Operation ist zu furchterregend für einen trägen Menschen oder jemanden, der viel anderes zu tun hat. Die Untersuchung wird höchstwahrscheinlich so lange aufgeschoben, bis sie ganz sicher nicht mehr nötig ist, und manchmal noch ein paar Tage später, und dann wird man sehr oft feststellen, dass man seinen Bienen nicht mehr helfen kann.

SEHEN SIE OFT BIENEN.

„ *Sehen Sie sich Ihre Bienen oft an* " ist ein gutes Rezept – es ist 500 Dollar Zinsen wert, selbst wenn Sie nur wenige Bestände haben. Wie wichtig ist es dann, dass wir alle Möglichkeiten für eine genaue und minutiöse Inspektion haben. Wie viel einfacher ist es, einen Bienenstock umzudrehen, der einfach auf einem Ständer steht. Manchmal ist es notwendig, den Bienenstock umzudrehen, sogar mit dem Boden nach oben, und die Sonnenstrahlen direkt zwischen die Waben zu lassen, um *alle* Einzelheiten zu sehen. Durch diese genaue Inspektion habe ich oft die Ursache einiger Schwierigkeiten ermittelt und Abhilfe geschaffen und so viele gerettet, die in kurzer Zeit verloren gegangen wären; doch mit ein wenig Hilfe waren sie im nächsten Jahr genauso wertvoll wie alle anderen.

HALLS PATENT.

Herr Hall hat seinem Bienenstock einen unteren Abschnitt hinzugefügt, der etwa vier Zoll tief ist und innen zwei Bretter hat, wie das Dach eines Hauses, um die Würmer usw. auszuscheiden. Da diese Bretter jedoch eine genaue Inspektion behindern würden, sind sie nicht erwünscht. Es wurden mehrere andere Variationen von geneigten Bodenbrettern und hängenden Bienenstöcken entwickelt, um ein Patent zu erhalten, aber die vorgebrachten Einwände gelten für die meisten davon. Ich werde den Leser nicht langweilen, indem ich *jeden* patentierten Bienenstock im Detail beschreibe.

Ich denke, wenn ich die *Prinzipien jeder Art beschreibe* , wird dies seine Geduld ausreichend auf die Probe stellen.

JONES' PATENT.

Jones' Teilungsstock wurde wahrscheinlich von diesem instinktiven Prinzip der Biene inspiriert, nämlich: Wenn ein Bienenstock durch einen Zufall seine Königin verliert und die Waben Eier oder sehr junge Larven enthalten , werden sie eine neue aufziehen. Wenn nun ein Bienenstock so konstruiert ist, dass die Brutwaben geteilt werden, ist es ziemlich sicher, dass die Hälfte ohne Königin eine neue aufziehen würde; und wir könnten unsere Bienenstöcke ohne Schwärme, die Mühe des Bienenstockbaus und das Risiko, dass sie in den Wald gehen usw., vermehren.

EIN EXPERIMENT.

Vor einigen Jahren dachte ich, ich hätte ein Prinzip entwickelt, das das gesamte System der Bienenhaltung revolutionieren würde. 1840 konstruierte ich solche Bienenstöcke und setzte Bienen hinein, um in praktischen Versuchen die Nützlichkeit dessen zu testen, was in der Theorie so plausibel erschien. Es scheint, dass dieses Prinzip Herrn Jones auf dieselbe Idee brachte, vielleicht mit diesem Unterschied: Ich glaube, er wartete nicht, bis er den Plan gründlich getestet hatte, bevor er 1842 sein Patent erhielt. Ein Rechteverkäufer behauptete, dass aus einem Stamm in drei Jahren 63 Stämme hergestellt wurden; aber aus irgendeinem Grund erfüllten viele, die die Rechte erhielten, ihre Erwartungen nicht. Aus meinen Experimenten glaube ich, dass ich einige der Gründe erraten kann.

Herr A.: „Nun, was sind die Gründe? Teilen Sie uns bitte Ihre Erfahrungen mit. Ich bin daran interessiert. Ich hatte das Recht auf einen solchen Bienenstock und ließ viele auf Bestellung anfertigen. Letzten Endes kostete das mehr Geld, als ich jemals wieder für irgendetwas im Zusammenhang mit Bienen bezahlen werde.“

Seien Sie nicht zu voreilig, mein Freund. Ich glaube, ich kann Ihnen beibringen, Bienen nach Grundsätzen zu halten, die ihrer Natur entsprechen. Das ist sehr einfach, sodass die *Bienenstöcke uns* jedenfalls nur wenig kosten werden, wenn Sie dazu bewegt werden können, es noch einmal zu versuchen.

GRÜNDE FÜR DAS FEHLSCHLAGEN BEI DER TEILUNG VON BIENENSTÖCKEN.

Hier schienen die größten Schwierigkeiten beim Unterteilen von Bienenstöcken zu liegen. Sie müssen mit einer Trennwand oder Unterteilung versehen sein, um die Waben in den einzelnen Kammern getrennt zu halten, sonst entsteht bei der Unterteilung eine mühselige Arbeit. Wenn Bienen zum ersten Mal in solche Bienenstöcke gesetzt werden, ist eine Kammer bis zum

Boden gefüllt, bevor mit dem Unterteilen in der anderen begonnen wird, es sei denn, der Schwarm ist sehr groß und hat reichlich Honig.

Herr A.: „Was macht das für einen Unterschied? Der Bienenstock muss voll sein. Wenn er nicht auf einmal ganz gefüllt werden kann, warum soll man dann einen Teil füllen?"

Der Unterschied besteht darin, dass die ersten Waben, die ein Schwarm baut, für die Brut und später für Vorratswaben, je nach Bedarf, verwendet werden. Ein Teil wird fast ausschließlich mit Brutwaben gefüllt sein, der andere mit Vorratswaben und Honig. Zwischen den beiden Arten von Zellen besteht ein großer Unterschied. Die für die Zucht sind etwa einen halben Zoll lang, während die für den Vorrat manchmal zwei Zoll oder mehr lang sind. Sie sind also völlig ungeeignet für die Zucht, bis die Bienen sie auf die richtige Länge kürzen, was sie nicht tun, es sei denn, sie sind aus Platzmangel dazu gezwungen. Folglich wird diese Seite der Vorratswaben nur wenig für die Brut verwendet. Wenn ein solcher Stock geteilt wird, beträgt die Wahrscheinlichkeit nicht mehr als eins zu vier, dass dieser Teil junge Bienen im richtigen Alter enthält, aus denen eine Königin gezogen werden kann. Wenn nicht und die alte Königin sich in dem Teil mit den Brutwaben befindet, wo sie 99 von 100 Mal sein wird, geht die Hälfte des Stocks verloren, weil keine Königin vorhanden ist.

Herr A.: „Ah! Ich glaube, ich verstehe jetzt, wie ich bei fast jedem geteilten Bienenstock die Hälfte verloren habe. Einige habe ich auch im Winter verloren. Es gab viele Bienen und auch Honig. Können Sie mir sagen, woran das liegt?"

Ich vermute, sie sind verhungert.

Herr A.: „Verhungert? Aber ich sagte doch, es gibt reichlich Honig."

Ich habe es verstanden, bin mir aber trotzdem ganz sicher.

Herr A.: „Das möchte ich klarstellen. Ich kann nicht verstehen, wie sie verhungern konnten, obwohl es Honig gab!"

URSACHE FÜR DAS VERHUNGERN IN SOLCHEN BIENENSTÖCKEN.

Ich sagte, ein Raum würde mit Brutwaben gefüllt sein; dieser wird zumindest teilweise mit Brut belegt sein, solange der Honigertrag reicht; folglich wird hier nur wenig Platz zur Lagerung sein, aber die andere Seite kann ganz voll sein. Die Bienen werden ihr Winterquartier zwischen den Brutwaben aufschlagen. Nehmen wir nun an, der Honig in diesem Raum ist während eines strengen Kälteeinbruchs vollständig aufgebraucht, was können die Bienen dann tun? Wenn eine die Masse verlassen und sich in den frostigen Waben nach Nachschub umsehen würde, wäre ihr Schicksal so sicher wie der Hungertod. Ohne häufige warme Wetterperioden, die allen Frost auf den Waben schmelzen und es den Bienen ermöglichen, in den anderen Raum zu gehen, um Honig zu holen, *müssen sie* verhungern.

Die Baukosten sind ein weiterer Einwand gegen diesen Bienenstock. Da der Arbeitsaufwand für einen Bienenstock höher ist als für die Fertigstellung von zweien, wäre das viel besser.

VORTEILE DES VERÄNDERBAREN BIENENSTOCKS BERÜCKSICHTIGT.

Der Wert von veränderbaren Bienenstöcken beruht auf dem folgenden Prinzip: Jede junge Biene ist, wenn sie aus dem Ei schlüpft, nicht mehr und nicht weniger als ein Wurm. Wenn sie die notwendige Nahrung erhält, versiegeln die Bienen sie. Dann spinnt sie einen Kokon oder kleidet ihre Zelle mit einer Seidenschicht aus, die dünner ist als das dünnste Papier. Diese bleibt, nachdem die Biene sie verlassen hat. Es ist daher offensichtlich, dass, nachdem einige Hundert in einer Zelle aufgezogen wurden und jede ihren Kokon verlassen hat, diese Zelle etwas verkleinert werden muss, obwohl die Dicke von einem Dutzend Kokons nicht gemessen werden könnte. Und diese alte Zelle muss entfernt werden, damit die Bienen sie durch eine neue ersetzen können. Aber wie soll das gemacht werden? Dies ist eine Meisterleistung für die Demonstration von Einfallsreichtum. Ein gewöhnlicher Mensch könnte es auf eine sehr vernünftige, einfache Weise tun, könnte möglicherweise den Bienenstock umdrehen und die alten Waben herausschneiden, wenn nötig, ohne vielleicht zu wissen, dass der Patentverkäufer eine Quittung *verkaufen könnte, um die Sache wissenschaftlich zu machen* , deren Nutzen oft darin bestünde, dass ein Chirurg einem den Kopf abschneidet, um eine gute Chance zu haben, eine kleine Arterie nach dem System abzubinden; oder er würde einem einen Umweg von einem halben Dutzend Meilen zeigen, um das zu erreichen, was die gleiche Anzahl von Stäben leisten würde. Hätten wir die Tatsache nicht visuell demonstriert, könnten wir nicht annehmen, dass so viele Variationen für dasselbe Ziel erfunden werden könnten. Aber wenn wir Einfallsreichtum belohnen, wird er zu großen Anstrengungen angeregt. Vielleicht kann die Nützlichkeit dieses Prinzips verstanden werden, wenn wir die Vorzüge von ein oder zwei dieser Klasse beschreiben.

VARIATION DIESER BIENENSTÖCKE.

Zunächst wurde der Sektionsstock verschiedener Bauarten patentiert. Er besteht im Allgemeinen aus etwa drei übereinander angeordneten Kästen. Die Oberseite jedes Kastens hat ein großes Loch oder mehrere kleine Löcher oder Querstangen, die etwa einen Zoll breit und einen halben Zoll voneinander entfernt sind. Diese Löcher oder Zwischenräume ermöglichen den Bienen, von einem Kasten in den anderen zu gelangen. Wenn alle voll sind, wird der obere entfernt und ein leerer unter den unteren gelegt. Auf diese Weise werden alle Kästen ausgetauscht und die Waben in drei Jahren erneuert; das geht sehr einfach und geräuschlos. So weit möchte ein Patentverkäufer das Thema untersucht haben; und einige seiner Kunden sind nicht weiter gegangen. Als Ausgleich für diese Vorteile werden wir uns zunächst die Kosten eines solchen Bienenstocks ansehen.

KOSTEN FÜR DEN BAU VERÄNDERLICHER BIENENSTÖCKE.

Der Bau jedes einzelnen Abschnitts ist genauso aufwändig wie der Bau eines gewöhnlichen Bienenstocks; folglich sind die Kosten von vornherein dreimal so hoch. Für überwinternde Bienen ist dies aus demselben Grund unzulässig wie bei einem geteilten Bienenstock. Ich lehne es aus einem anderen Grund ab: Unser überschüssiger Honig wird nie rein sein, da jeder Abschnitt zur Zucht verwendet werden muss und jede so verwendete Zelle Kokons enthalten wird, die der Anzahl der aufgezogenen Bienen entsprechen.

ÜBERSCHÜSSIGER HONIG ENTHÄLT BIENENBROT.

Auch Pollen oder Bienenbrot wird immer in der Nähe der jungen Brut gelagert; ein Teil davon bleibt mit dem Honig vermischt, um den Gaumen mit seinem *exquisiten Geschmack zu erfreuen* . Die Mehrheit wird wahrscheinlich den gesamten überschüssigen Honig in reinen Waben lagern, wo er bei richtiger Bewirtschaftung bleibt.

Ich werde hier eine vollständige Beschreibung eines Bienenstocks geben, der auf diesem Prinzip basiert, so wie ich die Beschreibung von einem seiner Befürworter in der Dollar Newspaper, Philadelphia, habe: genannt Cutting's Patent Changeable Hive.

BESCHREIBUNG DES VERÄNDERBAREN BIENENSTOCKS VON CUTTING.

„Die Größe des in diesem Abschnitt am häufigsten verwendeten veränderbaren Bienenstocks hat eine Außenschale aus 2-Zoll-Bretter, ist etwa zwei Fuß hoch und 16,5 Zoll im Quadrat und hat eine Tür an der Rückseite. Im Inneren befinden sich drei Kästen oder Schubladen, die jeweils etwa 1.000 Kubikzoll fassen und, wenn sie mit Honig gefüllt sind, normalerweise etwa 35 Pfund wiegen, was ausreichend Honig ist, um einen großen Schwarm zu überwintern. Die Seiten dieser Schubladen bestehen aus Brettern mit einer Dicke von etwa einem halben Zoll; die Ober- und Unterseiten der unteren Schubladen und die Enden der oberen Schubladen sollten drei Viertel Zoll groß sein, und die Schubladen sollten vierzehn Zoll hoch, vierzehn Zoll von vorne nach hinten und sechs und drei Viertel Zoll breit sein. Zwei dieser Schubladen stehen nebeneinander, die dritte wird flach auf die beiden gelegt, wobei eine freie Verbindung von einer Schublade zur anderen durch 33,4-Zoll-Löcher an der Seite jeder Schublade und 24 im Boden der oberen Schublade sowie Löcher in Ober- und Unterseite der unteren Schubladen besteht, die einander entsprechen. und Schieber, um die Kommunikation bei Bedarf zu unterbrechen. So können wir sehen, dass unser Bienenstock aus einem einzigen Bienenstock bestehen kann, mit ausreichend freier Kommunikation, oder wir können drei Bienenstöcke kombinieren. In den Schubladen sind Röhren eingearbeitet (damit die Bienen hin- und hergehen können), die durch die Vorderseite des Bienenstocks führen. An der Rückseite der Schubladen befinden sich Türen mit Glaseinsätzen. Diese Schubladen sind vom Boden des Bienenstocks aus angebracht und ruhen auf Holzstücken, die so eng zusammenpassen, dass unter den Schubladen Raum für Schmutz , tote *Bienen* und *Wasser entsteht* , die sich im Winter am Boden der Bienenstöcke sammeln. Zwischen den Schubladen und der Außenseite befindet sich ein Luftraum von etwa einem Drittel Zoll.

Diese Bienenstöcke werden, wenn sie gut gebaut und gestrichen sind, viele Jahre halten, und diejenigen, die viel in diesem Geschäft tätig sind, werden es als Vorteil empfinden, ein paar zusätzliche Schubladen zu haben. Nachdem ich Ihnen eine Vorstellung von der Konstruktion des austauschbaren Bienenstocks gegeben habe, werde ich nun einige der wichtigsten Gründe nennen, warum ich diesen Bienenstock allen anderen vorziehe, die ich bisher gesehen habe. Erstens, weil der Bienenstock nach dem austauschbaren Prinzip konstruiert ist, sodass unsere Wabe immer neu bleibt, wenn wir eine volle Schublade herausnehmen und eine leere an ihre Stelle setzen, wodurch die Größe der Biene erhalten bleibt und sie in einem gesünderen oder gedeihlicheren Zustand gehalten wird, als wenn sie gezwungen wäre, in der alten Wabe zu bleiben und weiter zu brüten, wenn die Zellen klein geworden sind. Zweitens, weil kleine, späte Schwärme leicht vereint werden können. Drittens, weil große Schwärme leicht geteilt werden können. Viertens, weil ein Schwarm, egal wie spät er ausbricht, leicht mit Honig für den Winter versorgt werden kann, indem man aus einem vollen Bienenstock eine überzählige Schublade nimmt und sie in den Bienenstock des späten Schwarms legt. Fünftens, weil eine Luftsäule zwischen den Schubladen und der Außenseite des Bienenstocks weder Wärme noch Kälte leitet, das Schmelzen der Waben verhindert und die Bienen vor Frost und Kälte schützt."

Hier ist nun eine vollständige Beschreibung eines Bienenstocks, der vielleicht so gut ist wie jeder andere seiner Art. Sie ist für diejenigen gedacht, die lieber meilenweit gehen, anstatt Ruten zu nehmen. Sie kennen vielleicht den Weg, insbesondere da sie dieses Privileg gegen Bezahlung genießen können. Ich persönlich würde es lieber verzeihen – das Lesen der Beschreibung hat meine

Geduld fast erschöpft. Was sollte ich tun, wenn ich versuchen würde, einen zu bauen?

ERSTER EINWAND: BAUKOSTEN.

Das erste Hindernis (nachdem das Recht erlangt wurde) ist die Konstruktion. Mal sehen; wir brauchen 25-Zoll-Bretter für die Schale, 3/4-Zoll-Bretter für die Ober- und Unterseite der Schubladen, 1/2-Zoll-Bretter für die Seiten, Scharniere zum Aufhängen einer Tür, Glas für die Rückseite der Schubladen, Rohre für den Ausgang der Bienen und Schieber, um die Kommunikation zu unterbrechen. Wir brauchen einen Mechaniker und auch einen Handwerker. Die 108 Löcher, die gebohrt werden müssen, *müssen zusammenpassen* , sonst ist es sinnlos, sie zu bohren. Aber nur wenige Bauern verfügen über die erforderlichen Werkzeuge und noch weniger über die Geschicklichkeit und Geduld, dies zu tun. Wie hoch die Kosten sein könnten, bis ein Bienenstock bereit ist, die Bienen aufzunehmen, kann ich nicht sagen; aber ich schätze, es könnten etwa drei oder vier Dollar sein.

Bienenstöcke können mit geringerem Aufwand hergestellt werden.

Die von mir empfohlene Variante kostet ohne Farbe nicht mehr als 37,5 Cent, mit Deckel usw., oder muss es auch nicht sein. Wenn wir Bienenstöcke zur Zierde haben wollen, ist es gut, dafür etwas auszugeben; aber es ist gut, nicht zu viel zu verfeinern, da es Grenzen gibt, die, wenn sie überschritten werden, sie für Bienen unbrauchbar machen. Wenn also Profit im Vordergrund steht, werden oder sollten die zusätzlichen Kosten von den Bienen im Gegenzug für ein teures Domizil getragen werden . Aber werden sie das tun? Die Vorzüge der in Betracht gezogenen Variante sind voll und ganz gegeben. „Erstens, indem man eine volle Schublade herausnimmt und eine leere an ihre Stelle setzt, bleiben die Waben immer neu und die Zellen in voller Größe.“ Diese Angst, dass Bienen zu Zwergen werden, weil sie in zu kleinen Zellen aufgezogen werden, hat den Bienen und den Taschen ihrer Besitzer mehr Schaden zugefügt, als wenn diese Tatsache nie in Betracht gezogen oder davon gehört worden wäre.

ALTE ZUCHTZELLEN SIND LANGE HALTBAR.

Diese alten Zellen müssen nicht halb so oft erneuert werden, wie behauptet wird. Es ist das Interesse dieser Patentverkäufer, Rechte zu verkaufen; dieses Interesse macht sie entweder blind für die Tatsachen oder lähmt den inneren Wächter des Rechts, während der Erwerbstrieb befriedigt wird. Dieselben Zellen können sechs oder acht Jahre lang, vielleicht länger, zur Zucht verwendet werden, und niemand kann den Unterschied anhand der Größe der Bienen erkennen; ich habe jetzt zwei Bienenstöcke im zehnten Jahr, ohne dass die Waben erneuert werden mussten. Ein Nachbar von mir hielt einen Bienenstock zwölf Jahre lang in denselben Waben; er erwies sich als ebenso erfolgreich wie jeder andere. Ich habe gehört, dass sie zwanzig Jahre lang gehalten haben, und bin geneigt, das zu glauben.

ZELLEN, DIE ZUERST GRÖSSER SIND ALS NÖTIG.

Die Bienen scheinen für diesen Notfall vorzusorgen. Die Wabenschichten sind zunächst weiter auseinander als eigentlich nötig, und der Durchmesser der Zelle ist auch etwas größer als es die Größe der jungen Biene erfordert. *Dessen sind wir uns sicher : In einer Zelle können* sehr viele junge Bienen aufgezogen werden, ohne dass ihre Größe so stark abnimmt, dass man es nicht bemerkt. Der Boden füllt sich schneller als die Seiten, und dabei verlängern die Bienen die Zelle ein wenig, bis die Enden dieser Zellen bei zwei parallelen Waben zu nahe beieinander liegen, um den Bienen einen freien Durchgang zu ermöglichen. Vorher ist es nicht mehr nötig, die Waben zu entfernen, weil sie zu alt sind.

KOSTEN FÜR DIE ERNEUERUNG VON KÄMMEN.

Ein wichtiger Punkt sollte in dieser Angelegenheit von denen berücksichtigt werden, die so begierig auf neue Kämme sind. Es ist fraglich, ob einer von 500 jemals an die Kosten für die Erneuerung des Kamms gedacht hat. Ich habe die Schätzung eines Autors gefunden, [2] dass 25 Pfund Honig für die Herstellung von etwa einem halben Pfund Wachs verbraucht wurden. Dies ist zweifellos eine zu hohe Schätzung, aber niemand wird bestreiten, dass etwas davon verwendet wurde.

AM BESTEN VERWENDEN SIE ALTE KÄMME, SOLANGE SIE ANTWORTEN.

Aus eigener Erfahrung bin ich davon überzeugt, dass die Bienen jedes Mal, wenn sie ihre Brutwaben in einem Stock erneuern müssen, zwischen 4 und 10 kg in Kisten verstauen. Daraus schließe ich, dass man ihre Zeit gewinnbringender einsetzen kann, als *jedes Jahr neue Brutwaben zu bauen* . Ich möchte auch sagen, dass Waben, die einmal zur Zucht verwendet wurden, danach am besten für die Zucht verwendet werden können, da sie aufgrund der Kokons für nichts anderes als ein wenig Wachs unbrauchbar sind.

METHODE ZUM BESCHNEIDEN, FALLS ERFORDERLICH.

Wenn die Waben aber tatsächlich entfernt werden müssen, bevorzuge ich die folgende Methode des Beschneidens gegenüber dem vollständigen Austreiben der Bienen, wie empfohlen. Das kann in etwa einer Stunde erledigt werden. Da wir die Vorzüge verschiedener Methoden zum

Entfernen alter Waben vergleichen, werde ich hier meine eigene Methode vorstellen, auch wenn sie etwas fehl am Platz erscheinen mag.

Die beste Zeit ist kurz vor Einbruch der Dunkelheit. Als Erstes blasen Sie etwas Tabakrauch unter den Stock (das beste Mittel, das ich je gefunden habe, um sie zu bezaubern). Die Bienen, die nun nicht mehr stechen wollen, ziehen sich zwischen die Waben zurück, um dem Rauch zu entkommen. Heben Sie nun den Stock vom Ständer und drehen Sie ihn vorsichtig mit dem Boden nach oben, um Erschütterungen zu vermeiden, denn einige der Bienen, die sich oben befanden, als der Rauch eingeführt wurde, und nichts davon gekostet haben, werden jetzt nach unten kommen, um die Ursache der Störung festzustellen. Diese sollten einen Anteil bekommen und werden sofort wieder nach oben zurückkehren, vollkommen zufrieden. Wenn so viele Bienen im Stock sind, dass sie beim Beschneiden stören (und wenn nicht, lohnt es sich nicht), holen Sie sich einen leeren Stock von der Größe des alten und stellen Sie ihn um, wobei Sie die Löcher verschließen. Schlagen Sie nun mit einem Hammer oder Stock fünf oder zehn Minuten lang leicht und schnell auf den unteren Stock, bis fast alle Bienen im oberen Stock sind, und stellen Sie diesen auf den Ständer. Jetzt ist nichts mehr im Weg, außer ein paar herumfliegenden Bienen, und ich garantiere, *dass diese nicht stechen, es sei denn, Sie kneifen oder fangen sie fest* .

WERKZEUGE ZUM AUSSCHNEIDEN VON KÄMMEN.

Die breite Sense kann von jedem Schmied ganz einfach aus einem Stück einer alten Sense, etwa 18 Zoll lang, hergestellt werden, indem man einfach die Rückseite entfernt und an der Ferse einen Schaft als Griff anbringt. Das Ende sollte auf einer Seite ganz geschliffen und wie ein Zimmermannsmeißel rechtwinklig sein. Dies dient zum Abschneiden der Seiten des Bienenstocks; die Wasserwaage hält sie auf der gesamten Länge eng, wenn Sie alle Waben entfernen möchten; da sie rechtwinklig und nicht spitz oder abgerundet ist, wird es keine Schwierigkeiten bereiten, sie zu führen, da sie sehr dünn ist; keine Waben werden durch Zusammendrängen zerdrückt.

Das andere Werkzeug dient zum Abschneiden von Kämmen an der Spitze oder an jeder anderen Stelle. Es handelt sich lediglich um einen Stahlstab mit einem Durchmesser von drei Achtel Zoll und einer Länge von etwa zwei

Fuß, mit einer dünnen Klinge im rechten Winkel, anderthalb Zoll lang und ein Viertel Zoll breit, beide Kanten sind scharf, die Oberseite abgeschrägt , die Unterseite flach usw. Sie werden diese Werkzeuge sehr praktisch finden; besorgen Sie sie sich unbedingt, die Kosten sind mit den Vorteilen nicht zu vergleichen.

Nun entfernen Sie mit den gerade beschriebenen Werkzeugen die Brutwaben aus der Mitte des Stocks. Die Waben oben und außen werden nur wenig zur Zucht verwendet und sind im Allgemeinen mit Honig gefüllt. Diese sollten als guter Ausgangspunkt zum erneuten Befüllen stehen gelassen werden, aber nehmen Sie alles Notwendige heraus, während Sie dabei sind. Drehen Sie dann die Stöcke um und stellen Sie den mit den Bienen unter den anderen. Am nächsten Morgen sind alle aufgerichtet. Stellen Sie sie nun auf den Ständer, und diese Arbeit ist erledigt, ohne dass Sie auch nur einen Cent zusätzliche Kosten für ein Patent aufwenden müssen. Den Bienen geht es mit dem übrig gebliebenen Honig viel besser, der bei allen Patentplänen, die ich gesehen habe, entfernt werden muss. Und dieser ist, wie bereits erwähnt, nicht viel wert, da er mit ein paar Kokons und Bienenbrot belegt ist. Für die Bienen ist er viel mehr wert, und sie werden uns reine Waben und Honig dafür geben.

VERWENDUNG VON TABAKRAUCH.

"Für fünfzig Dollar würde ich es nicht tun, die Bienen würden mich zu Tode stechen." Halten Sie einen Moment inne, wenn Sie noch nie die Wirksamkeit von Tabakrauch ausprobiert haben, wissen Sie nichts über ein starkes Mittel; das ist das große Erfolgsgeheimnis; ohne Tabakrauch wäre es, das gebe ich zu, etwas gefährlich; aber mit Tabak habe ich es immer wieder getan, ohne auch nur einmal gestochen zu werden und ohne den geringsten Schutz für Hände oder Gesicht.

Aber gibt es keine Schwierigkeiten mit unserem geteilten oder austauschbaren Bienenstock, wenn dieses Kunststück vollbracht werden soll? Die Waben werden in den beiden Schubladen ähnlich wie beim geteilten Bienenstock angebracht, Brutwaben auf der einen Seite und Vorratswaben auf der anderen. Wir möchten natürlich die mit den Brutwaben entfernen (da die Waben dort dick und schlecht sind usw.). Wo wird die Königin sein? Bei der Brutwabe, wo sie höchstwahrscheinlich ihre Aufgabe hat; nun, diese ist die, die wir brauchen, und wir nehmen sie heraus. Wie soll sie zurückkommen? Sie muss zurückgehen, sonst besteht eine dreiviertel Chance, dass wir den Bestand verlieren; aber Ihre Majestät wird vollkommen unbeschwert bleiben, ebenso wie einige der Arbeiterinnen, wo auch immer Sie die Schublade hinstellen.

WEITERE EINSPRÜCHE GEGEN EINEN SEKTIONALEN BIENENSTOCK.

Ich sehe keinen anderen Ausweg, als die Kiste aufzubrechen, sie aufzusuchen und dem hilflosen Ding nach Hause zu helfen (auch hier besteht die Gefahr, gestochen zu werden). Jetzt müssen sie zumindest eine Zeit lang die andere Schublade zur Zucht verwenden, wo die meisten Zellen ungeeignet sind. Es gibt insgesamt zu viele Drohnenzellen; diese sowie die anderen Größen werden fast alle viel zu lang sein und müssen auf die richtige Länge zugeschnitten werden, was sowohl eine Verschwendung von Wachs als auch von Arbeit ist. Ein weiterer Nachteil von Mr. Cuttings Bienenstock könnte genannt werden; die Aufgabe, einen Schwarm in einen solchen Bienenstock zu bringen, wäre meiner Meinung nach zunächst für viele nicht wünschenswert. Wenn wir nun die Bilanz ziehen und Kosten, Schwierigkeiten und Verwirrungen auf der einen Seite und Einfachheit und Wirtschaftlichkeit auf der anderen Seite betrachten, erscheint es wie „viel Geld für wenig Wolle". Aber halten Sie einen Moment inne, vier weitere Vorteile sprechen dafür: Der zweite, dritte und vierte sind vom gewöhnlichen Bienenstock übernommen oder sind alle hier verfügbar, wenn sie benötigt werden. Aber fünftens ermöglicht es eine „Luftsäule zwischen den Schubladen und der Außenseite des Stocks, leitet weder Wärme noch Kälte" usw. Dies ist ein Vorteil, den der gewöhnliche Stock nicht bietet; ebenso wenig bietet der gewöhnliche Stock der Motte solche Vorteile, indem er Würmern so behagliche Quartiere zum Spinnen ihrer Kokons bietet, wenn diese nicht ohne erhebliche Mühe zerstört werden können.

KEINE SCHWÄRMER.

Hier werde ich mich bemühen, mich kurz zu fassen; ich möchte diesen unangenehmen Teil unbedingt hinter mich bringen, da jedes meiner Worte mit den Interessen oder Vorurteilen anderer in Konflikt geraten könnte. Der Vorteil dieses Bienenstocks besteht darin, dass er mit wenig Aufwand überschüssigen Honig liefert, was die Leute oft von seinem Nutzen überzeugt. Der Haupteinwand betrifft den Profit. Angenommen, wir beginnen mit einem Bienenstock, der anfangs fünf Dollar wert ist, aber nach zehn Jahren ist er nicht mehr wert, höchstwahrscheinlich nicht einmal so viel (die Wahrscheinlichkeit, dass er nach dieser Zeit ausfällt, wollen wir nicht berücksichtigen); wir könnten jährlich etwa fünf Dollar überschüssigen Honig erhalten, was sich auf fünfzig Dollar beläuft.

GEWINNKONTRAST.

Der Schwarmstock wird, so nehmen wir an, jährlich einen Schwarm hervorbringen und uns einen Überschusshonig im Wert von einem Dollar bescheren (wir wollen den Ertrag des ersten Schwarms nicht mitrechnen, der oft höher ist als der der alten Bestände), also etwa ein Drittel des Durchschnitts in guten Jahreszeiten. Im zweiten Jahr werden es zwei sein, die das Gleiche tun; nehmen wir diese Rate für zehn Jahre an, haben wir 512

Bestände, von denen jeder so viel wert ist wie der nicht schwärmende, und einen Überschusshonig im Wert von etwa tausend Dollar . Wenn diese Bestände jeweils fünf Dollar wert sind, was 2.560 Dollar ergibt, ergibt das zusammengerechnet die nette kleine Summe von etwa 3.500 Dollar gegenüber 55 Dollar. Es ist nicht zu erwarten, dass einer von uns einen solchen Gewinn erzielen wird, aber es ist ein überzeugendes Beispiel für die Vorteile des Schwarmstocks gegenüber dem nicht schwärmenden.

PRINZIP DES SCHWARMENS NICHT VERSTANDEN.

Aber viele dieser Nicht- Schwärmer , so heißt es, können je nach Bedarf des Imkers in Schwärmer umgewandelt werden – Coltons ist einer davon. Es wird behauptet, dass man sie jederzeit innerhalb von zwei Tagen zum Schwärmen bringen kann, indem man einfach die sechs sehr raffiniert angebrachten Kästen oder Schubladen entfernt; da dies den Raum verengt, werden die Bienen herausgedrängt. Nun muss ich offen zugeben, dass ich dieses Ding nie zum Laufen bringen konnte. Ich bin mir ganz sicher, dass er (Mr. Colton) entweder die notwendigen und regelmäßigen Vorbereitungen, die Bienen vor dem Schwärmen treffen, nicht kennt oder annimmt, dass andere es nicht wissen. Mr. Weeks hat dasselbe Prinzip vertreten: Er sagt: „Es gibt in keinem Stadium der Existenz einer alten Brut eine Königin, unmittelbar nachdem der erste Schwarm sie verlassen hat." Ich habe diese Angelegenheit untersucht, bis ich überzeugt bin, dass ich mit der kühnen Behauptung, dass nicht eine von fünfzig Bruten weniger als eine Woche nach Beginn der Vorbereitungen einen Schwarm ausbilden wird, nur wenig riskieren kann. Diese Meinung wird jeder vertreten, der sich die Mühe macht, selbst Nachforschungen anzustellen. (Das Kapitel über das Schwärmen enthält, falls Sie dies wünschen, die notwendigen Anweisungen zur Untersuchung dieses Punktes.)

MAN KANN SICH NICHT AUF UNS VERLASSEN.

Außerdem kann man sich nicht immer auf diese Nichtschwärmer als solche verlassen. Sie lösen manchmal Schwärme aus, wenn im Stock und in den Kästen ausreichend Platz vorhanden ist.

Bienenstöcke sind vor dem Schwarmausbruch nicht immer voll.

Ich weiß, dass Weeks, Colton, Miner und andere uns sagen, dass der Stock *voll sein muss,* bevor wir mit einem Schwarm rechnen müssen; aber die Erfahrung spricht dagegen. Bienen schwärmen manchmal, bevor sie den Stock füllen. Durch genaue Beobachtung habe ich festgestellt, dass ein Stock, der sehr groß ist, sagen wir 4.000 Kubikzoll, und in der ersten Saison mit Waben gefüllt ist, nur in sehr guten Jahren schwärmt.

BENÖTIGTE GRÖSSE DER BIENENSTÖCKE.

Wenn ein solcher Stock jedoch nur halb voll ist, also 2.000 Zoll, schwärmen sie häufig, ohne neue Waben hinzuzufügen. Dies beweist eindeutig, dass ein Stock dieser Größe für alle ihre Bedürfnisse in der Brutsaison ausreicht.

Wenn im ersten Jahr nur etwa 1.200 Zoll gefüllt waren, habe ich erlebt, dass sie Waben hinzufügten, bis sie etwa 1.800 gefüllt hatten, und dann einen Schwarm auslösten. Dies beweist ebenfalls, dass etwas weniger als 2.000 für die Brut ausreichen. Ich habe das Prinzip, Platz zu schaffen, um das Schwärmen zu verhindern, noch ein wenig weiter getestet.

EIN EXPERIMENT.

Im Frühjahr 1847 stellte ich unter fünf volle Bienenstöcke mit 2.000 Kubikzoll Inhalt ebenso viele leere Bienenstöcke derselben Größe ohne Deckel. Ich hatte aus jedem einen Schwarm, aber zwei hatten neue Waben hinzugefügt, und diese waren nur klein. Wären diese Bienenstöcke im Frühjahr bis zum Boden mit Waben gefüllt gewesen, ist es sehr zweifelhaft, ob einer von ihnen geschwärmt hätte. Der einzige Ort, an dem wir einen guten Bestand unterbringen können, ohne zu erwarten, dass er in guten Jahreszeiten schwärmt, ist in einem Gebäude, wo es vollkommen dunkel ist, und selbst hier haben einige es schon getan. Wenn wir es schaffen könnten, einen sehr *großen Bienenstock* mit Waben zu füllen, wäre dies vielleicht eine ebenso gute Vorbeugung wie jede andere. Alle Bienen, die in einer Saison aufgezogen werden könnten, hätten in den fertigen Waben genügend Platz für ihre Arbeit, und es wäre nicht notwendig, dass sie auswandern. „Aber was wird aus all den Bienen, die im Laufe mehrerer Jahre aufgezogen wurden?" Auf diese Frage werde ich derzeit wahrscheinlich keine zufriedenstellende Antwort geben können.

Auch wenn die Bienen im selben Bienenstock nach dem ersten Jahr voll sind, nimmt die Anzahl nicht zu.

Ich möchte nur die Tatsache zur Kenntnis nehmen, dass die Bienen irgendwie verschwinden und am Ende von fünf Jahren nicht mehr da sind als am Ende von einem Jahr. Ein Bienenbestand kann am 1. Mai 6.000 Bienen umfassen und im Laufe des Jahres 20.000 Bienen heranziehen; am 1. Mai des nächsten Jahres wird im Allgemeinen kein einziger mehr gefunden, selbst wenn kein Schwarm ausgezogen ist.

GILLMORES SYSTEM WIRD ZWEIFELIG.

Diese Tatsache ist einem Patentinhaber aus dem Bundesstaat Maine nicht bekannt (sonst vermutet er, dass es anderen nicht bekannt ist), da er empfiehlt, Bienen in ein Haus zu setzen und leere Bienenstöcke neben den Bienenstock zu stellen, und in ein paar Jahren werden alle voll sein. Er hat eine Mischung entdeckt, um Bienen zu füttern (die später beschrieben wird); dies könnte erklären, warum eine Familie normaler Größe eine ungewöhnliche Menge lagert. Er sagte noch etwas anderes, nämlich, dass jeder dieser zusätzlichen Bienenstöcke eine Königin enthalten würde! Dies scheint die erste Schwierigkeit der kontinuierlichen Vermehrung von Bienen zu erklären, und das wäre auch der Fall, wenn es nicht zu einem weiteren, ebenso fehlerhaften Fehler käme; ein Fehler macht nie einen anderen wahr. Diese Idee, dass Bienen eine Königin aufziehen, nur weil sie eine Seitenkiste zum Hauptstock haben, widerspricht all meinen Erfahrungen und den Erfahrungen aller Autoren (außer ihm selbst), die ich konsultiert habe. Wenn das Prinzip richtig ist, warum ziehen wir dann nicht manchmal eine Königin in einer Kiste oben oder an der Seite für uns auf? Ich habe noch nie einen einzigen Fall entdeckt, in dem zwei perfekte Königinnen ruhig ihren Pflichten in Bezug auf einen Bienenstock nachgingen. Die tödliche Feindseligkeit von Königinnen ist allen aufmerksamen Imkern bekannt. Da ich nicht das geringste Vertrauen in dieses Prinzip habe, werde ich es dabei belassen.

NÜTZLICHKEIT VON MOTTENSICHEREN BIENENSTÖCKEN WIRD ZWEIFELT.

Zu mottensicheren Bienenstöcken kann ich nur wenig sagen, da ich nicht das geringste Vertrauen in einen davon habe. Wenn ich auf dieses Insekt zu sprechen komme, werde ich, denke ich, schlüssig darlegen, dass kein Ort, an den Bienen hinein dürfen, vor ihnen sicher ist.

noch mehrere andere *perfekte Bienenstöcke* erwähnt werden; doch ich glaube, dass ich die Prinzipien jedes einzelnen erkannt habe. Habe ich nicht genug gesagt? Diejenigen, die jetzt nicht zufrieden sind, wären es auch nicht, wenn ich ein ganzes Buch damit füllen würde. Unsere Sicht der Dinge ist das Ergebnis tausender verschiedener Ursachen; die mächtigste ist das Interesse oder das Vorurteil.

Man sagt, dass in Europa derselbe Einfallsreichtum beim Verdrehen und Foltern der Biene zum Einsatz kommt, um ihren natürlichen Instinkt an unnatürliche Bedingungen anzupassen; Bedingungen, die nicht erfunden werden, weil die Biene sie braucht, sondern weil dies ein Mittel ist, um ein wenig Abwechslung zu schaffen. „Patentmänner" haben festgestellt, dass die Menschen im Allgemeinen zu unwissend in der Bienenkunde sind. Aber hoffen wir, dass ihre Tage des Wohlstands in dieser Hinsicht gezählt sind.

Die Instinkte der Biene sind immer dieselben.

Lassen Sie uns ganz klar verstehen, dass die Natur der Biene unter allen Bedingungen, Klimazonen und Umständen dieselbe ist. Die Instinkte, die zuerst von der Hand des Schöpfers eingepflanzt wurden, sind durch Millionen von Generationen bis zum heutigen Tag unverfälscht geblieben und werden in alle Zukunft unverändert bleiben, bis die letzte Biene die Erde verlässt. Wir haben sie, um ihre Habgier zu befriedigen, gezwungen, unter allen möglichen Nachteilen zu arbeiten; ja, wir haben sie gezwungen, ihren Fleiß und Wohlstand zu opfern, und sogar ihr Leben wurde aufgegeben, aber nie ihre Instinkte. Wir können Leben zerstören, aber wir können ihre Natur nicht verbessern oder ihr nehmen. Die Gesetze, die sie regieren, sind so fest und unveränderlich wie das Universum.

Der Frühling kehrt zu seiner jährlichen Aufgabe zurück; er löst den Frost auf und erweckt die schlummernden Kräfte der Natur zum Leben. Mit einem Lächeln der Freude breiten Blumen in dankbarer Dankbarkeit ihre zarten Blütenblätter aus, während die Staubgefäße an ihren sich verjüngenden Spitzen die mit dem befruchtenden Blütenstaub bedeckten Staubbeutel tragen und der Stempel aus einem Becher flüssigen Nektars entspringt und jedem vorbeiziehenden Luftzug köstlichen Duft verleiht und die Biene mit tausend Zungen zum üppigen Festmahl einlädt. Sie braucht keinen künstlichen Anreiz vom Menschen, um am Fest teilzunehmen; ohne seine Hilfe oder Unterstützung besucht sie jeden verschwenderischen Becher voller Süße und sichert sich den winzigen Tropfen, während der überzählige Mehlbrei, der sich von den nickenden Staubbeuteln löst, ihren Körper bedeckt, um zusammengestrichen und zu Brot geknetet zu werden. Alles, was sie von den Händen des Menschen braucht, ist ein geeignetes Lagerhaus für ihre Schätze. In guten Jahreszeiten wird ihre Natur sie dazu veranlassen, einen Überschuss für ihren eigenen Gebrauch zu sammeln . Diesen Überschuss kann sich der Mensch zu eigen machen, ohne dass seinen Bienen dadurch Schaden zugefügt wird, vorausgesetzt, dass er die Bienenhaltung im Einklang mit ihrer Natur verhält.

PROFITIEREN SIE VON DEM OBJEKT.

Den Bienen alle notwendigen Vorteile zu verschaffen und mit möglichst geringen Kosten den größtmöglichen Gewinn zu erzielen, ist seit Jahren mein Ziel. Ich könnte ein paar Bienenstöcke zum Vergnügen halten, selbst wenn dies keinen Gewinn in Dollar oder Cent bedeuten würde, aber die Zahl wäre *sehr gering* . Ich gebe also ehrlich zu, dass der *Gewinn* für mich das treibende Prinzip ist. Ich hege den starken Verdacht, dass die Mehrheit der Leser ähnliche Motive hat. Ich bin sicher, dass alle von uns mit diesen Ansichten es schade finden werden, wenn ein Bienenstock Honig im Wert von fünf Dollar Überschuss produziert und wir drei oder vier davon für Patente und andere nutzlose Zutaten bezahlen müssen.

GEWÖHNLICHER BIENENSTOCK EMPFOHLEN.

Ich würde den Bienenstock, den ich seit zehn Jahren verwende, gegen kein Patent eintauschen, das ich je gesehen habe, selbst wenn er mir kostenlos zur Verfügung gestellt würde. Ich garantiere, dass er die Möglichkeit bietet, überschüssigen Honig zu gewinnen, in beliebiger Menge und auf jede erdenkliche Weise, ob in Holz oder Glas, und was noch wichtiger ist: Das Nutzungsprivileg kostet nichts.

GRÖSSE WICHTIG.

Nachdem wir uns entschieden haben, welche Art von Bienenstock wir wollen, ist der nächste wichtige Punkt die Größe. Dr. Bevan, ein englischer Autor, empfiehlt eine Größe von „elf und drei Achtel Zoll im Quadrat und neun Zoll tief im Licht", was nur etwa 1.200 Zoll ergibt und so wenig Pfund wiegt, um die Bienen überwintern zu lassen, dass ich mich beim Lesen fragte, ob der englische Zoll und das englische Pfund dasselbe sind wie bei uns.

KLEINE BIENENSTÖCKE SIND UNFALLGEFÄHRLICHER.

Auf jeden Fall halte ich es für unsere Yankee-Bienen an jedem Ort für zu klein. Wir müssen bedenken, dass die Königin Platz für alle ihre Eier braucht und die Bienen Platz brauchen, um ihre Wintervorräte aufzubewahren; aus den oben genannten Gründen sollte dies in einem Raum geschehen. Wenn dieser zu klein ist, wird dies zur Folge haben, dass ihr Wintervorrat an Nahrung wahrscheinlich aufgebraucht wird. Die Schwärme aus solchen Räumen werden kleiner und der Bestand viel anfälliger für Unfälle, die ihm bald zum Verhängnis werden.

TÄUSCHT WEITER.

Dennoch kann ich mir vorstellen, wie man von einem so kleinen Bienenstock getäuscht werden kann, und empfehle ihn dringend, insbesondere wenn er patentiert ist. Angenommen, Sie lokalisieren einen großen Schwarm in einem Bienenstock, der ungefähr so groß ist wie der von Dr. Bevan; die Bienen würden fast den gesamten Raum mit Brutwaben belegen; wenn Sie nun Kästen aufstellen und, sobald sie gefüllt sind, leere aufstellen, wäre die Menge an überschüssigem Honig groß; sehr zufriedenstellend für den ersten Sommer, aber in ein oder zwei Jahren ist Ihr kleiner Bienenstock verschwunden. Dieses Ergebnis wird sich proportional erhöhen, wenn wir unsere Bienenstöcke vergrößern, bis wir am anderen Extrem ankommen.

UNRENTABEL, WENN ZU GROSS.

Wenn die Schwärme zu groß sind, wird mehr Honig gelagert, als für den Winterbedarf benötigt wird. Es ist klar, dass ein Teil davon entnommen werden könnte, wenn er in Kisten gelagert worden wäre. Die Schwärme werden nicht verhältnismäßig groß sein, wenn sie ausschwärmen, was selten vorkommt – aber es gibt diesen Vorteil, sie halten lange und bringen nur wenig Gewinn bei überschüssigem Honig oder Schwärmen.

RICHTIGE GRÖSSE ZWISCHEN ZWEI EXTREMEN.

Zwischen den beiden Extremen liegt, wie in den meisten anderen Fällen, der richtige Ort. Als richtige Größe wurde ein Bienenstock mit 12 Zoll im Quadrat und 13 Zoll im Inneren empfohlen. Hier sind es 1.728 Kubikzoll. Ich denke, das reicht für viele Orte aus, da die Königin wahrscheinlich allen nötigen Platz hat, um ihre Eier abzulegen; und da die Schwärme zahlreicher und fast so groß sind wie bei viel größeren Bienenstöcken; außerdem gibt es Platz für Honig, der ausreicht, um die Bienen durch den Winter zu bringen, zumindest in vielen Gegenden südlich des 40. Breitengrads, wo der Winter eher kurz ist.

GRÖSSE FÜR WARME BREITEN.

Diese Größe ist in diesem Breitengrad (42 Grad) zu manchen Jahreszeiten auch ausreichend, zu anderen jedoch überhaupt nicht. [3] Nicht einer von fünfzig Schwarm wird im Winter, also von Ende *September bis Anfang April (sechs Monate)* , 25 Pfund Honig verbrauchen. Der durchschnittliche Verlust in dieser Zeit beträgt etwa 18 Pfund; der kritische Zeitpunkt ist jedoch später, an vielen Orten etwa Ende Mai oder Anfang Juni.

GRÖSSERER BIENENSTOCK, SICHERER FÜR LANGE WINTER ODER EIN ZURÜCKGEGANGENES FRÜHLING.

Etwa am 1. April beginnen sie, Pollen zu sammeln und ihre Jungen aufzuziehen. Bis Mitte Mai belegen alle guten Stämme fast alle, wenn nicht sogar alle, Brutwaben zu diesem Zweck, aber es *wird nur wenig Honig gewonnen*, bevor die Fruchtblüten erscheinen. Wenn diese verblüht sind, wird keine nennenswerte Menge mehr gewonnen, bis der Klee erscheint, was etwa zehn Tage später der Fall ist. (Ich spreche jetzt besonders von diesem Abschnitt; ich bin mir bewusst, dass es an anderen Orten, wo andere Blumen wachsen, ganz anders ist.) Wenn diese Fruchtblütensaison von starkem Wind oder kaltem, regnerischem Wetter begleitet wird, wird nur wenig Honig gewonnen; und unsere Bienen haben eine große Brut zur Hand, die *gefüttert werden muss* . In diesem Notfall kommt es zu einer Hungersnot, wenn kein Honig vom Vorjahr vorhanden ist; sie vernichten ihre Drohnen, vielleicht auch einen Teil ihrer Brut, und soviel ich weiß, wird den alten Bienen nur wenig Nahrung gegeben. So viel weiß ich, dass die ganze Familie in dieser Saison tatsächlich verhungert ist, manchmal in kleinen Bienenstöcken. Dies hängt natürlich von der Jahreszeit ab; wenn sie günstig ist, passiert nichts dergleichen. Aus Vorsicht ist es daher notwendig, für diesen Notfall Vorsorge zu treffen, indem man den Bienenstock für nördliche Breiten etwas größer macht, da dann etwas mehr Honig gelagert wird, um diese kritische Zeit zu überstehen. Aus einer Reihe genau beobachteter Experimente.

2.000 ZOLL SICHER FÜR DIESEN ABSCHNITT.

Ich bin überzeugt, dass 2.000 Zoll im Freiraum die richtige Größe für die Sicherheit in diesem Abschnitt und folglich für den Gewinn ist. Im Durchschnitt sind Schwärme dieser Größe so groß wie alle anderen.

Die Abmessungen sollten in allen Fällen einheitlich sein, egal für welche Größe man sich entscheidet. Es ist töricht, jedem Schwarm einen entsprechenden Stock zur Verfügung zu stellen. Eine in diesem Jahr sehr kleine Familie kann im nächsten Jahr sehr groß sein und eine sehr große sehr klein usw. Eine Königin aus einem kleinen Schwarm kann genauso viele Eier ablegen wie eine andere aus einem Fass voller Eier. Eine kleine Familie, die Winter und Frühling übersteht, wird im nächsten Jahr voraussichtlich genauso zahlreich sein wie jede andere.

HOLZART, BRETTERBREITE USW.

Von den Holzarten für Bienenstöcke ist Kiefer vorzuziehen, aber auch andere Arten sind geeignet. Ich glaube nicht, dass Bienen eine Art lieber mögen als eine andere und dass sie deshalb weniger wahrscheinlich die Bienenstöcke verlassen. Schierlingstanne ist billiger und wird in großem Umfang verwendet. Wenn sie *vollkommen intakt* ist, ist sie so gut wie alles andere, aber sie neigt sehr dazu, zu splittern, selbst wenn die Bienen schon eine Weile darin sind. Sie sollte nur verwendet werden, wenn kein besseres Holz erhältlich ist. Lindenholz sollte für Bienenstöcke *immer gestrichen werden*, da es sich dann durch die Feuchtigkeit, die von den Bienen im Inneren ausgeht, sehr leicht verzieht. Wenn es außen nicht gestrichen ist und nass wird, und sei es nur für ein paar Stunden, nimmt es so viel Feuchtigkeit auf, dass es sich nach außen biegt, sich von den Waben löst und diese reißt. Ein paar Tage trockenes Wetter befreien die Außenseite vom Wasser und halten die Innenseite durch die Bienen feucht. Die Biegung wird umgekehrt und die Waben werden nach innen gedrückt, sodass die Bienen das festhalten, was nicht „fest bleibt". Vielleicht gibt es Holz, das genauso geeignet oder besser ist als Kiefernholz, aber es ist nicht so verbreitet.

DIE FORM IST UNWICHTIG.

Wenn möglich, sollten Bretter ausgewählt werden, die die richtige Breite haben, um den Bienenstock in etwa quadratisch und in der richtigen Größe zu erhalten. Sagen wir, zwölf Zoll im Quadrat, innen und vierzehn Zoll tief. Ich bevorzuge diese Form gegenüber jeder anderen, aber das ist nicht alles. Ich hatte welche mit zehn Zoll im Quadrat und zwanzig Zoll in der Länge; sie sahen seltsam aus, aber das war alles, ich konnte keinen Unterschied in ihrem Gedeihen feststellen. Ich hatte auch welche mit zwölf Zoll Tiefe und dreizehn Zoll im Quadrat, mit demselben Ergebnis. Wenn wir also Extreme vermeiden und den erforderlichen Platz einräumen, kann die Form kaum einen Unterschied machen.

Es wird empfohlen, die Bretter für die Bienenstöcke innen und außen abzuhobeln. Wenn Bienen jedoch zum ersten Mal in einen solchen Bienenstock gesetzt werden, haben sie große Schwierigkeiten, sich dort festzuhalten, bis sie ihre Waben angelegt haben. Daher ist diese Mühe mehr als nutzlos.

ANWEISUNGEN ZUM BAU VON BIENENSTÖCKEN.

Wenn Bienenstöcke nicht so billig wie möglich gebaut werden sollen, kann die Außenseite gehobelt und gestrichen werden; es ist jedoch fraglich, ob dies aus Sparsamkeit erforderlich wäre. Ein gestrichener Bienenstock sieht jedoch so viel besser aus, dass er gestrichen werden sollte, insbesondere da die Farbe seine Haltbarkeit fast so sehr erhöht, dass sich die Kosten lohnen. Die Farbe kann beliebig gewählt werden; die Motte wird wahrscheinlich nicht von einer Farbe stärker angezogen als von einer anderen. Weiß wird bei heißem Wetter am wenigsten von der Sonne beeinflusst. Viele tragen jährlich Kalk als Tünche auf, um sich vor Insekten zu schützen.

Wenn Bienenstöcke nicht gestrichen sind, sollte die Maserung nie quer verlaufen, sondern die Breite der Bretter sollte der Höhe entsprechen. Nicht, dass die Bienen etwas dagegen hätten, aber Nägel halten nicht fest, sie ziehen sich nach ein paar Jahren ab. Größe, Form, Materialien und Art der Zusammenstellung sind jetzt für meine Zwecke ausreichend bekannt. Stöcke mit einem Durchmesser von einem halben Zoll sollten in beide Richtungen durch die Mitte verlaufen , um die Waben zu stützen. Ein Loch mit einem Durchmesser von etwa einem Zoll an der Vorderseite, auf halber Höhe zur Oberseite, ist für die Bienen sehr praktisch, wenn sie schwer beladen nach Hause kommen.

Jetzt müssen noch Deckel, Abdeckung und Kästen hergestellt werden (das Bodenbrett wird in einem anderen Kapitel beschrieben). Die Deckel sollten alle gleich sein. Bretter von 15 Zoll im Quadrat haben genau die richtige Größe. Dreiviertel Zoll ist die beste Dicke (ein Zoll reicht aus). Hobeln Sie die Oberseite und falzen Sie um die Kante der Oberseite einen Zoll breit und drei Achtel tief. Dadurch bleibt der Deckel innerhalb der Falzung, genau 13 Zoll.

GRÖSSE DER KAPPE UND DER BOXEN.

Eine Box für eine Abdeckung oder Kappe mit dieser Innengröße passt in jeden Bienenstock. Die Höhe dieser Box sollte sieben Zoll betragen. Natürlich sind auch andere Größen geeignet, aber am besten beginnen wir mit einer, die wir einheitlich einhalten können, und es entstehen keine Ärgernisse durch nicht genau passende Abdeckungen usw. Ich denke, diese Größe ist so nah an der richtigen, wie wir sie wahrscheinlich erreichen werden; wir wollen in den Boxen so viel Platz, wie der Großteil unserer Bestände für die Lagerung in einer Honigernte benötigt, [4] Gleichzeitig muss nicht zu viel Platz in der Höhe gelassen werden. Sie werden in einer Kiste mit einer Höhe von fünf Zoll viel eher mit der Arbeit beginnen als in einer mit sieben oder acht Zoll. Um den erforderlichen Platz zu schaffen und die Kisten weniger als fünf Zoll hoch zu machen, wären oben mehr als dreizehn

Zoll erforderlich. Dadurch würde der Bienenstock zu sehr seine Form verlieren und kopflastig erscheinen.

Bergarbeiterstock.

Miners gleichseitiger Bienenstock hat einen Deckel, der im Durchmesser etwas kleiner ist. Wenn wir also den erforderlichen Platz haben, muss er in seiner Höhe sein. Aber wenn man den Deckel seines Bienenstocks ein wenig größer macht und ein paar geringfügige Änderungen vornimmt, ist er sehr gut für ein Patent geeignet. Und wenn jemand einen patentierten Bienenstock haben *muss* , rate ich ihm, sich diesen zuzulegen. Das Nutzungsrecht kostet nur zwei Dollar und er kommt dem, was wir für Bienen brauchen, am nächsten als jeder andere, den ich je gesehen habe. Ich ziehe es vor, den Rand des Deckels zu falzen, anstatt ein dünnes Brett in der Größe der Innenseite des Deckels mit Platz für eine Rutsche darunter anzunageln. Das bietet Würmern einen zu kleinen Platz, um ihre Kokons zu spinnen. Außerdem kann ohne die Falzung Wasser unter den Deckel gelangen und oben entlanglaufen, bis es durch ein Loch zu den Bienen gelangt. Was Rutschen betrifft, so bin ich überhaupt nicht dafür. Da sie die Kommunikation unterbrechen, werden mit ziemlicher Sicherheit ein paar Bienen zerquetscht. Das macht sie eine Woche lang reizbar. Zumindest für mich sind sie unnötig. Wir werden jetzt den Bienenstock fertigstellen.

ANWEISUNGEN ZUM BRINGEN VON LÖCHERN.

Nachdem der Deckel wie angegeben entfernt wurde, ziehen Sie dreieinviertel Zoll davon entfernt eine Linie durch die Mitte , ziehen Sie auf jeder Seite eine weitere, messen Sie nun auf einer der letzten Linien zweieinhalb Zoll für das erste Loch, zwei Zoll für das nächste und so weiter, bis fünf auf dieser Seite markiert sind und dieselbe Anzahl auf der anderen Seite, insgesamt zehn; diese Löcher sollten etwa einen Zoll im Durchmesser haben; ein Muster von dreieinviertel Zoll Breite und dreizehn Länge mit markierten Stellen für Löcher spart Zeit, wenn viele gemacht werden. Wenn dieser Deckel festgenagelt ist, ist der Bienenstock fertig. Oft werden weniger Löcher verwendet, und manche halten eins für ausreichend. Die Erfahrung hat mich überzeugt, dass die Bienen umso weniger Widerwillen zeigen, mit ihrer Arbeit in den Kisten zu beginnen, je mehr Platz sie haben, um in die Kisten zu gelangen. aber es gibt noch ein anderes Extrem, das vermieden werden muss: Wenn die Löcher viel größer sind oder es mehr davon gibt oder sogar nur ein sehr großes, ist die Königin sehr geneigt, in die Kästen zu gehen und ihre Eier abzulegen, was die Waben zäh, dunkel usw. macht. Außerdem wird Bienenbrot in der Nähe der Brut gelagert. Die Querstangenbeuten von Dr. Bevan und Miner sind aus diesem Grund unzulässig, da sie zu freien Zugang zu den Kästen bieten. Wir brauchen so viel Platz wie möglich und nicht mehr.

EIN VORSCHLAG.

Mr. Miners Querstangenstock soll die Bienen dazu bringen, ausschließlich gerade Waben zu bauen, und das wird er wahrscheinlich auch tun. Der Nachteil von Bienenbrot und Brut in den Kästen wird jedoch nicht durch gerade Waben ausgeglichen.

Denjenigen, denen man eingeredet hat, gerade Waben seien *das Wichtigste* , und die vielleicht das Recht zum Bau des Bienenstocks gekauft und einige davon haben bauen lassen, und in ihrem überschüssigen Honig Bienenbrot gefunden haben, möchte ich eine Verbesserung vorschlagen (das heißt, wenn man glaubt, dass sich die geraden Waben lohnen. Wenn Sie kein Recht für den Querstangenstock haben und ihn verwenden möchten, würde ich sagen, kaufen Sie das Recht und räumen Sie allen Grund zur Beschwerde bei ihm aus dem Weg.) Setzen Sie die Stangen ein und setzen Sie Ihre Bienen so ein, wie er es anweist. Nachdem alle Waben angelegt sind, nehmen Sie das Tuch ab und befestigen Sie mit Schrauben einen Deckel mit zehn Löchern, den ich gerade beschrieben habe, anstatt die Kästen mit offenem Boden (die sich auch nicht zum Verkauf eignen) wie von ihm empfohlen direkt auf die Stangen zu setzen. Dann haben Sie die geraden Waben und überschüssigen Honig in den Kästen rein.

GLASBOXEN BEVORZUGT.

Nachdem ich erklärt habe, wie ich einen Bienenstock baue, werde ich nun einige Gründe dafür nennen, warum ich eine bestimmte Art von Kästen bevorzuge. Ich habe große Mengen Honig auf den Markt gebracht, in allen möglichen Ausführungen, wie Bechern, Glasgefäßen, Glaskästen, Holzkästen mit Glasböden und Kästen ganz aus Holz. Ich habe festgestellt, dass die quadratischen Glaskästen am rentabelsten sind; der Honig kommt in ihnen am besten zur Geltung, und zwar so sehr, dass die meisten Käufer es vorziehen, für den Kasten den gleichen Preis wie für den Honig zu zahlen, statt für den Holzkasten und sich das Eigengewicht anrechnen zu lassen. Dieser Verkaufspreis deckt immer die Kosten, während wir für das Holz nichts bekommen. Ein weiterer Vorteil dieser Art von Kästen ist, dass man beim Füllen den Fortschritt beobachten kann und genau weiß, wann sie fertig sind und wann sie herausgenommen werden sollten, da jeder Tag, den sie danach noch stehen, die Reinheit der Waben beschmutzt.

GLASBOXEN – SO STELLEN SIE SIE HER.

Anleitung zur Herstellung. — Wählen Sie Bretter aus Kiefernholz oder anderem weichen, hellen Holz mit einer Dicke von einem halben Zoll, schneiden Sie sie auf eine Länge von zwölf und dreiviertel Zoll und eine Breite von sechs und drei Achtel Zoll zu, kürzen Sie die Dicke auf drei Achtel oder weniger, zwei Stücke für eine Kiste, oben und unten, bohren Sie in der Mitte fünf

Löcher in den Boden, die mit denen in der Oberseite des Bienenstocks übereinstimmen (das Muster, das zum Markieren der Oberseite von Bienenstöcken verwendet wird, ist genau das, das zum Markieren dieser verwendet wird). Nehmen Sie als Nächstes die Eckpfosten, fünf Achtel Zoll im Quadrat und fünf Zoll lang; schneiden Sie mit einer Säge, die dick genug ist, um das Glas aufzunehmen, auf zwei Seiten der Länge nach einen Kanal, ein Viertel Zoll tief, ein Achtel von der Ecke entfernt, für das Glas. Ein kleiner Lattennagel durch jede Ecke des Bodens in die Pfosten wird sie halten; es ist jetzt bereit für das Glas – 10×12 ist die richtige Größe – schneiden Sie sie für die Seiten so weit wie möglich durch die Mitte , und sie sind richtig, und noch einmal in die andere Richtung, fünf und fünf Achtel lang für die Enden. Diese können nun in die Rillen der Pfosten geschoben werden, der Deckel wird ebenso wie der Boden festgenagelt und schon ist die Kiste fertig.

FÜHRUNGSKÄMME ERFORDERLICH.

Es ist von großem Vorteil, vor dem Aufnageln der Oberseite einige Stücke von Führungswaben in der Richtung, in der die Bienen arbeiten sollen, festzukleben. Sie sind für die Bienen auch ein Anreiz, mehrere Tage früher mit dem Arbeiten zu beginnen, als wenn sie selbst Waben anlegen müssten; [5] ein Stück von einem Quadratzoll reicht aus; es ist gut, jede gewünschte Wabe in der Kiste zu platzieren; zwei Zoll Abstand sind ungefähr der richtige Abstand, damit es gut aussieht. Damit diese Stücke festhalten, schmelzen Sie eine Kante am Feuer oder an einer Kerze oder schmelzen Sie etwas Bienenwachs, tauchen Sie eine Kante hinein und tragen Sie es auf, bevor es abkühlt; mit ein wenig Übung können Sie sie ohne Schwierigkeiten festkleben. Um einen Vorrat an solchen Waben zu haben, bewahren Sie alle leeren, sauberen, weißen Stücke auf, die Sie können, wenn Sie Waben aus einem Bienenstock entfernen.

Wenn Sie eine bessere Methode zur Herstellung von Glaskästen kennen, umso besser, dann machen Sie sie unbedingt so: „Die beste Methode ist so gut wie jede andere." Ich empfehle meine Methode nur, wenn eine bessere Methode nicht praktisch ist. Wenn Sie Honig verkaufen, werden Sie es, glaube ich, als vorteilhaft empfinden, Glaskästen auf irgendeine Weise herzustellen. Zwei dieser Größe wiegen im vollen Zustand 25 Pfund. Wenn Sie möchten, können Sie für einen Bienenstock auch vier Kästen mit einer Seitenlänge von 6 3/8 Zoll statt zwei verwenden. Die Herstellungskosten sind bei gleicher Anzahl Pfund etwas höher, aber wenn sie auf dem Markt sind, werden einige Kunden diese Größe bevorzugen.

HOLZKISTEN.

Für den Eigenbedarf eignet sich die Holzkiste ebenso gut zur Gewinnung von Honig, bietet aber keine Möglichkeit, die Entwicklung der Bienen zu beobachten, es sei denn, man stellt zu diesem Zweck ein Glas hinein. Dann braucht man eine Tür, um es dunkel zu halten, oder man kann das Ganze mit einer Abdeckung wie bei Glaskästen abdecken. Holzkästen haben im Allgemeinen einen offenen Boden und werden auf den Stock gesetzt. Ein Durchgang für die Bienen aus der Kiste ins Freie ist unnötig und schlimmer als nutzlos. Sie lagern ihren Honig gerne so weit wie möglich vom Eingang entfernt. Wenn sie nicht zu viel Platz haben, werden sie dort nicht viel lagern, wenn solche Eingänge vorhanden sind.

Ob wir unseren überschüssigen Honig nun verbrauchen wollen oder nicht, es ist gut, wenn die Bienenstöcke und Abdeckungen so gebaut sind, dass wir Glas verwenden können, wenn wir wahrscheinlich etwas übrig haben. Ich bin mir nicht sicher, aber es würde sich lohnen, Bienenstöcke auf diese Weise zu bauen, selbst wenn nie Glaskästen verwendet würden; die Falzung verhindert, dass Licht und Wasser unter den Deckel gelangen; stellen Sie sich einen Kasten vor, der auf einem einfachen Brett steht, das als Deckel angenagelt wurde, ohne die Falzung; die Verformung oder Biegung lässt Licht und Wasser herein, insbesondere wenn die Bienenstöcke draußen stehen und dem Wetter ausgesetzt sind (und ich werde keine andere Art der Aufbewahrung empfehlen).

ABDECKUNG FÜR BIENENSTÖCKE.

Ich habe den Deckel oder Kasten als Abdeckung bezeichnet; dieser sollte aber zumindest mit einem aufgelegten Brett abgedeckt werden. Ein gutes Dach für jeden Bienenstock kann man bauen, indem man zwei Bretter wie das Dach eines Gebäudes zusammenfügt; es sollte etwa 18 x 24 Zoll groß sein; da es lose ist, kann es je nach Jahreszeit ausgetauscht werden; im Frühling sollte die Sonne auf den Bienenstock scheinen; bei heißem Wetter sollte das längste Ende jedoch über die Südseite hinausragen usw. Sie können diesen Bienenstock, wenn Sie möchten, mit Zierleisten oder Verzierungen unter der Oberseite verzieren, wo er über den Körper des Bienenstocks hinausragt; auch der Deckel kann oben ein wenig hervorstehen und denselben Zusatz erhalten.

Gläser und Becher – wie sie zubereitet werden.

Wenn Krüge, Becher oder andere Gefäße verwendet werden, die ganz aus Glas sind, ist es *unbedingt notwendig* , als Anfang so viele Kammstücke wie gewünscht oben zu befestigen oder dort ein Stück Holz anzubringen, da sie auf Glas selten ohne Anfang mit dem Bau beginnen.

Einige von Ihnen haben vielleicht auf unseren Messen oder in den öffentlichen Bereichen einiger unserer Städte Bienenstöcke mit Bechern vorgeführt gesehen, einige von ihnen ordentlich gefüllt, andere leer, und auf ihnen stand dieser dürftige Satz: „ *Nicht füllen* !" So, als ob sie die Bienen durch geheimnisvolle Beschwörungen regieren würden, wie der Jongleur manchmal seine Tricks macht! Ich traf einmal einen Vertreter dieses Schwindels und schlug ihm bescheiden vor, dass ich einen Gegenzauber hätte: dass ich einen Becher auf seinen Bienenstock stellen könnte und dieser gefüllt würde, wenn die anderen gefüllt wären, wie sehr er es auch mit schriftlichen Zaubersprüchen verbieten würde! Er sah auf einen Blick, wie die Sache stand; ich war nicht der Kunde, den er wollte, und deutete an, dass die Show nur für die äußerste Gründlichkeit der meisten Besucher gedacht war. Es half ihm zweifellos dabei, sein profundes Wissen in der Bienenhaltung zu demonstrieren, das er unter Beweis stellen wollte, da er ein kleines Werk zu diesem Thema zu verkaufen hatte, außerdem Bienenstöcke und Bienen. Der Leser wird zweifellos wie ich vermuten, dass der Grund dafür, dass diese Becher nicht gefüllt wurden, darin lag, dass zunächst keine Kämme hineingelegt wurden.

PERFEKTER OBSERVATORIUMSBIENENSTOCK BESCHRIEBEN.

Es gibt viele Dinge, die Bienen betreffen, die ohne einen Glasstock irgendeiner Art nicht richtig untersucht und verstanden werden können. Doch ein perfekter Beobachtungsstock mit nur einer Wabe ist kein perfekter Stock für die Bienen. Wir können sehr gut sehen, was die Bienen tun, aber es ist keine Unterkunft, die sie wählen würden, wenn sie sich selbst überlassen wären. Sie werden gezwungen, auf unnatürliche Weise zu arbeiten, sind für Bienen, die im Winter überwintern, ungeeignet und bringen ansonsten wenig Gewinn. Wenn die Genugtuung, einige ihrer Vorgänge besser beobachten zu können als in Glasstöcken anderer Art, nicht belohnt wird, ist es fraglich, ob wir sie bekommen. Ich werde es so kurz wie möglich beschreiben. Zwei Rahmen oder Fensterflügel von etwa zweieinhalb Quadratfuß, die Glas enthalten, werden so zusammengehalten, dass zwischen ihnen nur Platz für eine Wabe bleibt, etwa ein Zoll und drei Viertel voneinander entfernt. Eine Wabe dieser Größe kann sich nicht an der Oberseite und den Kanten selbst tragen; daher ist es notwendig, zahlreiche Querstangen einzusetzen, um sie zu stützen. Außerhalb des Glases befinden sich Türen, um das Ganze dunkel zu halten, die geöffnet werden können, wenn wir die Vorgänge inspizieren möchten. Unter dem Boden befindet sich ein Brett oder Rahmen, um ihn aufrecht zu halten usw. Wahrscheinlich werden sich nur wenige dazu bewegen lassen, einen solchen zu bauen. Ich werde daher einen anderen beschreiben; einen Bienenstock, der sich meiner Meinung nach besser auszahlt.

EINER WIE DER GEWÖHNLICHE HIVE WIRD BEVORZUGT.

Wenn wir wissen wollen, was Bienen in gewöhnlichen Bienenstöcken tun, müssen wir einen haben, der ihnen in jeder Hinsicht in Größe, Form, Anzahl der Bienen usw. ähnelt. Die Konstruktion der Zellen der Bienenstöcke wird von den meisten Beobachtern mit größtem Interesse verfolgt; diese befinden sich normalerweise an einem Rand der Waben. Die Bienen lassen zwischen den Rändern der Waben und einer Seite des Stocks, etwa auf halber Länge, einen Abstand von einem halben Zoll oder mehr, anscheinend nur, um Platz für diese Zellen zu haben, da die anderen Ränder derselben Waben normalerweise unten am Stock befestigt sind.

WAS MAN SEHEN KANN.

Anstatt nun ein Stück oder eine Scheibe Glas an der Seite mehrerer Bienenstöcke anzubringen, würde ich empfehlen, ein oder mehrere mit Glas auf jeder Seite anzubringen, denn dann könnten wir es auf drei Seiten haben und nicht auf der vierten, und diese könnte alle Königinnenzellen enthalten, und wir würden einen wichtigen Anblick verpassen. In einem solchen Bienenstock kann man noch viele andere Dinge beobachten. Die Königin kann man oft dabei beobachten, wie sie ihre Eier ablegt! Wir können sehen, wie die Arbeiterinnen die Wachsschuppen von ihrem Hinterleib lösen und sie während des Bauprozesses auf die Waben auftragen, wie sie Pollen von ihren Beinen ablegen, ihren Honig lagern, die Königin, einander und ihre junge Brut füttern, Zellen mit Brut, Honig usw. verschließen. Es ist außerdem nützlich als Anleitung zum Anbringen von Kästen an anderen Bienenstöcken (das heißt, wenn es ein guter ist, was er sein sollte); wir können leicht feststellen, ob unsere Bienen gewinnen oder verlieren.

ANLEITUNG ZUM HERSTELLEN EINES GLASBIENENSTOCKS.

Ich baue sie folgendermaßen: Die Oberseite ist wie bei anderen Bienenstöcken, 15 Zoll im Quadrat, passend für Kästen und Deckel. Dieser Bienenstock soll so profitabel sein wie jeder andere, uns überschüssigen Honig und Schwärme liefern wie andere. Dann werden vier Pfosten herausgenommen, zwei Zoll im Quadrat und 13 Zoll lang; man sollte darauf achten, dass die Enden vollkommen rechtwinklig sind.

Dann wird ein Rahmen mit einer Außenlänge von gerade mal 14 Zoll für den Boden angefertigt. Die Stücke sind 1 Zoll dick und 2 Zoll breit und an den Ecken halbiert. Dann wird um die Unterseite des oberen Teils eine Messmarkierung angebracht , einen halben Zoll vom Rand entfernt. In jede Ecke dieser Markierung wird dann ein Pfosten gesetzt und gründlich festgenagelt. Der Boden wird mit den Pfosten festgenagelt, und zwar bündig mit den Außenecken. Vier Stücke mit einer Dicke von einem Zoll und einer Breite von anderthalb Zoll werden zwischen die Pfosten gepasst, und zwar bündig mit der Messmarkierung auf der Oberseite. Sechzehn Streifen, etwa ein Viertel mal ein halber Zoll, werden herausgenommen, acht davon sind zehn und acht zwölf Zoll lang.

Eine Messmarke, einen Zoll von Pfosten, Boden usw. entfernt, ist die Stelle, an der diese Streifen angenagelt werden; sehr kleine Nägel oder Stifte halten sie. Die Glasscheiben müssen an ihnen anliegen, die durch kleine Blechstücke oder Stifte an ihrem Platz gehalten werden. Die Türen haben die Größe des Glases, 10×12, etwa dreiviertel Zoll dick; diese Türen sind etwas zu kurz geschnitten, und die Stücke werden, um ein Verziehen zu verhindern, an den Enden angenagelt; diese werden auf einer Seite an einen Pfosten gehängt und auf der anderen Seite mit einem Knopf befestigt. Auf zwei gegenüberliegenden Seiten innerhalb der Pfosten werden auf halber Höhe zwei Streifen, einen halben Zoll mal dreiviertel Zoll, mit Löchern für die Querstäbe angenagelt; eine Richtung reicht aus, wenn Sie Führungskämme für den Anfang haben, wie sie für Kisten empfohlen werden, damit die Platten im rechten Winkel zu ihnen stehen; andernfalls lassen Sie die Stäbe in beide Richtungen verlaufen, etwa drei in jede Richtung werden benötigt, da das Glas an den Kanten keine so gute Stütze ist wie Holz.

Der Deckel kann aus Brettern von einem halben Zoll bestehen; die Oberseite sollte wie der Stock überstehen, oder er sollte etwas mehr als einen halben Zoll überstehen, dann passt eine stärkere Zierleiste hinein , die hier sowie oben am Stock umgeben sein sollte; falls gewünscht , kann man auch Zahnleisten verwenden, die genauso gut aussehen – wenn keine Verzierung gewünscht ist, kann man darauf verzichten. Solche Stöcke müssen jedoch gestrichen werden, um ein Verziehen und Aufquellen der Türen bei nassem Wetter zu verhindern; diese müssen sich ohne Reiben oder Kleben öffnen und schließen lassen, da wir die Bienen sonst jedes Mal stören, wenn eine Tür bewegt wird. Das Glas sollte nicht mit Kitt befestigt werden, da die Bienen es im Laufe einiger Jahre mit Propolis bedecken ; dann muss es herausgenommen, abgekratzt, gereinigt und wieder eingesetzt werden, was mit Kitt schwierig wäre; diese Operation ist bei kaltem Wetter durchzuführen. Mir ist bewusst, dass ein Stock solider gebaut werden kann als der hier beschriebene; aber ich habe versucht, eins so billig wie möglich zu machen, und wenn es richtig gemacht wird, wird es die Anforderungen erfüllen. Die Kosten werden viel geringer sein als bei vielen Patenten, und die Zufriedenheit wird zumindest bei vielen viel größer sein. Wenn unser Stock einen Bienenschwarm enthält und sie in vollem Gange sind, dürfen wir sie nicht auf allen Seiten unten rauslassen, wie es bei anderen Stöcken häufig der Fall ist; denn sollte eine der Bienen ein wenig aufgeregt herauskommen, weil sie versehentlich beim Öffnen der Tür oder auf andere Weise einen leichten Stoß in den Stock versetzt hat, und wir uns einen Fuß von ihrem Haus entfernt durch das Fenster zwischen ihren Werken umsehen, wäre das für uns sehr wahrscheinlich *ein sanfter Hinweis* darauf, dass dies ein Zeichen von schlechter Erziehung sei, dass wir dort überhaupt nicht erwünscht seien und dass es uns nichts angehe, was sie täten. Um dies so weit wie möglich zu verhindern, ist ein Bodenbrett erforderlich, das sich etwas von dem üblichen unterscheidet. Vier Pfosten aus Kastanienholz oder anderem haltbaren Holz, etwa zwei Quadratzoll, werden in Form eines Quadrats in die Erde getrieben, weit genug voneinander entfernt, um unter die Ecken des Bodenbretts zu kommen (fünfzehn Zoll), und hoch genug, um bequem in den Stock hineinsehen zu können. Die Enden dieser Pfosten müssen vollkommen eben sein und der Boden muss festgenagelt werden. Da der Stock genau dicht am Brett stehen soll, muss ein Durchgang durch das Brett gemacht werden, sowie Mittel zur Belüftung bei heißem Wetter, ohne dass der Stock zu diesem Zweck angehoben werden muss. Es wird ein Brett von etwa fünfzehn Quadratzoll benötigt, das glatt gehobelt ist und dessen Enden festgeklammert sind, um ein Verziehen oder Spalten zu verhindern; ein Teil der Mitte wird herausgenommen, etwa sechs mal zehn Zoll, und mit Drahtgewebe darübergenagelt; vier Unzen schwere Nägel halten es und befestigen es gerade genug, damit die Bienen nicht durchkommen; sehr wahrscheinlich muss es gelegentlich abgenommen und von dem Propolis gereinigt werden , das darauf verteilt wird. Am einfachsten geht das bei Frostwetter.

Nehmen Sie eine Kante in jede Hand und schütteln Sie die Drähte ein paar Mal aus dem Winkel, und sie werden leicht zerbröseln und herausfallen. Bei warmem Wetter muss es verbrüht oder abgebrannt werden. Um diesen Raum zu schließen, wird eine bewegliche Rutsche in Nuten an der Unterseite befestigt, die an den Pfosten oder dem Brett befestigt sind. Die Rutsche muss je nach Wetter bewegt werden, bei Kälte schließen Sie sie, bei Hitze ziehen Sie sie heraus und geben Sie den Bienen so viel Luft wie möglich, ohne den Stock anzuheben. Der gesamte Raum bietet so viel Belüftung wie gewöhnliche Stöcke, die einen Zoll angehoben sind. (Drahtgewebe wird für andere Zwecke benötigt, es ist am besten, sich welches zu beschaffen, auch wenn dies mit erheblichem Aufwand und Kosten verbunden ist.) Auf der Seite des Bretts, die für die Vorderseite vorgesehen ist, wird zwei Zoll von der Kante des Drahtgewebes entfernt ein Durchgang für die Bienen geschnitten, drei Achtel Zoll breit und elf Zoll lang. „Aber wie sollen die Bienen an diesen so unbequemen Ort gelangen, braucht man etwas, um ihnen zu helfen?" Natürlich, Sir; Ein elf Zoll breites und etwa zwei Fuß langes (nicht gehobeltes) Landebrett wird in einem Winkel von 45 Grad zwischen die beiden vorderen Pfosten Ihres Ständers gelegt, wobei das obere Ende weit genug nach hinten unter dem Boden verläuft, um genau auf gleicher Höhe mit der Rückseite des Durchgangs für die Bienen zu sein. Die Bienen landen auf diesem Brett und gehen ohne Schwierigkeiten in den Stock. Wenn die Bienen ziemlich frei arbeiten und eine Tür dieses Stocks geöffnet wird, werden die Bienen, die gerade wegfliegen, sehr wahrscheinlich auf das Glas steigen, anstatt durch die Öffnung am Boden; da sie das Licht durch das Glas sehen, versuchen sie, auf dem kürzesten Weg zu entkommen.

Wenn sich hier so viele versammeln, dass sie eine gute Sicht verhindern, und
Sie weiter beobachten möchten, schließen Sie die Tür einen Moment und sie
werden durch ihren eigenen Durchgang wegfliegen, wenn Sie Ihre Tür für
kurze Zeit wieder öffnen können. Nachdem der Stock mit Waben gefüllt ist,
wird die Zahl der Bienen, die beim Öffnen einer Tür vom Glas angezogen
werden, viel geringer sein.

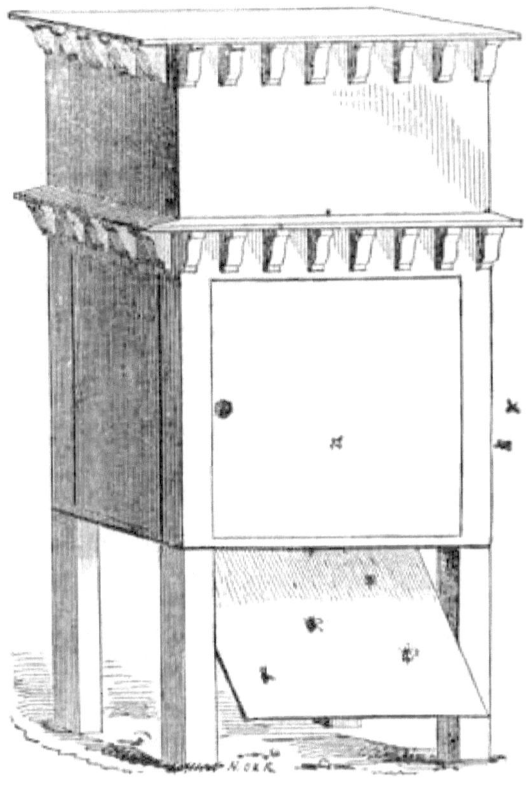

Die Tafel auf der vorhergehenden Seite zeigt einen Glasstock, eine
Abdeckung und einen Ständer. Der normale Stock kann genauso dekorativ
gestaltet werden, wenn Sie möchten; diese Art von Ständer ist für sie nicht
erforderlich. Ich verwende solche, die auf Seite 138 empfohlen werden.

KAPITEL III.

ZUCHT.

UNVOLLKOMMEN VERSTANDEN.

Die meisten Menschen wissen nur unzureichend, wann die Bienen mit der Aufzucht ihrer Brut beginnen. Viele Menschen, die sie jahrelang gehalten haben, haben diesem Punkt so wenig Aufmerksamkeit gewidmet, dass sie nicht sagen können, wann sie beginnen, wie sie sich entwickeln oder wann sie aufhören. Sie denken ungefähr so darüber nach, dass irgendwann im Juni oder im frühen Sommer ein Schwarm und gelegentlich zwei oder drei aufgezogen werden. Ob die Drohnen die Eier ablegen, ob ein Teil der Arbeiterinnen weiblich ist und jede ein oder zwei Junge aufzieht, oder ob die „Königsbiene" die Eierlegerin ist, ist eine Frage, die sie nicht beantworten können. Erst vor wenigen Jahren leugnete ein Korrespondent eines Journal of Agriculture die Existenz einer Bienenkönigin und gab dabei zweifellos die besten Gründe an, nämlich, dass er noch nie eine gesehen hatte. Aber es gibt so wenige Imker dieser Art, dass es unnötig ist, Zeit zu verschwenden, um sie zu überzeugen; Es genügt zu sagen, dass es in jedem erfolgreichen Schwarm eine Königin gibt und dass alle Imker mit großem wissenschaftlichen Anspruch auch die Tatsache anerkennen, dass sie die Mutter der ganzen Familie ist.

Der Zeitpunkt, zu dem sie mit der Eiablage beginnen, hängt wahrscheinlich von der Stärke der Kolonie, der vorhandenen Honigmenge usw. ab und nicht von der Zeit, zu der sie mit der Nahrungssuche beginnen.

GUTER BESTAND SELTEN OHNE BRUT.

Ich habe einmal am 10. Januar die Bienen aus einem Stock entfernt und dort etwa 500 versiegelte Bienenbrut gefunden, sowie weitere Bienen in jedem Entwicklungsstadium bis hinunter zum Ei.

Dieser Stock war im Haus und warm gehalten worden. Man wird zweifellos annehmen, dass die Wärme die Ursache war; aber dies ist kein Einzelfall. Ein Nachbar verlor am 14. Februar einen Stock, bei Wetter, das so kalt war, dass der Eingang mit Eis verschlossen und die Bienen erstickt wurden. Ich half, die Waben zu entfernen, und fand jede Menge junge Brut von der perfekten Biene in allen Wachstumsstadien. Dieser Stock war den ganzen Winter in der Kälte gewesen. Außerdem ist mir aufgefallen, dass ich beim Ausfegen der Streu unter den Stöcken im frühen Frühjahr, sagen wir am 1. März, oft junge Bienen unter den besten Stöcken fand. Daher scheint es nur wenig Zeit zu geben, wenn unsere besten Stöcke keine Brut haben, vielleicht sogar gar keine. Doch sehr schwache Stöcke beginnen erst bei warmem Wetter zu wachsen. Es scheint, dass ein gewisses Maß an Wärme notwendig ist, um die Brut zu perfektionieren, die eine kleine Familie nicht erzeugen kann.

WIE KLEINE LAGERBESTANDTEILE BEGINNEN.

Mitte der Bienentraube abgelegt , in einer kleinen Familie. Es muss nicht *immer die* Mitte des Stocks sein , aber die Mitte der Traube ist der wärmste Ort, egal wo. Hier beginnt die Königin zuerst. Zuerst werden ein paar Zellen oder ein Raum von nicht mehr als einem Dollar verwendet, dann die genau gegenüberliegenden auf derselben Wabe. Wenn die Wärme des Stocks es zulässt, scheint es keinen Unterschied zu machen, ob mildes Wetter dies bewirkt oder die Familie groß genug ist, um das Künstliche hervorzubringen. Sie nimmt dann die nächsten Waben, die genau der ersten entsprechen, aber es wird nicht ganz so viel Platz verwendet wie in der ersten Wabe. Der Kreis der Eier in der ersten wird dann vergrößert, und in der nächsten werden weitere hinzugefügt usw., wobei die Ausbreitung auf die nächsten Waben fortgesetzt wird, wobei der Abstand zur Außenseite des Kreises der Eier, zur Mitte oder zum Ausgangspunkt, auf allen Seiten ungefähr gleich bleibt, bis sie die äußere Wabe besetzen. Lange bevor die äußere Wabe besetzt wird, sind die ersten abgelegten Eier reif, und die Königin kehrt in die Mitte zurück und verwendet diese Zellen erneut, legt diesmal aber nicht so viel Wert darauf, so viele in so exakter Reihenfolge zu füllen wie beim ersten Mal. Dies ist der allgemeine Vorgang bei kleinen oder mittelgroßen Familien. Ich habe die Bienen in allen Brutstadien aus solchen Familien entfernt und fand ihre Vorgehensweise immer wie beschrieben vor.

BEI DEN GRÖSSEREN IST ES ANDERS.

Bei sehr großen Familien läuft das Vorgehen jedoch anders ab: Da es in jedem Teil des Bienenschwarms warm genug zum Brüten ist, muss weniger Wärme gespart werden. Da sich alle Eier an einer kleinen Stelle befinden, werden sich inmitten der Brut auch einige unbesetzte Zellen finden; einige wenige enthalten Honig und Bienenbrot.

WIE POLLEN IN DER BRUTZEIT GESPEICHERT WERDEN.

Aber auf dem Höhepunkt der Brutsaison wird ein Kreis von Zellen, die fast ausschließlich aus Bienenbrot bestehen und ein bis zwei Zoll breit sind, die Wabenplatten mit Brut umgeben. Da Bienenbrot wahrscheinlich die Hauptnahrung der jungen Biene ist, ist dies sehr praktisch.

Wenn es reichlich Pollen gibt und der Schwarm in gutem Zustand ist, erreichen sie bald die äußeren Wabenschichten mit der Brut. In dieser Zeit, wenn der Stock fast voll ist und die Königin gezwungen ist, zu den äußeren Waben zu gehen, um einen Platz für ihre Eier zu finden, ist es interessant, die Vorgänge in einem Glasstock zu beobachten. Ich habe sie an einem Tag mehrere Male auf demselben Wabenstück (neben dem Glas) gesehen. Das Licht hat keine unmittelbare Wirkung auf ihre „Hoheit", da sie ruhig ihrer Pflicht nachgeht und nicht im Geringsten durch neugierige Blicke am Fenster in Verlegenheit gebracht wird. Bevor sie ein Ei ablegt, betritt sie die Zelle mit dem Kopf voran, wahrscheinlich um festzustellen, ob sie in einem geeigneten Zustand ist, um es aufzunehmen; da ein mit Bienenbrot oder Honig gefüllter Zellteil nie verwendet wird. Wenn die Wabenfläche klein ist oder die Familie klein ist und einen großen Raum nicht mit der erforderlichen Wärme schützen kann, legt sie oft zwei und manchmal drei in eine Zelle (die überzähligen Eier werden vermutlich von den Arbeiterinnen entfernt). Aber unter günstigen Umständen, mit einem Bienenstock geeigneter Größe usw., kann dieser Notfall vermieden werden.

LEGEVORGANG UND EIERBESCHREIBUNG.

Wenn eine Zelle bereit ist, das Ei aufzunehmen, krümmt sie sofort nach dem Herausziehen des Kopfes ihren Hinterleib und schiebt es innerhalb weniger Sekunden ein. Nach dem Herausziehen ist ein Ei zu sehen, das mit einem Ende am Boden befestigt ist; etwa 16 Zoll lang, leicht gekrümmt, sehr klein, über die gesamte Länge fast gleichmäßig, an den Enden abrupt abgerundet, halbtransparent und mit einer sehr dünnen und äußerst zarten Hülle bedeckt, die oft bei der leichtesten Berührung bricht.

Nachdem das Ei etwa drei Tage in der Zelle war, sieht man am Boden einen kleinen weißen Wurm zusammengerollt, umgeben von einer milchartigen Substanz, die zweifellos seine Nahrung ist. Wie diese Nahrung zubereitet wird, ist reine Vermutung. Gegen die Hypothese, dass sie hauptsächlich aus Pollen besteht, habe ich keine Einwände; dies ist durch die Mengen, die sich in Bienenstöcken ansammeln, die ihre Königin verlieren und keine Brut aufziehen (das heißt, wenn die erforderliche Anzahl Arbeiterinnen übrig bleibt), hinreichend bewiesen. Die Arbeiterinnen kommen wahrscheinlich alle paar Minuten in die Zelle, um diese Nahrung bereitzustellen. [6]

ZEIT VOM EI BIS ZUR PERFEKTEN BIENE.

Nach etwa sechs Tagen wird der Stock mit einem konvexen Wachsdeckel verschlossen. Dann ist er etwa zwölf Tage lang unseren Blicken entzogen, bis er den Deckel abbeißt und als perfekte Biene hervorkommt. Die Zeitspanne vom Ei bis zur perfekten Biene variiert zwischen zwanzig und vierundzwanzig Tagen; im Durchschnitt sind es etwa zweiundzwanzig Tage für Arbeiterinnen und vierundzwanzig Tage für Drohnen. Die Temperatur im Stock schwankt etwas mit der Atmosphäre; sie wird auch von der Anzahl der Bienen bestimmt. Eine niedrige Temperatur verzögert wahrscheinlich die Entwicklung, während eine hohe sie fördert. Sie haben vielleicht Berichte über die eifrige Aufmerksamkeit gehört, die der jungen Biene zuteil wird, wenn sie zum ersten Mal aus der Zelle kommt: Man sagt, sie „lecken sie überall ab, füttern sie mit Honig" usw. und sind verzweifelt zufrieden mit ihrer neuen Errungenschaft.

GROBE BEHANDLUNG DER JUNGEN BIENE.

Wenn Sie nun erwarten, etwas davon zu sehen, müssen Sie etwas genauer hinschauen als ich. Ich habe Hunderte gesehen, die sich ihren Weg aus der Zelle gebahnt haben. Statt Rücksicht oder Aufmerksamkeit werden sie oft ziemlich grob behandelt: Die Arbeiter, die mit anderen Dingen beschäftigt sind, kommen manchmal mitten in der Zelle mit einem in Kontakt, und zwar mit so viel Kraft, dass ihm fast das Genick verrenkt wird; doch sie halten nicht an, um zu sehen, ob etwas passiert ist, oder um Verzeihung zu bitten. Der kleine Leidende krabbelt nach dieser groben Lektion so schnell wie möglich zurück, um aus dem Weg zu gehen; öffnet die Gefängnistür ein wenig und versucht es erneut, vielleicht mit demselben Erfolg: Oft werden ein Dutzend Versuche unternommen, bevor sie erfolgreich sind. Wenn es tatsächlich geht, scheint es ein Fremder in einer Menge zu sein, ohne einen Freund, der ihm Ratschläge gibt, oder eine Mutter, die ihm Anweisungen gibt. Es wandert unbeachtet und unbeachtet umher und findet selten jemanden, der gütig genug ist, um ihm auch nur das Lebensnotwendige zu geben; aber manchmal tut es das. Es ist *Normalerweise* muss das Kind vom ersten Tag an lernen, auf sich selbst aufzupassen. Es sucht eine Zelle mit Honig, in der alle seine unmittelbaren Bedürfnisse befriedigt werden.

Vermutungsarbeit.

Ich schätze, dass es zwei oder drei Tage dauert, bis die Bienen den Stock verlassen, um Honig zu holen. Andere haben gesagt, „sie würden den Stock an *dem Tag verlassen, an dem sie die Zelle verlassen* ", aber ich vermute, dass sie an diesem Punkt raten. Sie erzählen uns auch, dass die Bienen, nachdem sie die Zellen mit den Larven verschlossen haben , „sofort mit dem Spinnen ihrer Kokons beginnen, was ungefähr sechsunddreißig Stunden dauert". Ich halte das für sehr wahrscheinlich, aber wenn ich es zugebe, kann ich mir nicht vorstellen, wie das festgestellt wurde. Ich besitze nicht die Fähigkeit, durch einen Mühlstein zu sehen, und es erfordert ungefähr dieselbe optische Durchdringung, um in eine dieser Zellen zu schauen, nachdem sie verschlossen wurde, da es dort vollkommen dunkel ist. Angenommen, wir vertreiben die Bienen und öffnen die Zelle, um uns einen Blick ins Innere zu ermöglichen: Das kleine Insekt stellt seine Arbeit augenblicklich ein, wahrscheinlich aufgrund der Einwirkung von Luft und Licht. Ich konnte nie eins bei der Arbeit entdecken. Angenommen, wir öffnen diese Zellen jede Stunde nach dem Verschließen; können wir dann anhand des Aussehens dieser Kokons etwas über ihren Fortschritt sagen oder sogar sagen, wann sie fertig sind? Die Dicke eines Dutzends würde nicht größer sein als die von normalem Schreibpapier. Wenn ein Thema unklar oder schwer zu ermitteln ist, wie dieses, warum erzählen Sie uns dann nicht, wie sie die Einzelheiten herausgefunden haben? Und wenn sie erraten wurden, seien Sie ehrlich und sagen Sie es. Wenn die Biene die Zelle verlässt, bleibt ein Kokon zurück und das ist so ziemlich alles, was wir darüber *wissen*.

BEGRIFFE FÜR JUNGE BIENEN.

Die junge Biene wird, wenn sie das Ei verlässt, als Made, Wurm oder Larve bezeichnet; von diesem Stadium an nimmt sie die Form der perfekten Biene an, was drei Tage nach der Fertigstellung des Kokons der Fall sein soll; vom Zeitpunkt dieser Veränderung bis sie bereit ist, die Zelle zu verlassen, werden die Begriffe Nymphe, Puppe und Kokon verwendet. Der Deckel der Drohnenzelle ist etwas konvexer als der der Arbeiterzelle und bleibt, wenn die junge Biene ihn entfernt, um sich herauszuarbeiten, nahezu perfekt; da er an den Rändern abgeschnitten ist, hält ihn eine gute Seidenschicht oder ein Seidenfutter ganz; während die Hülle der Arbeiterzelle größtenteils aus Wachs besteht und ziemlich gut in Stücke geschnitten ist, wenn die Biene herauskommt. Die Hülle der Zelle der Königin ist wie die der Drohne, aber größer im Durchmesser und dicker, da sie mit etwas mehr Seide ausgekleidet ist.

ZEITLICHE DISKREPANZ BEI DER BRUTAUFZUCHT NACH HUBER.

Die meisten Autoren geben die Zeitspanne an, die erforderlich ist, um die drei verschiedenen Bienenarten aus dem Ei zu entwickeln. Huber ist der Erste, und die anderen, *vorausgesetzt, er hat recht*, wiederholen im Wesentlichen seine Darstellung wie folgt: Die gesamte Zeit, die erforderlich ist, um aus dem Ei eine Königin zu entwickeln, beträgt sechzehn Tage, die Arbeiterbienen zwanzig und die Drohnenbienen vierundzwanzig Tage. Huber (wie von Harpers zitiert) gibt die Zeit für jedes Entwicklungsstadium jeder Bienenart an, ist aber in der Arithmetik etwas unglücklich; die Einzelposten oder Stadien ergeben, wenn sie addiert werden, „keinen Beweis", wie die Schuljungen sagen; das heißt, er gewinnt Zeit, indem er seine Biene nach und nach entwickelt. Zunächst sagt er über die Arbeiterbienen: „Sie bleibt drei Tage im Ei, fünf Tage im Larvenstadium, sie braucht sechsunddreißig Stunden, um ihren Kokon zu spinnen; in drei Tagen verwandelt sie sich in eine Nymphe, verbringt sechs Tage in dieser Form und schlüpft dann als perfekte Biene." Wie addieren sich die Einzelposten?

Das Ei, 3 Tage. Made, 5 Zoll. Spinnender Kokon, 1-1/2 Zoll. Verwandlung in eine Nymphe, 3 Zoll. In dieser Form, 6 Zoll. ——— 18-1/2 Tage.

Eineinhalb Tage zu wenig. Als nächstes werden wir sehen, wie die Zahlen mit dem königlichen Insekt übereinstimmen. Denken Sie daran, dass sie nur sechzehn Tage zugestanden hat. Dann die verschiedenen Stadien: „Drei Tage im Ei sind fünf Tage für einen Wurm, wenn die Bienen seine Zelle schließen und er sofort mit dem Kokon beginnt, der in vierundzwanzig Stunden abgeschlossen ist. Während elf Tagen und sogar sechzehn Stunden des zwölften Tages bleibt er in einem Zustand völliger Ruhe. Dann findet seine Verwandlung in eine Nymphe statt, in diesem Zustand vergehen vier Tage und ein Teil des fünften." Nun wollen wir die Punkte hinzufügen:

Das Ei, 3 Tage. Ein Wurm, 5 Zoll, spinnt einen Kokon (24 Stunden), 1 Zoll, ruht elf Tage und 16 Stunden, 11 2/3 Zoll, eine Nymphe vier Tage und ein Teil der fünften, 4 1/3 Zoll ————— 25 Tage.

Was halten Sie nun, lieber Leser, von solch offensichtlichen, unbeholfenen Vermutungen? Ein Unterschied von neun Tagen – selbst ein einfacher Schuljunge sollte es besser wissen! Können wir uns auf eine solche Geschichte verlassen? Beweist sie nicht die Notwendigkeit, alles zu überprüfen, jede Behauptung zu prüfen und die ganze Angelegenheit gründlich zu überarbeiten? Mein Ziel ist nicht, Fehler zu finden, sondern an die *Fakten zu kommen*. Wenn ich sehe, wie solche Vermutungen wie die oben genannten in diesem aufgeklärten Zeitalter der Welt zugänglich gemacht und der heranwachsenden Generation ernsthaft als Teil der Naturgeschichte erzählt werden, fühle ich mich verpflichtet, der Versuchung, die Absurdität aufzudecken, nicht zu widerstehen.

Die Anzahl der von der Königin abgelegten Eier wurde geschätzt.

Die Anzahl der Eier, die eine Königin ablegt, ist oft ein weiterer Punkt, der auf Schätzung beruht. Wenn die Schätzung 200 pro Tag nicht übersteigt, habe ich keinen Grund, sie zu bestreiten; in manchen Fällen wird die Zahl wahrscheinlich niedriger sein, in anderen höher. Einige Autoren nehmen an, dass diese Zahl „niemals einen Schwarm hervorbringen würde, da die Anzahl der täglich verlorenen Bienen diese Zahl erreicht oder sogar übersteigt", und geben stattdessen 800 bis 4000 Eier pro Tag von einer Königin an. Die einzige Möglichkeit, dies genau zu prüfen, besteht darin, die Eier in einem Beobachtungsstock oder in einem mit genügend leeren Waben zu zählen, um *alle Eier* aufzunehmen, die sie ein paar Tage lang ablegt. Wenn wir dann die Bienen entfernen und sorgfältig zählen, könnten wir die Zahl ermitteln, und dennoch müssten mehrere untersucht werden, bevor wir den Durchschnitt ermitteln könnten. Das Beste, was ich jemals darüber erfahren habe, geschah folgendermaßen: Ein Schwarm flog fort, und die Königin konnte sich aus irgendeinem Grund nicht mit ihm zusammenschließen und wurde nach einigem Aufwand ein paar Ruten weiter im Gras gefunden. Sie wurde gegen 11 Uhr MORGENS mit dem Schwarm in den Stock gesetzt ; am nächsten

Morgen bei Sonnenaufgang fand ich auf der Bodenplatte zwischen den Wachsschuppen 118 Eier, die in dieser Zeit abgelegt worden waren. Wahrscheinlich sind einige unbemerkt geblieben, da die Farbe dieselbe ist wie bei Wachsschuppen; außerdem könnten sie bereits Waben mit einigen Eiern gehabt haben. Ich habe am nächsten Morgen mehrere Male einige gefunden, unter Schwärmen, die am Vortag abgelegt worden waren, aber nie mehr als dreißig, außer in diesem einen Fall. Der Grund dafür, dass diese Königin nicht gut fliegen konnte, könnte eine ungewöhnliche Eierlast gewesen sein. Vielleicht sollte hier erwähnt werden, dass es sich in allen Fällen, in denen auf diese Weise Eier gefunden werden, um erste Schwärme handeln muss, die von den alten Königinnen begleitet werden.

Schirach schätzt, dass „ein einzelnes Weibchen in einer Saison 70.000 bis 100.000 Eier legt". Reaumer und Huber schätzen die Zahl nicht so hoch. Ein anderer Autor schätzt, dass es in drei Monaten 90.000 sind. Wie hoch die Zahl auch sein mag, wahrscheinlich werden Tausende nie perfekt. Während der Frühlingsmonate habe ich in mittleren und kleinen Familien, wo die Bienen nur wenige Waben mit tierischer Wärme schützen können, oft Zellen gefunden, die eine Vielzahl von Eiern enthielten, zwei, drei und gelegentlich vier, in einer einzigen Zelle. Diese überzähligen Eier müssen entfernt werden und sind häufig im Staub auf der Bodenplatte zu finden.

Ein Test auf die Anwesenheit einer Königin.

Wenn Sie einen Bienenstock haben, von dem Sie vermuten, dass er zu dieser Jahreszeit eine Königin verloren hat, kann ihre Anwesenheit mit dieser Methode in neun von zehn Fällen festgestellt werden. Fegen Sie das Brett sauber und suchen Sie am nächsten oder übernächsten Tag nach diesen Eiern. Achten Sie darauf, dass Ameisen oder Mäuse keine Chance haben, sie zu erbeuten; sie könnten Sie täuschen, da sie Eier zum Frühstück genauso gern haben wie jeder andere. [7] Das Auffinden einer oder mehrerer oder beliebiger unreifer Bienen genügt, ein weiterer Nachweis für die Anwesenheit einer Königin ist nicht erforderlich.

Ein weiterer Teil der Eier geht verloren, wenn die Nahrungsversorgung ausbleibt. Wenn wir die Bienen während einer Knappheit, wenn der Stock hell ist, aus einem Bestand entfernen, werden wir höchstwahrscheinlich Hunderte von Eiern in den Zellen finden und nur sehr wenige, die aus diesem Stadium zur Reife gelangen. Ich habe dies im Herbst, im Juli und manchmal am 1. Juni oder zu jeder Zeit festgestellt, wenn die Reifung der Brut wahrscheinlich ihre Vorräte erschöpft und die Versorgung der Familie gefährdet. Anstatt dass die Fruchtbarkeit der Königin im Frühjahr und Frühsommer größer ist als zu anderen Zeiten (wie uns oft gesagt wird), würde ich die Wahrscheinlichkeit vermuten, dass ein größeres

Nahrungsangebot zu dieser Jahreszeit und eine größere Anzahl leerer Zellen der Grund für die größere Anzahl ausgewachsener Bienen sein könnten.

WENN DROHNEN AUFGEZOGEN WERDEN.

Wenn der Bienenstock gut mit Honig versorgt ist und es viele Bienen gibt, wird ein Teil der Eier in den Drohnenzellen abgelegt, die zum Reifen drei bis vier Tage länger brauchen als die Arbeiterzellen.

WENN KÖNIGINNEN GEZÜCHTET WERDEN.

Wenn die Waben mit Bienen überfüllt sind und es reichlich Honig gibt, beginnen die Vorbereitungen für die jungen Königinnen: Als erster Schritt zum Schwärmen werden ein bis zwanzig Zellen für die Königinnen angelegt; wenn sie etwa zur Hälfte gefüllt sind, legt die Königin (wenn alles günstig verläuft) Eier hinein, die an einem Ende festgeklebt werden, wie die für die Arbeiterinnen; es besteht kein Zweifel, dass es genau die gleiche Art von Eiern sind, die andere Bienen produzieren. Wenn der kleine Wurm schlüpft, wird er mit einem Überfluss an Nahrung versorgt; zumindest scheint es so, da ich ein paar Mal eine Menge in der Zelle gefunden habe, nachdem die Königin sie verlassen hatte. Die Konsistenz dieser Nahrung ist etwa wie Sahne, die Farbe etwas heller oder leicht gelblich. Wenn sie dünn wie Wasser oder sogar Honig wäre, kann ich mir nicht vorstellen, wie sie in den Mengen, die hineingegeben werden, am oberen Ende einer umgedrehten Zelle dieser Größe bleiben könnte, da die Bienen sie oft fast halb voll füllen. Manchmal enthält eine Zelle dieser Art diese Nahrung und keinen Wurm, der sich davon ernährt. Ich *vermutete*, dass die Bienen mehr angepflanzt hatten, als sie im Moment brauchten, und dass sie es dort gelagert hatten, um es griffbereit zu haben, und auch, damit alle, die dort waren, wussten, dass es für die Könige war.

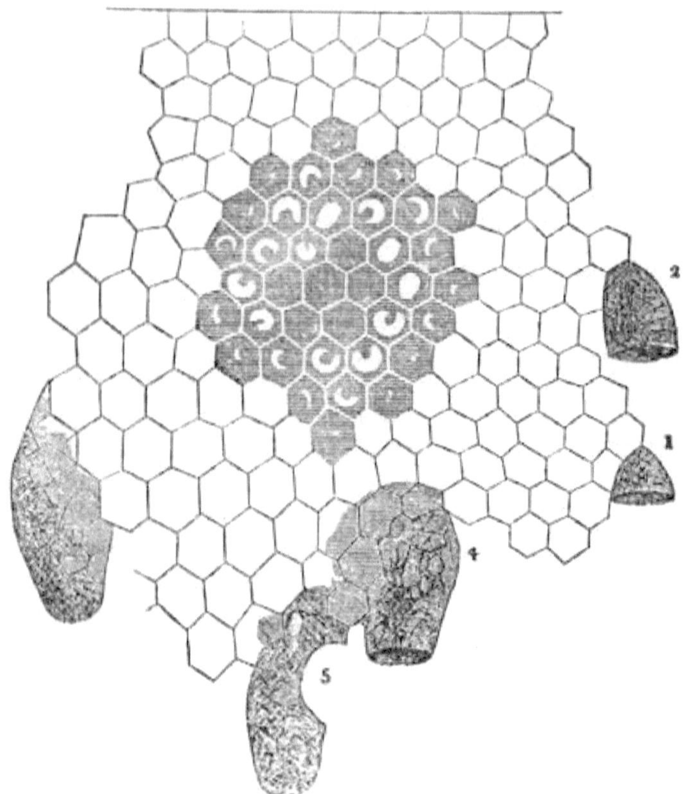

PLATTE DER DREI ZELLENARTEN.

Der Geschmack soll „schärfer" sein als das Futter, das der Arbeiterbiene gegeben wird, und der Unterschied im Futter verwandelt die Biene von einer Arbeiterbiene in eine Königin. Gegen diese Hypothese habe ich nichts einzuwenden; es kann so sein, oder die Tatsache, dass die junge Biene gezwungen ist, auf dem Kopf zu stehen, kann dies bewirken, oder beide Ursachen zusammen können die Veränderung bewirken . Ich habe dieses Futter nie probiert und auch keinen Test gefunden, der anwendbar wäre.

Die vorhergehende Tafel zeigt ein Stück Wabe, das all die verschiedenen Zellen enthält – die auf der linken Seite haben die Größe von Drohnen. In der Mitte sind einige, die versiegelt erscheinen, andere fast bedeckt, wieder andere die Larven in verschiedenen Wachstumsstadien sowie die Eier. *Abb. 1* zeigt eine gerade begonnene Königinnenzelle. Normalerweise werden sie in der ersten Saison so weit begonnen, sehr häufig, wenn der Stock erst halb oder zwei Drittel voll ist. *Abb. 2* zeigt eine Zelle, die weit genug fortgeschritten ist, um das Ei aufzunehmen. *Abb. 3* eine fertige, das Stadium, in dem der erste Schwarm abfliegt. *Abb. 4*, wenn eine Königin perfektioniert wurde und geht. *Abb. 5* zeigt eine Zelle, deren Insassin von einem Rivalen zerstört und von den Arbeiterinnen entfernt wurde. Man wird erkennen, dass jede fertige Königinnenzelle so viel Wachs enthält wie fünfzig, die für die Arbeiterinnen hergestellt wurden.

HAFTUNG FÜR ZERSTÖRUNG.

Diese königlichen Insekten können in jedem Stadium vom Ei bis zur Reife vernichtet werden. Wenn der Honig aus irgendeinem Grund fehlt, der die Existenz eines Schwarms in irgendeiner Weise gefährdet, werden die Vorbereitungen abgebrochen und die jungen Königinnen vernichtet. (Ich möchte den Leser hier bitten, mir nicht vorzuwerfen, dass ich mehr erzähle, als ich beweisen kann, bis er die ganze Geschichte kennt. In der Schwarmsaison werde ich weitere Einzelheiten liefern.)

Drohnen werden zerstört, wenn Honig knapp ist.

Wenn ein Vorfall wie der oben beschriebene eintritt, fallen die Drohnen als nächstes dem Mangel an Honig zum Opfer. Sie haben nur eine kurze Existenz; die vollkommenen werden gnadenlos vernichtet; die im Puppenstadium werden oft herausgezogen und den Bedürfnissen der Familie geopfert. Die Drohnen, die man schlüpfen lässt, anstatt sie zu füttern und zu schützen, wie es bei reichlich vorhandenem Honig der Fall wäre, lässt man, während sie noch geschwächt vom Hunger sind, aus dem Stock wandern und zu Hunderten auf die Erde fallen. Diese Auswirkungen treten nur selten zu Beginn der Saison auf. Das Massaker im Juli und September ist ganz anders. Die Drohnen sind dann alt und stark – anscheinend wird zunächst von den Arbeiterinnen versucht, sie zu vertreiben, ohne dabei zu extremen Mitteln zu greifen; manchmal werden sie mehrere Tage lang belästigt; die Arbeiterinnen tun nur so, als würden sie stechen, oder sie können es nicht, da ich nie gesehen habe, dass nur sehr wenige auf diese Weise getötet wurden; doch es gibt Beweise, die zweifelsfrei belegen, dass der Stachel eingesetzt wird. Hunderte werden oft in einem kompakten Körper am Boden des Stocks zusammengesammelt; dieser gegenseitige Schutz verschafft ihnen für ein paar Stunden Ruhe vor ihren Peinigern, die unaufhörlich quälen. Nach ein paar Tagen sind sie verschwunden und es ist schwer zu sagen, was aus ihnen geworden ist, zumindest aus den meisten. Wenn der Stock im September gut mit Honig versorgt ist, wird einem Teil der Drohnen eine längere Lebenserwartung gewährt; ich habe sie noch bis in den Dezember hinein gesehen. In manchen Jahreszeiten, wenn die besten Stöcke schlecht mit Vorräten versorgt sind, ziehen die Bienen im darauffolgenden Frühjahr keine Drohnen auf, bis die Blüten einen guten Vorrat abwerfen. Ich kenne ein oder zwei Jahre, in denen vor Ende Juni keine Drohnen erschienen; zu anderen Zeiten sind Tausende bis zum ersten Mai ausgewachsen.

ALTE KÖNIGIN ZIEHT MIT DEM ERSTEN SCHWARM AB.

Die alte Königin verlässt den Stock mit dem ersten Schwarm. Sobald die Zellen im neuen Stock fertig sind, legt sie ihre Eier darin ab, zunächst für Arbeiterinnen. Die Anzahl der Eier entspricht der Honigversorgung und der Größe des Schwarms. Wenn die Versorgung vor dem Verlassen des alten Stocks ausgeht, bleibt sie *dort* und legt die ganze Saison über Eier. Die nach dem 20. Juli (in diesem Abschnitt) herangewachsenen Bienen reichen jedoch nicht mehr als aus, um die Anzahl aufrechtzuerhalten. Es sterben oder gehen während ihrer Ausflüge ebenso viele verloren, wie durch junge ersetzt werden. Tatsächlich verlieren sie oft eher, als dass sie zunehmen. So ist ein Stock, der keinen Schwarm hervorgebracht hat, im nächsten Frühjahr für einen Bestand nicht besser als einer, aus dem ein Schwarm hervorgegangen ist. Wir lassen uns leicht von Bienen täuschen, die sich gegen Ende der Saison draußen versammeln, und nehmen an, dass es kaum möglich ist, dass sie alle hineingelangen, wenn dies durch heißes Wetter, volle Vorräte usw. verursacht werden kann.

EINE JUNGE KÖNIGIN NIMMT DEN PLATZ IHRER MUTTER IM ALTEN STAMM EIN.

Unter normalen Umständen ist die älteste der jungen Königinnen nach dem Verlassen eines Schwarms in etwa acht bis neun Tagen bereit, ihre Zelle zu verlassen. Wenn kein zweiter Schwarm ausgesandt wird, nimmt sie den Platz ihrer Mutter ein und beginnt nach etwa zehn Tagen oder etwas weniger, Eier zu legen. Zwei bis drei Wochen sind die einzige Zeitspanne während der gesamten Saison, aber in allen gedeihenden Bienenstöcken sind Eier zu finden. Immer wenn ein reichlicher Honigertrag erzielt wird, werden Drohnen gezüchtet. Wenn der Honig knapp wird, werden sie vernichtet.

Die relative Anzahl der Drohnen und Arbeiterinnen, die zu einem Zeitpunkt vorhanden sind, an dem sie am zahlreichsten sind, hängt zweifellos von der Größe des Bienenstocks ab, also ob es sich um eine von zehn oder eine von dreißig handelt.

Wenn ein Schwarm zum ersten Mal bevölkert wird, haben die ersten Zellen die richtige Größe für die Arbeit. Wenn der Stock sehr klein ist und viele Bienen leben, kann er gefüllt sein, bevor die Bienen es richtig bemerken, und es werden nur wenige Drohnenzellen gebaut. Folglich können nur wenige aufgezogen werden. Wenn der Stock hingegen groß ist, wird lange bevor er voll ist, eine beträchtliche Menge Honig gelagert. Zellen zur Lagerung von Honig haben normalerweise die richtige Größe für Drohnen. Diese werden gebaut, sobald die erforderliche Anzahl an Arbeitern vorhanden ist. Ein reichlicher Honigertrag während des Füllens eines großen Stocks würde daher dazu führen, dass ein großer Teil dieser Zellen gebaut wird. Die Menge an Drohnenbrut wird von derselben Ursache bestimmt und ist ein starkes Argument gegen große Stöcke, da sie Platz für zu viele dieser Zellen bieten, in denen eine unnötige Anzahl an Drohnen aufgezogen wird, was zu einer nutzlosen Verschwendung von Honig usw. führt.

ANDERE THEORIEN.

Fast alle Autoren vertreten Theorien, die sich wesentlich von den vorgenannten unterscheiden. Einer sagt: „Im Frühjahr legt die Königin etwa 2.000 Eier von Männchen, nimmt dies im August wieder auf, aber während der übrigen Zeiträume legt sie ausschließlich Eier von Arbeiterbienen. Die Königin muss mindestens elf Monate alt sein, bevor sie beginnt, Eier von Männchen zu legen." Mr. Townley macht dieselbe Behauptung. Dr. Bevan sagt: „Das große Legen von Drohneneiern beginnt normalerweise etwa Ende April." Ein anderer Autor wiederholt ungefähr dasselbe und scheint dies weiter untersucht zu haben, da er herausgefunden hat, dass die Eier für die beiden Bienenarten getrennt gekeimt werden und die Königin weiß, wann jede Art bereit ist, ebenso wie die Arbeiterbienen usw. Nun erlaube ich mir, ein wenig von diesen Autoren abzuweichen. Entweder besteht kein Unterschied bei den gekeimten Eiern und eines oder alle werden Drohnen oder Arbeiterbienen hervorbringen, genau wie sie abgelegt und gefüttert werden; oder aber die Zeiträume, in denen Drohneneier abgelegt werden, sind viel häufiger, als dies irgendein mir bekannter Autor zugeben wollte.

THEMA NICHT VERSTANDEN.

Ich bin nicht darauf erpicht, eine neue Theorie aufzustellen, sondern an die Fakten zu kommen. Wenn wir vorgeben, die Naturgeschichte zu verstehen, ist es wichtig, dass wir sie richtig verstehen; und wenn wir sie nicht verstehen, sagen wir es und lassen es offen für weitere Untersuchungen. Meiner Meinung nach *wissen wir* über diesen Punkt nur sehr wenig. Ich möchte zu genauerer Beobachtung anregen und würde keine *positive* Entscheidung empfehlen, bis alle relevanten Fakten untersucht wurden. Ob diese Drohnen-Ei-Theorien zu voreilig übernommen wurden, kann der Leser entscheiden; ich werde noch ein paar weitere Fakten anführen, die etwas schwer mit ihnen in Einklang zu bringen sind.

Erstens in Bezug auf die Tatsache, dass die Königin „elf Monate alt" ist, bevor sie Drohneneier legt. Ich glaube, wir sind uns *alle* einig, dass die alte Königin mit dem ersten Schwarm geht und eine junge im alten Bestand bleibt. Nehmen wir nun an, der erste Schwarm zieht im Juni ab und der alte Bestand enthält noch eine zahlreiche Familie. Die Buchweizenblüten im August bringen eine reiche Honigernte hervor. Dieser alte Bestand bringt einen großen Drohnenbrut hervor. Ist in diesem Fall nicht bewiesen, dass die Königin nur zwei Monate alt war, statt elf? Wir sind uns außerdem einig, dass junge Königinnen zweite oder Nachschwärme begleiten. Wenn diese zufällig groß und gedeihend sind, versäumen sie es nie, zu dieser Jahreszeit einen Drohnenbrut aufzuziehen. Wie alt sind diese? Ich vermute, dass diese

Elf-Monate-Theorie in Gegenden entstand, in denen kein oder nur geringer Buchweizen angebaut wird. Klee versagt im August im Allgemeinen, und es kommt Mai oder Juni eines anderen Jahres, bevor es einen ausreichenden Ertrag gibt, um die Brut hervorzubringen. Wie vernünftig ist es, *allein* anhand dieser Beobachtungen zu dem Schluss zu kommen, dass es sich um ein Naturgesetz handeln muss und nicht um eine Bestimmung durch den Honigertrag und die Familiengröße? Wenn die Zeiträume, in denen Drohnen Eier legen, auf nur zwei oder drei begrenzt sind, sollte man meinen, dass alle Königinnen ungefähr zur gleichen Zeit der Saison mit dieser Art von Eiern fertig sein sollten, aber wie sieht es tatsächlich aus?

Ich möchte wissen, was aus der ersten Serie von Drohneneiern Ende April oder Anfang Mai wird, wenn die Bestände schlecht mit Honig versorgt sind oder wenn eine Familie klein ist und den Sommer über nur wenig Honig hat? In diesen Fällen wird keine Drohnenbrut herangereift. Es wird nicht behauptet, dass die Königin irgendeine Kontrolle über die Keimung dieser Eier hat, aber irgendwie hat sie sie bereit, wann immer die Situation des Stocks es erfordert. Zwei Bestände können am Anfang Mai eine gleiche Anzahl von Bienen haben; einer kann vierzig Pfund Honig haben, der andere vier Pfund; der letztere kann es sich nicht leisten, eine Drohne aufzuziehen, während der andere Hunderte haben wird. Angenommen, zwei Bestände haben zu irgendeinem Zeitpunkt im Sommer, wenn Honig knapp ist, jeweils nur vier Pfund, dann füttern Sie einen von ihnen reichlich, und es wird sicher eine Drohnenbrut erscheinen, während der andere keine produzieren wird. Wann immer Bestände gut mit Honig versorgt sind und voller Bienen sind, werden am Anfang Mai Drohnenzellen mit Brut gefunden. Wenn die Blüten weiterhin reichlich Nachkommen liefern, können diese Zellen von diesem Zeitraum an bis zum Abflug des ersten Schwarms jede Woche untersucht werden und ich gehe davon aus, dass Drohnenbrut in allen Stadien vom Ei bis zur Reife zu finden ist; bei der Arbeiterbrut ist das Gleiche zu beachten. Vierundzwanzig Tage nach dem Abflug des ersten Schwarms werden die letzten Drohneneier, die die alte Königin hinterlassen hat, fast reif sein. Wenn ich Bienen von alten in neue Stöcke umsetze, mache ich das im Allgemeinen etwa einundzwanzig oder zweiundzwanzig Tage nach dem ersten Schwarm (das ist der Zeitpunkt, um die Zerstörung der Arbeiterbrut zu vermeiden; Einzelheiten folgen an anderer Stelle). Ich habe sehr viele umgesetzt und *immer* ein paar Drohnen gefunden, die fast bereit waren, die Waben zu verlassen. Ob der Schwarm Ende Mai oder Mitte Juli abgeflogen war, machte keinen Unterschied, sie waren vorhanden.

Ein sehr früher Schwarm in guten Jahreszeiten füllt oft den Stock und bringt in vier bis sechs Wochen Nachkommen hervor: In diesen Fällen kann die übliche Menge an Drohnenbrut gefunden werden. Der folgende Umstand scheint darauf hinzudeuten, dass alle Eier gleich sind, und wenn sie in

Drohnenzellen gelegt werden, geben die Bienen ihnen die richtige Nahrung und bringen Drohnen hervor; wenn sie in Arbeiterzellen gelegt werden, werden sie Arbeiterinnen, so wie sie aus einem Arbeiterei eine Königin machen, wenn sie in eine Königinnenzelle gelegt werden.

In einem Glasstock war eine Wabenplatte neben dem Glas und parallel dazu in voller Größe; etwa drei Viertel dieser Platte bestand aus Arbeiterzellen, der Rest aus Drohnenzellen. Die Familie war eher klein gewesen, hatte sich aber jetzt zu einem vollen Schwarm entwickelt; einige Drohnen waren in der Mitte des Stocks herangewachsen. Es war etwa Mitte Juni 1850, als ich die Bienen auf dieser Außenplatte entdeckte, die sie, wie ich dachte, für die Brut vorbereiteten, indem sie die Zellen auf die richtige Länge abschnitten. Sie waren zur Lagerung von Honig verwendet worden und waren mit einer Tiefe von etwa anderthalb Zoll viel zu lang. Ein oder zwei Tage später sah ich einige Eier sowohl in Arbeiter- als auch in Drohnenzellen; vier oder fünf Tage später, als ich die Tür öffnete, fand ich Ihre „Majestät" dabei, Eier in die Drohnenzellen zu legen. Fast jede enthielt bereits ein Ei; die meisten davon untersuchte sie, verwendete sie aber nicht; sechs oder acht, so schien es, waren alles, was unbesetzt war; in jede dieser Zellen legte sie sofort ein Ei. Sie suchte weiter nach weiteren leeren Zellen und gelangte dabei zu dem Teil der Wabe mit den Arbeiterzellen, wo sie ein Dutzend oder mehr leere Zellen fand, in die sie jeweils ein Ei legte. Die ganze Zeit dauerte vielleicht dreißig Minuten. Frage? War ihre Serie an Drohneneiern gerade zu diesem Zeitpunkt erschöpft? Wenn ja, dann scheint sie sich dessen nicht bewusst gewesen zu sein, denn sie untersuchte mehrere Drohnenzellen, nachdem sie das letzte dort abgelegt hatte, bevor sie diesen Teil der Wabe verließ, und verhielt sich genau so, als hätte sie sie verwendet, wenn sie nicht bereits besetzt gewesen wären. Erhielten die Arbeiterzellen einige Eier, die Drohnen hervorgebracht hätten, wenn sie nicht in Arbeiterzellen abgelegt worden wären? Ich weiß, dass uns gesagt wird, dass ein Ei von einer Arbeiterzelle in eine für Drohnen übertragen werden kann oder dass ein Ei aus einer Drohnenzelle entnommen und in einer Arbeiterzelle abgelegt werden kann; dass der Austausch keinen Unterschied macht, die Biene wird genau das sein, was sie durch die erste Ablage geworden wäre . Wie das Wissen für diese Behauptung erlangt wurde, ist uns nicht bekannt, zumindest nicht über den praktischen Teil. Ich darf derzeit bezweifeln, dass es jemals gelungen ist, ein Ei sicher vom Boden einer Zelle zu lösen und in einer anderen abzulegen, ohne es zu zerbrechen oder auf sonstige Weise zu beschädigen, sodass die Bienen es ablehnen würden.

NOTWENDIGKEIT WEITERER BEOBACHTUNG.

Könnten nicht einige für jedermann durchführbare Experimente durchgeführt werden, die mehr Licht auf dieses Thema werfen? Die alte

Hypothese, das Ablegen von Drohneneiern auf zwei oder drei Perioden zu beschränken, ist offensichtlich falsch.

ZWEI SEITEN DER FRAGE.

Wenn wir annehmen, dass die Eier alle gleich sind und die nachfolgende Behandlung entweder Arbeiterinnen, Drohnen oder Königinnen hervorbringt, und Analogien als Beleg heranziehen, werden wir sowohl viel dagegen als auch dafür finden. So finden wir beispielsweise in fast jedem Bereich der belebten Natur, dass das Geschlecht des Keims eines zukünftigen Wesens entschieden wird, bevor er von der Mutter getrennt wird, wie bei den Eiern von Hühnern usw. Eine weitere Tatsache ist, dass einige Königinnen (durchschnittlich eine von sechzig oder achtzig) Eier legen, aus denen nur Drohnen hervorgehen, [8] ob in Arbeiter- oder Drohnenzellen, was beweist, dass das Geschlecht in diesem Fall unumstritten entschieden wird. Daher erscheint es vernünftig, dass das Geschlecht in einem Fall von den Eierstöcken der Königin entschieden wird, in einem anderen Fall aber auch.

Den Bienen die Fähigkeit zu geben, aus einer Art von Eiern drei Arten von Bienen zu zeugen, was praktisch ein drittes Geschlecht bedeuten würde, eine Anomalie, die nicht oft vorkommt. Da die Drohnen Männchen und die Arbeiterinnen unvollkommene Weibchen mit unterentwickelten Geschlechtsorganen sind, ist die Anomalie des dritten Geschlechts unnötig. Auf der anderen Seite könnte man als Antwort sagen: Wenn Nahrung und Behandlung bei den Weibchen Geschlechtsorgane erzeugen oder produzieren, indem sie aus einem für eine Arbeiterin bestimmten Ei eine Königin machen (eine Tatsache, die alle Imker zugeben), warum erzeugen Nahrung und Behandlung dann nicht die Drohne? Ist es schwieriger, *eine* Art von Geschlechtsorganen zu entwickeln als eine andere?

In Bezug auf die Anomalie der Eier einiger Königinnen, die nur Drohnen produzieren, könnte man fragen: Ist das eine größere Anomalie als die der gewöhnlichen Königinnen, die angeblich Eier in getrennten Reihen keimen lassen? Das ist alles anders als üblich. Andere Tiere oder Insekten produzieren die Geschlechter normalerweise wahllos. Da wir die geschlechtsbestimmenden Ursachen in keinem Fall kennen, müssen wir anerkennen, dass hier beide Seiten der Frage ein Mysterium sind. Das Hindernis von mehr als zwei Geschlechtern, das so wichtig zu klären scheint, ist hier nicht größer als bei einigen Ameisenarten, die, wie man uns sagt, König, Königin, Soldat und Arbeiter haben. Vier verschiedene und unterschiedlich geformte Körper, die alle zu einem Nest gehören und von einer Mutter abstammen. Ob es vier verschiedene Arten von Eiern gibt, die sie produzieren, oder ob den Arbeiterinnen die Fähigkeit gegeben wird, aus einer Art die gewünschten Eier zu entwickeln, können wir nicht sagen. Wenn wir zwei Arten von Eiern produzieren, hilft das der Sache nur wenig. Es liegt immer noch eine Anomalie vor. Es gibt nur ein perfektes Weibchen in einem Nest, das Eier ausbrütet, und die Myriaden davon (einigen Historikern zufolge über 80.000 in 24 Stunden) zeigen, dass die Fruchtbarkeit unserer Bienenkönigin keineswegs ein Parallelfall ist. Und doch sind sie sich ähnlich, da sie ohne eigene Anstrengung für ihren Nachwuchs sorgen.

Ich werde diese Angelegenheit vorerst beiseite lassen und hoffen, dass im Laufe meiner oder anderer Experimente *etwas Entscheidendes dabei herauskommt. Im Moment neige ich zu der Annahme, dass die Eier alle gleich sind, bin mir aber nicht ganz sicher.*

Ich bin mir bewusst, dass diese Angelegenheit für viele von geringem Wert oder Interesse ist, aber bei mir und einigen anderen ist die „Yankee-Neugier" ziemlich ausgeprägt und wir würden gern *wissen* , wie sie gehandhabt *wurde* .

Zu den gelegentlich fruchtbaren Arbeiterinnen habe ich wenig zu sagen. Nach Jahren genauer Beobachtung in dieser Hinsicht konnte ich nichts entdecken, was diese Meinung untermauern würde. Ebenso wenig habe ich die von einigen Autoren beschriebenen schwarzen Bienen gefunden. Es stimmt, dass in der Mitte oder im Spätsommer einige Bienen viel dunkler als andere und vielleicht etwas kleiner sind und einige von ihnen etwas abgenutzte Flügel haben, wahrscheinlich das Ergebnis fortgesetzter Arbeit, besonderer Nahrung oder zufälliger Umstände.

Ich habe ein paar Mal eine Hummel unter dem Stock gefunden, die hineingelangt war und nicht so schnell den Weg hinaus fand. Sie wurde schnell ihrer schönen „Locken" und infolgedessen ihrer Kraft beraubt – das heißt, jedes Stückchen Haar, Flaum, Feder, Borsten oder womit sie sonst bedeckt war, wurde von den Bienen vollständig entfernt, die sich nicht um ihre schönen abwechselnden gelben und braunen Streifen kümmerten, die sie zu einem Abbild der Dunkelheit machten.

KAPITEL IV.

BIENENWEIDE.

In manchen Jahreszeiten bedeckt sich die Erde viel später mit Schnee als in anderen. In diesem Fall sind mehr warme Tage nötig, um den Schnee zu schmelzen und die Blüten zu blühen, als sonst.

ERSATZ FÜR POLLEN.

Während dieser warmen Tage, während sie auf die Blüten warten, sind die Bienen eifrig bemüht, etwas zu tun. Es ist dann interessant, sie zu beobachten und zu sehen, was als Ersatz für Pollen und Honig verwendet wird. Zu solchen Zeiten habe ich Hunderte gesehen, die sich auf einem Haufen Sägemehl beschäftigten und die winzigen Partikel zu kleinen Kügelchen an ihren Beinen sammelten und mit der Errungenschaft recht zufrieden zu sein schienen. Auch morsches Holz wird gesammelt, wenn es zu Pulver zerbröselt und trocken ist. Ich habe gesehen, dass Mehl, das in der Nähe des Stocks verstreut wird, in beträchtlichen Mengen aufgenommen wird. Einige Imker haben ihre Bienen zu dieser Jahreszeit damit gefüttert und halten es für einen großen Vorteil; ich habe es nicht ausreichend getestet, um mir eine Meinung bilden zu können. Ein Ersatz für Honig ist Saft von einigen Baumarten, aber insgesamt ergibt das nur sehr wenig. Alle diese unnatürlichen Quellen werden aufgegeben, wenn die Blüten erscheinen.

Art der Verpackung.

Die besondere Art und Weise, wie Pollen gesammelt wird, wurde nur von sehr wenigen Personen beobachtet, da sie ihn normalerweise vom Körper bürsten und auf ihre Beine packen, während sie fliegen, wodurch eine angemessene Möglichkeit zur Beobachtung der Vorgänge verhindert wird. Wenn sie nur Pollen sammeln, landen sie auf den Blüten, fliegen schnell über die Staubblätter und lösen einen Teil des Staubs ab, der an den meisten Teilen davon hängen bleibt, um dann zusammengebürstet und zu Pellets gepackt zu werden, wenn sie wieder fliegen. So fliegen und landen sie abwechselnd, bis sie eine Ladung erhalten haben, und kehren dann sofort zum Stock zurück; jede Biene bringt mehrere Ladungen an einem Tag. Der gesammelte Honig wird im Hinterleib abgelegt und außer Sichtweite aufbewahrt, bis er im Stock gelagert wird.

ALDER BRINGT ALS ERSTE FOLGE.

Der erste Stoff, den man von Blüten sammelt, ist Pollen. Die Kerzen-Erle (*Alnus Rubra*)[9] liefert die erste Lieferung. Die Blütezeit variiert zwischen dem 10. März und dem 20. April. Die Menge, die geliefert wird, ist ebenfalls variabel. Kaltes, frostiges Wetter zerstört häufig einen großen Teil dieser Blüten, nachdem sie verblüht sind. Diese staminierten Blüten sind in der vorherigen Saison fast perfektioniert, und ein paar warme Tage im Frühling bringen sie zum Vorschein, noch bevor die ersten Blätter erscheinen. Wenn das Wetter weiterhin schön ist, können große Mengen an Farina gesichert werden.

Die Zeit, zu der die Bienen ihre Arbeit beginnen, bestimmt in keiner Weise die Zeit des Schwärmens; diese hängt vom Wetter im April und Mai ab. Diese Bemerkungen gelten insbesondere für diesen Abschnitt, Green County, New York, auf etwa 42 Grad Breite. An anderen Orten findet man viele verschiedene Bäume, Sträucher und Kräuter, die Honig und Pollen liefern, die hier kaum vorkommen und ganz andere Ergebnisse liefern.

Unsere Sümpfe bringen mehrere Weidenarten (Salix) hervor, die sehr unregelmäßig blühen. Einige dieser Büsche blühen einen Monat früher als andere, und einige der Knospen desselben Busches blühen eine oder zwei Wochen später als die übrigen. Diese liefern ebenfalls nur Pollen, sind aber viel abhängiger als Erlen, da ein kalter Wetterwechsel zu keiner Zeit mehr als einen kleinen Teil zerstören kann. Als nächstes kommt die Espe (*Populus Tremuloides*); davon haben wir mehr, als für irgendeinen Zweck nötig ist. Er ist bei den Bienen nicht besonders beliebt, da ihn vergleichsweise nur wenige besuchen. Sehr bald folgt ihm eine Fülle des Rot-Ahorns (*Acer Rubrum*), der ihnen besser gefällt, aber dieser geht, wie die anderen, oft durch Erfrieren verloren. Der erste nennenswerte Honig stammt von der Goldweide (*Salix Vitellina*); sie liefert keinen Pollen und wird selten durch Frost beschädigt. Stachelbeeren, Johannisbeeren, Kirschen, Birnen- und Pfirsichbäume liefern einen Anteil sowohl an Honig als auch an Pollen. Der Zucker-Ahorn (*Acer Saccharinum*) wirft jetzt seine zehntausend seidenen Quasten aus, die schön wie Gold sind. Erdbeeren öffnen bescheiden ihre Blütenblätter einladend, werden aber, wie „obskure Tugenden", oft zugunsten des auffälligeren Löwenzahns und des auffälligen Aussehens und der üppigen Blüten der Apfelbäume vernachlässigt, die jetzt ihre Vorräte öffnen und ihnen eine echte Ernte bieten.

Obstblüten sind bei gutem Wetter wichtig.

Bei gutem Wetter können ihre Vorräte während der Apfelblütenzeit manchmal um 20 Pfund zunehmen. Aber wir haben selten das Glück, während dieser ganzen Zeit gutes Wetter zu haben, da es regnet, bewölkt, kühl oder windig ist, was sehr schädlich ist. Manchmal vernichtet ein Frost zu dieser Zeit alles und der Zuwachs unserer Bienen wird zunichte gemacht, d. h. sie sind am Ende dieser Blüte leichter als zu Beginn. Doch diese Jahreszeit entscheidet über ihr Gedeihen im Sommer, ob sie *erstklassig sind* oder nicht. Wenn jetzt gutes Wetter ist, erwarten wir unsere ersten Schwärme um den 1. Juni herum; wenn nicht, wird kein späterer Honigertrag diesen Mangel ausgleichen. Wir haben jetzt eine Zeit von mehreren Tagen, von zehn bis vierzehn, in der nur wenige Blüten vorhanden sind. Wenn unsere Bienenstöcke schlecht versorgt sind, wenn dieser Mangel eintritt, wird dies ihre Schwärmpläne so durcheinanderbringen, dass vor Juli keine Vorbereitungen mehr getroffen werden und manchmal überhaupt nicht. In Gegenden, in denen die Wildkirsche (*Cerasus Seratina*) gibt es im Überfluss, die Blüten davon werden erscheinen und diese Zeit der Knappheit ausfüllen, die dieser Abschnitt jährlich präsentiert.

ROTE HIMBEERE, EIN Favorit.

Die rote Himbeere (*Rubus Strigosus*) stellt als nächstes die Staubgefäße als den auffälligsten Teil der Blüte dar, der die Umarmung der Biene erbittet, indem er großzügige Trankopfer ausgießt, die von unseren fleißigen Insekten mehr geschätzt werden als Wein. Mehrere Wochen lang dürfen sie an diesem erlesenen Getränk teilhaben; es wird zu jeder Stunde und bei jedem Wetter abgesondert. Wenn der Morgen warm ist, hören wir oft ihr fröhliches Summen zwischen den Blättern und Blüten dieses Strauchs, bevor die Sonne über dem Horizont erscheint. Der sanfte Regen, der ausreicht, um den Menschen dazu zu bewegen, einen Unterschlupf zu suchen, wird von der Biene oft nicht beachtet, wenn sie zwischen diesen Blüten schwelgt; selbst Weißklee, so wichtig er auch ist, da er zu dieser Jahreszeit den größten Teil ihrer Vorräte liefert, würde vernachlässigt werden, wenn es nur eine ausreichende Versorgung davon gäbe. Klee beginnt mit der Himbeere zu blühen und blüht länger. Wir haben in den meisten Jahreszeiten eine unzureichende Versorgung (in diesem Abschnitt). Rotklee sondert wahrscheinlich genauso viel Honig ab wie Weißklee, aber da die Röhre der Blütenkrone länger ist, scheint die Biene nicht in der Lage zu sein, sie zu erreichen. Ich habe sogar hier einige bei der Arbeit gesehen, aber es schien, als würde es langsam vorangehen. Sauerampfer (*Rumex Acetosella*), die Plage vieler Landwirte, wird zur Verfügung gestellt und liefert den kostbaren Staub in großen Mengen. Der Morgen ist der einzige Teil des Tages, der für seine Sammlung vorgesehen ist.

Katzenminze, Mutterkraut und Rauhaardaune sind begehrt.

Katzenminze, (*Nepeta Cataria* ,) Herzgespann , (*Leonurus Cardiaca* ,) und Hoarhound , (*Marrubium Vulgare* ,) etwa Mitte Juni, treiben ihre Blüten aus, die reich an Süße sind, und wie die Himbeere besuchen die Bienen sie zu jeder Tageszeit und bei fast jedem Wetter. Sie halten vier bis sechs Wochen; die Katzenminze, die ich kenne, hält in einigen Fällen zwölf Wochen und liefert während der ganzen Zeit Honig. Margerite, (*Leucanthemum Vulgare* , diese schöne und prächtige Blume, die auf Weiden und Wiesen wächst und in beiden nur wenig wert ist, enthält auch etwas Honig. Die Blüte ist zusammengesetzt und jedes kleine Blümchen enthält so winzige Partikel, dass es sehr mühsam ist, eine Ladung zu erhalten. Sie wird nur besucht, wenn die honigreicheren Blüten selten sind. Das Löwenmäulchen (*Linaria Vulgaris*), das mit seinem ekelerregenden und krankmachenden Geruch den Bauern mit seiner widerlichen Anwesenheit belästigt, soll unserem Insekt das einzig Gute an sich, außer seiner Schönheit, schenken. Die Blüte ist groß und röhrenförmig und die Biene muss in sie hinein, um an den Honig zu gelangen. Wenn man sieht, wie die Biene fast in den Falten der Blütenkrone verschwindet, könnte man meinen, sie würde verschluckt, so weit das grässliche Maul sich öffnet, um sie aufzunehmen. Aber bald darauf entkommt sie unversehrt und mit Staub bedeckt ihrem gelben Gefängnis. Dieser wird nicht wie der Pollen mancher anderer Blumen zu Kügelchen an den Beinen gebürstet, sondern ein Teil klebt auf seinem Rücken zwischen den Flügeln, den er anscheinend nicht entfernen kann, da er dort manchmal monatelang verbleibt und eine Ansammlung außerhalb des Bienenstocks bildet, die ziemlich gesprenkelt aussieht. Busch-Geißblatt (*Diervilla Ein weiterer besonderer Favorit ist Trifida* .

EINZIGARTIGER TODESFALL AUF DEM WEIDENKNOTENPILZ.

Seidenpflanze (*Asclepias Cornuti* ist eine weitere mehrjährige Pflanze, die Honig liefert, aber viele Bienen erleiden beim Sammeln von Honig ein merkwürdiges Unglück, das mir bisher nie aufgefallen ist. Während der Blütezeit dieser Pflanze hatte ich beobachtet, dass einige Bienen aus Schwärmen, bevor der Stock voll war, nicht in der Lage waren, die Seitenwände der Wabe hochzuklettern; manchmal waren es dreißig oder mehr am Morgen unten. Als ich nach der Ursache suchte, fand ich ein bis zehn dünne gelbe Schuppen an ihren Füßen, dreieckig oder etwas keilförmig, etwa ein Zwanzigstel Zoll groß. An der längsten Spitze oder Ecke befand sich eine schwarze fadenartige Spitze von einem Sechzehntel bis einem Achtel Zoll Länge; an diesem Stiel befanden sich entweder Haken, Widerhaken oder eine klebrige Masse, die fest an jedem Fuß oder jeder Klaue der Biene klebte und sie für das Hochklettern an den Seitenwänden des Stocks unbrauchbar machte. Ich fand dieses Ornament auch bei Bienen, die sich außerhalb voller Stöcke versammelten, aber es schien ihnen keine Unannehmlichkeit zu sein. Unter den handvoll Wachs- und Abfallschuppen, die sich rund um die Schwärme ansammeln, fand ich sehr viele dieser Schuppen, die die Bienen von ihren Füßen entfernt hatten. Nun stellte sich die Frage, ob diese Schuppen ein Fremdkörper waren, der sich zufällig in ihren Krallen verfangen hatte, oder ob es sich um etwas von der Natur Gebildetes oder *vielmehr* ein unnatürliches Anhängsel handelte. Die Entscheidung war bald gefallen. Anhand der Zahl der Bienen, die sie trugen, war ich überzeugt, dass sie, falls sie das Produkt irgendeiner Blume waren, zu einer ziemlich häufigen Art gehörten. Ich machte mich daran, alle Blüten, die gerade blühten, genau zu untersuchen. Ich fand, dass die Blüten der Seidenpflanze (oder Wolfsmilch, wie sie manche nennen) manchmal eine tote Biene am Fuß hielten, der durch dieses Anhängsel festgehalten wurde. Sowohl die Kelch- als auch die Blütenblätter dieser Blume sind nach hinten gebogen, d. h., sie sind nach hinten zum Stängel gedreht, und bilden fünf spitze Winkel oder Kerben, genau richtig als Falle für eine Biene mit *Perlenketten* an den *Zehen* ; bei der Arbeit geraten sie sehr leicht mit einem Fuß in eine dieser Kerben. Die Blüte ist dick und fest und hält sie fest; durch Ziehen wird sie nur noch tiefer in die keilförmige Höhle hineingezogen. Die Biene muss entweder sterben oder sich losreißen; ihre Instinkte lassen sie in diesem Notfall im Stich; sie wissen nicht, wie sie die Biene durch sanftes Ziehen in die andere Richtung herausbekommen. Ich habe noch nie gesehen, dass eine das außer durch Zufall getan hat. Als ich die Knospen dieser Pflanze kurz vor dem Aufblühen untersuchte, fand ich dieses tödliche Anhängsel, durch das viele unserer Bienen verloren gehen. [10] Wenn ich auf einen Verlust bei unseren Bienen hinweise, würde ich gern Abhilfe schaffen, aber hier bin ich ratlos, es sei denn, alle diese Pflanzen werden vernichtet, und das ist vielerorts nicht praktikabel. Schließlich bin ich mir nicht sicher, ob die Bienen, die entkommen, genug Honig erhalten, um den Verlust auszugleichen. Dies hängt von der Menge an Honig ab, die andere Blumen zur gleichen Zeit liefern.

Weißholz (*Liriodendron tulipifera*) liefert etwas, wonach Bienen eifrig suchen, aber ob Honig, Pollen oder beides, konnte ich nie feststellen. Alle Blüten dieser Art bei uns sind zu hoch. Es ist sehr selten, ebenso wie Lindenholz (*Tilia americana*), das an manchen Orten in Hülle und Fülle vorkommt und klaren, durchsichtigen Honig wie Wasser liefert, der Klee im Aussehen überlegen, aber im Geschmack unterlegen ist; es erscheint auch viel dünner, wenn man es zum ersten Mal sammelt.

GROSSER ERTRAG AUS LINDENHOLZ.

Während der Blütezeit dieses Baumes, die in vielen Gegenden zwei oder drei Wochen dauert, werden erstaunliche Mengen gewonnen. Jemand versicherte mir einmal, er habe gewusst, dass „ein Schwarm zehn Pfund an einem Tag sammelt, wenn er den Stock morgens und abends wiegt". Ich zweifle ein wenig an dieser Aussage und denke, die Hälfte der Menge würde für einen guten Tag reichen; aber ich hatte nur eine kleine Chance, das herauszufinden, da in dieser Gegend nur wenige Bäume als Muster wachsen. Ich habe Stöcke während der Apfelbaumblüte und der Buchweizenblüte gewogen, den beiden besten Honigerträgen, die wir haben, und dreieinhalb Pfund waren die besten, die ich je an einem Tag hatte. Sumach , (*Rhus Glabra* ,) liefert in einigen Gegenden beträchtlichen Honig. Senf (*Sinapis* Auch *Nigra ist ein großer Favorit.*

Ich habe jetzt die meisten honigspendenden Bäume und Pflanzen erwähnt, die vor Mitte Juli aufblühen. Die Blütezeit dieser Pflanzen wird als erste Ernte bezeichnet. In Gegenden, in denen es keine Buchweizenernten gibt, ist dies die einzige, die vollständig blüht. Andere Blumen blühen bis zum kalten Wetter weiter. Wo Weißklee im Überfluss vorhanden ist und die Felder als Weideland genutzt werden, bringt er manchmal den ganzen Sommer über frische Blüten hervor; die Bienen verbrauchen jedoch fast alles, was sie sammeln, um ihre Brut aufzuziehen usw. So scheint es, dass in manchen Gegenden sechs oder acht Wochen ungefähr die einzige Zeit sind, die sie haben, um sich für den Winter zu versorgen.

GARTENBLUMEN UNWICHTIG.

Im Vorbeigehen habe ich Gartenblumen nicht erwähnt, weil die Menge, die hier gewonnen wird, im Vergleich zu den Wald- und Feldblumen gering ist - insbesondere Zierblumen. Es ist wahr, dass die Stockrose (*Altha Rosea* ,) Malven, (*Malva Rotundifolia*) und viele andere liefern Honig, aber was bringt das? Wer erwartet, dass seine Bienenstöcke aus einer solchen Quelle gefüllt werden, wird höchstwahrscheinlich enttäuscht sein, insbesondere wenn viele Bienenstöcke zusammen gehalten werden.

HONIGTAU.

Honigtau soll an manchen Orten eine Quelle sein, aus der große Mengen gesammelt werden. Wann und wo er auftaucht oder verschwindet, ist mir nicht klar. Ich habe Berichte darüber gesehen, aber ich habe gelernt, an diesen Berichten zu zweifeln, bis ich aus eigener Erfahrung etwas finde, das sie bestätigt. Ich finde zu viele Fehler, die nur deshalb kopiert werden, weil sie zufällig mit mehreren Wahrheiten einhergehen. Huber hat viele wichtige Wahrheiten entdeckt und der Welt mitgeteilt; zu viele Autoren gehen davon aus, dass, wenn zwei seiner Punkte wahr sind, *auch der dritte wahr sein muss* . Nur weil ich ihn nie entdeckt habe, ist das kein Beweis dafür, dass es diesen Stoff nicht gibt. Bei meinen vielen vergeblichen Bemühungen, mir einen Überblick über diese Substanz zu verschaffen, habe ich vielleicht nicht genau beobachtet; vielleicht regnet es in dieser Region nicht; oder vielleicht habe ich es versäumt, meine Vorstellungskraft einzusetzen, um gewöhnlichen Tau in den echten Stoff umzuwandeln.

EINZELNE SEKRETION.

Ich habe einmal Bienen dabei beobachtet, wie sie ein Sekret sammelten, das nichts mit Blumen zu tun hatte, aber es war kein Honigtau, wie es beschrieben wurde. Ich kam an einem Busch von Hamamelis vorbei . *Virginiana* ,) und wurde durch ein ungewöhnliches Bienensummen aufgehalten. Zuerst dachte ich, ein Schwarm sei um mich herum, doch es war spät in der Saison (es war etwa der 25. Juli). Bei genauer Betrachtung entdeckte ich, dass der Busch zahlreiche warzige Auswüchse in der Größe und Form einer Hickory-Nuss enthielt. Diese erwiesen sich nur als Schale – die Innenseite war mit Tausenden winziger Insekten ausgekleidet, einer Blattlausart. Diese schienen damit beschäftigt zu sein, den Saft auszusaugen und eine klare, durchsichtige Flüssigkeit abzusondern. Nahe dem Stamm befand sich eine Öffnung von etwa einem Achtel Zoll Durchmesser, aus der diese Flüssigkeit nach und nach herausquoll. Die Bienen waren so begierig auf dieses Sekret, dass sich mehrere um jeweils eine Öffnung drängten und jede versuchte, die andere wegzustoßen. Dies geschah vor mehreren Jahren und ich habe seitdem nie wieder etwas dergleichen finden können; auch habe ich nicht erfahren, ob es in anderen Gegenden üblich ist.

SEKRETIONEN DER BLATTBLÄTTER.

Die Flüssigkeit, die von der Blattlaus (Blattlaus) ausgeschieden wird, wenn sie sich ernährt oder den Saft zarter Blätter saugt, und die von den stets anwesenden Ameisen aufgenommen wird, ähnelt dem etwas; in diesem Fall waren jedoch Bienen und keine Ameisen anwesend.

Diese Art der Honiggewinnung wird zwar im Allgemeinen nicht von Bienen gesammelt, ist hier aber vielleicht nicht allzu fehl am Platz. Außerdem könnte sie einen Hinweis auf die Ursache des Honigtaus liefern oder eine Theorie darüber untermauern.

Diese Insekten (*Blattläuse*) werden sehr treffend „Ameisenkühe“ genannt, da sie von ihnen mit größter Sorgfalt und Fürsorge behandelt werden. Im Juli oder August, wenn die meisten Blätter unserer Apfelbäume ausgewachsen sind, gibt es oft einige Triebe oder Saugnäpfe am Boden oder am Stamm, die weiter wachsen und frische Blätter hervorbringen. Auf der Unterseite dieser Triebe findet man Hunderte von *Blattläusen* aller Größen, von den gerade geschlüpften bis zum perfekten Insekt mit Flügeln. Alle scheinen damit beschäftigt zu sein, den bitteren Saft aus dem zarten Blatt und Stiel zu saugen. Die Ameisen sind zu Dutzenden unter ihnen. (Oft werden sie von unvorsichtigen Beobachtern für die Verletzung verantwortlich gemacht und nicht die *Blattläuse* .) Gelegentlich kommt aus ihrem Hinterleib ein kleines, durchsichtiges Kügelchen, das die Ameise stets bereit ist aufzunehmen. Wenn sie eine Ladung erhalten hat, steigt sie zum Nest hinab; man kann andere sehen, die ständig hin- und herfliegen. Viele andere Arten von Bäumen, Sträuchern und Pflanzen werden von den Ameisen als „Kuhweide“ genutzt, und die meisten Ameisenarten betreiben dieses Milchgeschäft. [11] Würden die Bienen auf die *Blattlaus warten* , um dieses Sekret abzusondern (es scheint nämlich Honig zu sein), wenn die Ameise nicht zuerst da gewesen wäre? Oder würde dieses Sekret, wenn es weder Ameisen noch Bienen gäbe, abgegeben werden und auf die Blätter unter ihnen fallen und Honigtau sein? Wenn sie sich auf hohen Bäumen befänden und es sich auf den Blättern kleiner Büsche in Bodennähe festsetzen würde, wäre dies bei einigen Autoren der Fall.

Auf diese Fragen werde ich im Moment nicht antworten. Was die Theorie angeht, werde ich wahrscheinlich genug davon haben, bevor ich fertig bin, und ich hoffe, das Thema wird interessanter. [12]

Wir werden nun zu den Blumen zurückkehren und sehen, welche wenigen noch nach Mitte Juli erscheinen werden. Der Knopfballbusch (*Cephalanthus Occidentalis*) wird jetzt häufig wegen des Honigs aufgesucht. Ebenso unsere Weinreben, Melonen, Gurken, Kürbisse und Kürbisgewächse. Letztere werden nur morgens besucht und es wird nur Honig gewonnen; obwohl die Biene mit Grieß bedeckt ist, wird dieser nicht an ihren Beinen zu Pellets geknetet. Ich habe gelesen, dass Bienen frühmorgens nie Honig bekommen, sondern stattdessen Pollen. Nun ist es nicht immer das Beste, uns zu glauben, die vorgeben, alles darüber zu wissen, sondern einige dieser Dinge selbst zu untersuchen. Schauen Sie an einem warmen Morgen, wenn die Kürbisse blühen, nach, ob sie Honig oder Pollen suchen. Beobachten Sie sie auch, wenn sie an den roten Himbeeren, dem Herzgespann oder der Katzenminze arbeiten; Sie werden so eine Tatsache so leicht feststellen, dass Sie sich wundern werden, dass jemand mit dem geringsten Anspruch auf Bienenkunde davon nichts wissen kann. Ich erwähne dies nicht, weil es an sich von großer Bedeutung wäre, sondern um aufzuzeigen, dass wir alle fehlbar sind, da wir manchmal die falschen Behauptungen anderer kopieren.

VORTEILE VON BUCHWEIZEN.

Unter bestimmten Umständen blüht Klee während dieser Jahreszeit weiter; auch einige andere Blumen; aber ich habe beim Wiegen festgestellt, dass zwischen dem 20. Juli und dem 10. August, wenn die Blüten des Buchweizens anfangen, Honig zu liefern, ein Verlust von einem bis sechs Pfund entsteht, was im Allgemeinen eine zweite Ernte bedeutet. An vielen Orten ist er die Hauptquelle für überschüssigen Honig. Viele halten ihn für minderwertig. Die Farbe, wenn er von den Waben getrennt wird, ähnelt mittelfarbiger Melasse. Der Geschmack ist schärfer als der von Kleehonig; aus diesem Grund wird er von einigen besonders geschätzt und von anderen aus demselben Grund nicht gemocht. Bei derselben Temperatur ist er etwas dicker als anderer Honig und wird schneller kandiert.

MENGE DES DARIN GESAMMELTEN HONIGS.

Schwärme, die erst am 15. Juli, wenn sie mit Buchweizen beginnen, schlüpfen, enthalten manchmal nicht mehr als fünf Pfund Vorräte und bilden dennoch gute Vorräte für den Winter, während sie ohne diesen Ertrag möglicherweise nicht den Oktober überleben würden. Etwa alle zehn Jahre kommt es zu Ausfällen. Ich habe einen Schwarm erlebt, der in einer Woche sechzehn Pfund zulegte und gleichzeitig Waben baute, um ihn aufzubewahren. Ein anderes Mal hatte ich am 18. August einen Schwarm, der in etwa achtzehn Tagen dreißig Pfund erwirtschaftete. Aber solche Buchweizenschwärme ernten in normalen Jahreszeiten selten mehr als fünfzehn Pfund. Die Blüten halten drei bis fünf Wochen. Der Zeitpunkt der Aussaat des Getreides variiert in verschiedenen Jahreszeiten, vom 10. Juni bis zum 20. Juli. Die Landwirte möchten ihm gerade genug Zeit geben, vor dem Frost zu reifen, da der Getreideertrag als besser angesehen wird, aber da der Zeitpunkt des Frosts eine Frage der Schätzung ist, säen einige mehrere Tage früher als andere. Wann immer eine reichliche Ernte dieses Getreides erzielt wird, wird eine entsprechende Menge Honig gewonnen.

SCHÄDIGEN BIENEN DIE ERNTE?

Viele Leute behaupten, dass Bienen dieser Ernte schaden, indem sie die Substanz wegnehmen, aus der sich Körner bilden würden. Die besten Gründe für diese Meinung, die ich erhalten habe, sind diese: „Ich glaube es und habe das schon lange gedacht." „Es ist logisch, dass, wenn ein Teil dieser Pflanze von den Bienen weggenommen wird, weniger Material für die Bildung von Samen usw. übrig bleiben muss." Die meisten von uns haben gelernt, dass die Meinung einer Person nicht der stärkste Beweis ist, es sei denn, sie kann stichhaltige Gründe dafür vorbringen. Sind die oben genannten Gründe zufriedenstellend? Wie sind die Fakten? Die Blüten entfalten sich und eine Reihe von Gefäßen gießt eine winzige Menge Honig in die Tasse oder den Nektar. Mir ist nicht bekannt, dass jemand behauptet, dass die Pflanze eine weitere Reihe von Gefäßen hat, die vorbereitet sind, um diesen Honig wieder aufzunehmen und in Körner umzuwandeln. Aber starke Beweise beweisen sehr deutlich, dass er nie wieder in den Stängel oder die Blüte eindringt, sondern wie Wasser verdunstet. Wir alle wissen, dass tierische Materie, wenn sie verfault, in Partikel aufgelöst wird, die klein genug sind, um in der Atmosphäre zu schweben, und zu klein für das bloße Auge. Auf diese Weise würde dieses echte Fleisch und Blut vielleicht völlig unbemerkt bleiben und nie entdeckt werden, wenn es nicht die Gerüche gäbe, die uns bei manchen Gelegenheiten sehr deutlich auf seine Anwesenheit aufmerksam machen. Wenn wir an einem blühenden Buchweizenfeld vorbeigehen, stellen wir auf die gleiche Weise sicher, dass Honig in der Luft liegt. Welchen Unterschied macht es nun, ob dieser Honig in die Luft gelangt oder von den Bienen gesammelt wird? Wenn es einen Unterschied gibt, dann scheinen die Bienen ihn im Vorteil zu haben, denn er erfüllt damit ein weiteres wichtiges Ziel im Haushalt der Natur, das mit ihren Vorkehrungen in zehntausend verschiedenen Arten der Anpassung von Mitteln an Zwecke im Einklang steht. Die meisten Haustierzüchter sind sich der sich durch In-and-In-Zucht ergebenden Qualitätsverschlechterung bewusst; zur Vervollkommnung ist ein Rassenwechsel notwendig usw.

SIND BIENEN NICHT EIN VORTEIL FÜR DIE VEGETATION?

Die Pflanzenphysiologie scheint in diesem Bereich eine ähnliche Notwendigkeit anzudeuten. Die Staubblätter und Stempel der Blüten entsprechen den verschiedenen Organen der beiden Geschlechter bei Tieren. Der Stempel ist mit den Eierstöcken verbunden, die Staubblätter liefern den Pollen, der mit dem Stempel in Kontakt kommen muss; mit anderen Worten, er *muss* mit diesem Staub aus den Staubblättern befruchtet werden, sonst wird keine Frucht produziert. Wenn es nun notwendig ist, die Rasse zu ändern, oder wenn es unerlässlich ist, dass der von den Staubblättern einer Blume produzierte Pollen den Stempel einer anderen befruchtet, um Unfruchtbarkeit zu verhindern, was sollten wir uns dann Besseres einfallen lassen als die bereits von Ihm getroffene Vorkehrung, der die Notwendigkeit kannte und sie entsprechend plante? Und sie funktioniert so wunderbar, dass wir der Schlussfolgerung kaum ausweichen können, *dass Bienen für diesen wichtigen Zweck bestimmt waren* ! So ist es geplant! Ihre Bedürfnisse und ihre Nahrung sollen aus Honig und Pollen bestehen; jede Blume sondert nur wenig ab, gerade genug, um die Biene anzulocken; nichts wie eine volle Ladung wird von einer Blume erhalten; wäre es so, wäre das angestrebte Ziel nicht erreicht; aber oft werden hundert oder mehr Blüten auf einem Ausflug besucht; der Pollen der ersten kann viele befruchten, bevor die Bienen zum Stock zurückkehren; so kann ein Buchweizenfeld in seiner zukünftigen Produktion gesund und kräftig gehalten werden. Ein Weizenfeld bringt lange, schlanke Halme hervor, die dem Einfluss der Brise nachgeben, und ein Kolben wird dazu gebracht, seinen Pollen an einen benachbarten Kolben mehrere Fuß entfernt abzugeben, wodurch genau das bewirkt wird, was Bienen für Buchweizen tun. Mais scheint aufgrund seiner Wuchsweise, der aufrechte Stängel, der die Staubblätter einige Fuß über den Stempeln auf den Kolben darunter trägt, keine Hilfe von Bienen zu benötigen; der überschüssige Pollen aus der Quaste wird vom Wind mit den Stäben des produzierenden Stängels herübergeweht und erfüllt dort seine Aufgabe, einen entfernten Kolben zu befruchten, wie die Mischung verschiedener Sorten in einiger Entfernung beweist. Aber wie ist es mit unseren Weinreben, die am Boden hängen und von denen ein Teil Staubblätter, der andere nur Stempel hervorbringt? Nun *ist es absolut notwendig, dass Pollen von den männlichen Blüten in die* weiblichen Blüten eingeführt werden, um Früchte zu produzieren; denn wenn dies nicht gelingt, verwelkt und stirbt der Keim. Hier haben wir das Mittel für unseren Zweck bereit; diese Blüten werden von den Bienen wahllos besucht; kein Pollen (wie gesagt) wird zu Pellets geknetet (insbesondere der von Kürbissen), sondern er haftet an jedem Teil ihres Körpers, was es für eine derart mit Staub bedeckte Biene nahezu unmöglich macht, in die weiblichen Blüten einzudringen, ohne die wichtige Aufgabe zu erfüllen, die ihr zugewiesen wurde, und einen Teil des Düngestaubs an seinem richtigen Platz zu hinterlassen. Daher schließen viele vernünftigerweise, dass ohne dieses Mittel bei unseren Weinreben die Unsicherheit einer Ernte aufgrund mangelnder Düngung den Anbau dieser Pflanzen zu einer nutzlosen Aufgabe machen würde.

Wenn sich die Blattlaus am Stiel oder Blatt einer Pflanze befindet, ist sie mit Mitteln ausgestattet, um die Oberfläche zu durchbohren und die für die Bildung der Pflanze wesentlichen Säfte zu extrahieren, wodurch kräftiges Wachstum und eine vollständige Entwicklung verhindert werden. Diese Vorstellung wird zu leicht mit der Biene in Verbindung gebracht, wenn sie die Blume besucht, als wäre sie mit einem Speer bewaffnet, um Rinde oder Stiel zu durchbohren und sie ihrer Nahrung zu berauben. Ihre wahre Struktur ist aus den Augen verloren oder vielleicht nie bekannt geworden; ihre schlanke, bürstenartige Zunge, die eng unter ihrem Hals gefaltet ist und selten gesehen wird, außer wenn sie verwendet wird, ist nicht dazu geeignet, die empfindlichste Substanz zu durchbohren; alles, wozu sie verwendet werden kann, ist, den Nektar zu fegen oder aufzulecken, der aus den Poren der Blume austritt und anscheinend zu keinem anderen Zweck abgesondert wird, als sie anzulocken – während sie dort nichts anderes erhält als das, was die Natur für sie vorgesehen und ihr die Mittel zum Erhalten gegeben hat, und das empfindlichste Blütenblatt wird nicht verletzt.

Während eines Ausflugs besucht die Biene selten mehr als eine einzige Blumenart. Wäre das anders und würden alle Blumenarten wahllos besucht, indem eine Art mit dem Pollen einer anderen befruchtet würde, würde das Pflanzenreich sehr wahrscheinlich in Verwirrung geraten. Wenn Schriftsteller die Eigenart des Instinkts bemerken, der die Biene hier beherrscht, können sie sich nicht immer damit zufrieden geben, sondern müssen andere Wunder hinzufügen. Sie verfolgen dieses Merkmal bis in den Bienenstock und lassen sie dort jede Art einzeln lagern. In Bezug auf Honig ist es nicht leicht, sich sicher zu sein. Aber Pollen gibt es in verschiedenen Farben, im Allgemeinen gelb, manchmal aber auch blassgrün und rötlich oder dunkelbraun. Nun, ich denke, eine kleine geduldige Untersuchung hätte jeden davon überzeugt, dass manchmal zwei Arten in einer Zelle gepackt *sind* , und die gegenteilige Behauptung verhindert. Ich gebe zu, dass zwei Farben selten zusammen gepackt vorkommen, manchmal aber schon. Ich habe es so herausgefunden, und es hat diese Theorie für mich völlig zunichte gemacht.

Ein Test, ob die Anwesenheit der Königin in Zweifel gezogen wird.

Es wird weiter behauptet, dass, wenn ein Stock seine Königin verliert, „kein Pollen gesammelt wird". Auch, dass „manchmal solche Mengen gesammelt werden und so viele Zellen füllen, dass zu wenig Platz für Brut bleibt und der Bestand infolgedessen schnell schwindet". Die erste dieser Behauptungen wurde als Test aufgestellt, um festzustellen, ob der Stock eine Königin enthält oder nicht. Nun haben meine Bienen die Angewohnheit, Dinge falsch zu machen, dass das Obige überhaupt kein Test ist. Es scheint in der Theorie sehr gut zu sein, aber in der Praxis fehlt die Wahrheit. Ich werde sagen, was ich zu diesem Punkt weiß, und vielleicht die Schwierigkeit eines Stocks klären, der eine ungewöhnliche Menge Bienenbrot mit dem Honig enthält und nicht die Ursache dafür ist, dass er nur wenige Bienen hat, sondern die Folge. Stöcke und manchmal Schwärme verlieren ihre Königin in der Schwarmsaison (die Einzelheiten werden an anderer Stelle angegeben), wenn, anstatt untätig zu bleiben, die übliche Menge an Pollen *und Honig gesammelt wird* (es sei denn, die Familie ist sehr klein). Da keine Larven vorhanden sind , die das Brot verzehren, werden mehr als die Hälfte der Brutzellen es enthalten; sie werden zu etwa zwei Dritteln vollgestopft und mit Honig aufgefüllt. Ich kenne eine große Familie, die unter solchen Umständen ausschied, und fast alle Zellen im Stock waren belegt. In einem Stock hingegen, der eine Königin und Brutzucht enthält, *wird ein Teil der Waben für diesen Zweck verwendet, bis die Blüten verwelken* , und dann wird eine solche Wabe leer sein.

Eine zusätzliche Menge Pollen muss nicht immer schädlich sein.

Um zu testen, ob diese zusätzliche Menge Bienenbrot wirklich schädlich ist , habe ich im Herbst eine Familie mit einer Königin in einen solchen Stock eingeführt und sie dort überwintern lassen, ihr Gedeihen ein weiteres Jahr lang beobachtet und nie festgestellt, dass sie deswegen weniger profitabel waren. Ich bin davon so überzeugt, dass ich jetzt immer, wenn ich einen Stock in einer solchen Lage habe, in der Regel einen Schwarm einführe.

Ich glaube, man geht im Allgemeinen davon aus, dass bei gefüllten mittelgroßen Bienenstöcken etwa sieben Achtel der Zellen den richtigen Durchmesser für die Aufzucht der Arbeiterinnen haben, der Rest für Drohnen, mit Ausnahme einiger Königinnen. Hier ist ein Umstand, von dem ich mich nicht erinnern kann, dass er erwähnt wurde, und zwar, dass Bienenbrot im Allgemeinen ausschließlich in die Zellen der Arbeiterinnen gepackt wird. Ich würde sagen, immer; aber ich täte besser daran, vorsichtig zu sein, insbesondere da ich feststelle, dass meine Bienen die Dinge so anders machen als andere. Ich könnte hier auch anmerken, dass beim Entnehmen von Waben aus einem mit Honig gefüllten Stock nur ein geringes Risiko von Bienenbrot besteht, wenn solche Stücke ausgewählt werden, die nur die großen oder Drohnenzellen enthalten; von den anderen Waben sind die äußeren Blätter und die Ecken der anderen in der Nähe der Oberseite die nächstbesten. Die Wabenblätter, die hauptsächlich zur Aufzucht der Arbeiterinnen verwendet werden, und die Zellen, die diesen ein oder zwei Zoll breit am nächsten sind, sind fast alle mit Pollen gefüllt, und viel davon bleibt übrig, wenn die Brutzeit vorbei ist. Kleinere Mengen finden sich in den Arbeiterinnenzellen in fast allen Teilen des Stocks, sogar in den Kästen ist manchmal etwas davon vorhanden.

Art und Weise der Verpackung von Geschäften.

In einem Glasstock kann man sehen, wie die Bienen ihre Ladung Pollen ablegen. Die Beine, die die Kügelchen halten, werden in die Zelle gesteckt (nicht ihre Köpfe), und eine halbe Minute lang wird eine Bewegung ausgeführt, als würden sie sie aneinander reiben. Dann ziehen sie sich zurück und man kann die beiden kleinen Brotlaibe am Boden sehen. Diese Biene scheint sich nicht weiter um sie zu kümmern, aber bald kommt eine andere, betritt die Zelle mit dem Kopf voran und stopft sie fest. Auf diese Weise wird diese Zelle zu etwa zwei Dritteln ihrer Länge gefüllt, und wenn sie verschlossen wird, wird sie mit etwas Honig aufgefüllt.

PHILOSOPHIE BEIM FÜLLEN EINER ZELLE MIT HONIG.

Um den Vorgang des Honigablegens zu beobachten, ist ein Bienenstock oder eine Schachtel aus Glas erforderlich. Die Ränder der Waben sind am Glas befestigt. Wenn es reichlich Honig gibt, enthalten die meisten dieser Zellen neben dem Glas etwas. Jetzt ist es an der Zeit, den Vorgang zu beobachten, wobei das Glas eine Seite derjenigen bildet, die in Kontakt stehen usw. Man kann sehen, wie die Biene in die Zelle eindringt, bis sie den Boden erreicht. Mit ihrer Zunge wird das erste Teilchen abgelegt und in die Ecken oder Winkel gefegt, wobei sorgfältig alle Luft dahinter ausgeschlossen wird. Beim Füllen werden die Seiten der Zelle vor der Mitte gehalten . Die Biene steckt ihre Zunge nicht in die Mitte und schüttet ihre Ladung dort aus, sondern streicht beim Füllen sorgfältig die Seiten, wobei jedes Luftteilchen ausgeschlossen wird, und hält die Oberfläche konkav statt konvex. Das ist genau so, wie es ein Philosoph sagen würde. Wenn sie sofort gefüllt würde und nicht darauf geachtet würde, sie an den Seiten zu befestigen, würde die Außenluft sie niemals dort halten, was bei normaler Länge wirksam ist. Wenn die Zelle etwa einen Viertelzoll tief ist, beginnen sie oft, sie zu füllen, und wenn sie länger wird, füllen sie weiter, bis sie innerhalb eines Achtelzolls vom Ende bleibt. Sie ist nie ganz voll, bis sie fast verschlossen ist, und oft auch dann nicht. In Zellen der Arbeiterzellengröße berührt die Versiegelung selten den Honig. Aber in der Größe für Drohnen ist der Fall anders; der Honig am Ende berührt die Versiegelung, etwa halb so groß wie der Durchmesser auf der unteren Seite; sie bleibt während des Füllens in derselben Form; aber da sie etwas größer sind, ist der atmosphärische Druck weniger wirksam, um den Honig an seinem Platz zu halten; daher beginnen sie, diese Zellen zu versiegeln, an der unteren Seite und hören oben auf.

LANGE ZELLEN, DIE MANCHMAL NACH OBEN GEDREHT SIND.

Wenn Honig in Kisten gelagert wird, sind Zellen dieser Größe normalerweise viel länger, in diesem Fall sind sie krumm, die Enden sind nach oben gebogen, manchmal einen halben Zoll oder mehr. Dies verhindert natürlich, dass der Honig ausläuft, aber wenn die Kiste abgenommen und umgedreht wird, bevor solche Zellen verschlossen sind, läuft mit Sicherheit der größte Teil ihres Inhalts aus. Die Zellen im Brutraum mit normaler Länge halten den Honig gut genug, solange sie horizontal sind. Drehen Sie den Bienenstock jedoch bei heißem Wetter auf die Seite und legen Sie das offene Ende nach unten oder brechen Sie ein Stück heraus und halten Sie es in dieser Position. Die Luft hält den Honig in ihnen nicht, in der für Arbeiter geeigneten Größe jedoch schon.

Wenn der Stock vollständig mit Bienen und Honig gefüllt ist (es sei denn, er hat keine Königin), habe ich ihn weder im Winter noch im Sommer untersucht, ohne dass er eine Anzahl unverschlossener Zellen mit Honig und Pollen enthielt. Dies ist der Fall, wenn sie 50 Pfund in Kisten gelagert haben, selbst wenn der Platz so eng ist, dass der Honig draußen oder unter der Bodenplatte gelagert werden muss. Dabei sind immer einige Zellen für einen Vorrat offen.

Junge Schwärme scheinen nicht gewillt zu sein, Waben schneller zu bauen, als für den Gebrauch benötigt wird; auf den ersten Blick scheint dies ein Mangel an Sparsamkeit zu sein. Wenn kein Honig zu gewinnen ist und nichts zu tun ist, dann scheint dies eine gute Gelegenheit zu sein, sich auf eine Ernte vorzubereiten; aber das ist nicht *ihre* Art, Geschäfte zu machen; ob sie den bereits gesammelten Honig nicht entbehren können, um das Wachs herzustellen, oder ob es ihnen schwerer fällt, die Würmer von einer großen Menge Waben fernzuhalten, werde ich nicht entscheiden. Ich bin davon überzeugt, dass sie dies besser durch ihren Instinkt arrangieren, als wir es könnten. Große Schwärme werden, wenn sie sich zum ersten Mal befinden und Honig reichlich vorhanden ist, ihre Waben in etwas mehr als zwei Wochen von oben nach unten ausdehnen; aber ein solcher Stock ist noch nicht voll; einige Wabenschichten können Honig über ihre gesamte Länge enthalten, und keine Zelle ist verschlossen; aber sie finden im Allgemeinen Zeit, im Laufe der Zeit bis auf wenige Zoll des unteren Endes fertig zu werden. Wenn unfertige Zellen Honig enthalten, wird dieser im Allgemeinen bald nach dem Verblühen der Blüten entfernt und vor der verschlossenen verwendet; und die Zellen bleiben bis zum nächsten Jahr leer.

IST DIE TROCKENE ODER DIE NASSE JAHRESZEIT DIE BESTE FÜR HONIG?

Oft wird gefragt: „Welche Jahreszeit ist für Bienen am besten, nass oder trocken?" Diesen Punkt habe ich sehr genau beobachtet und festgestellt, dass ein Mittelwert zwischen den beiden Extremen den meisten Honig hervorbringt. Wenn die Bauern anfangen, Dürrezeiten zu befürchten, ist dies die Zeit (wenn es die Blütezeit ist), in der am meisten Honig gewonnen wird; wenn das trockene Wetter diese Grenzen jedoch überschreitet, nimmt die Menge stark ab. Von den beiden Extremen ist sehr nass vielleicht das Schlimmste.

WIE VIELE VORRÄTE SOLLTEN GEHALTEN WERDEN.

"Wie viele Bestände können an einem Ort gehalten werden?" ist eine weitere häufig gestellte Frage. Das ist so, als würde Herr A. Bauer B. fragen, wie viele Rinder auf einem Grundstück von zehn Morgen weiden könnten. Bauer B. würde zunächst wissen wollen, wie viel Weideland das Grundstück hervorbringen würde, bevor er mit der Antwort beginnen könnte; denn ein Grundstück dieser Größe könnte zehnmal so viel hervorbringen wie das andere. So könnte es auch mit Bienen sein: Ein Bienenstand mit zweihundert Beständen könnte Honig im Überfluss für alle finden, während ein anderer mit vierzig Beständen fast verhungern würde. Wie beim Vieh hängt es von der Weide ab.

DREI WICHTIGSTE HONIGQUELLEN.

Es gibt drei Hauptquellen für Honig, nämlich Klee, Linde und Buchweizen. Aber Klee ist die einzige universelle Quelle , da dieser bis zu einem gewissen Grad fast überall im Land vorhanden ist. Buchweizen ist an manchen Orten die Hauptquelle, an anderen Linde, die nur von kurzer Dauer ist. Wo alle drei reichlich vorhanden sind, ist das wahre El Dorado des Imkers! Mit reichlich Klee und Buchweizen ist es fast genauso gut. Sogar mit Klee allein werden enorme Mengen Honig gewonnen. Ich habe in diesem Abschnitt gesagt, worauf wir angewiesen waren. Ich werde weiter sagen, dass in einem Umkreis von drei oder vier Meilen etwa dreihundert Bestände gehalten werden. Ich habe seit mehreren Jahren drei Bienenhäuser, die etwa zwei Meilen voneinander entfernt sind und im Frühjahr durchschnittlich etwas mehr als fünfzig in jedem haben. Wenn eine gute Kleesaison ist, würden wahrscheinlich viele mehr genauso gut abschneiden, aber in einigen anderen Saisons hatte ich zu viele; im Durchschnitt fast richtig. Wenn Klee zu wenig Honig für die Menge liefert, liefert Buchweizen normalerweise mehr, als geerntet wird. Das Verhältnis von überschüssigem Honig beträgt etwa 15 Pfund Buchweizen zu einem Pfund Klee. Ich habe jetzt von großen Bienenstöcken gesprochen. Es gibt kaum einen Teil des Landes, in dem der Mensch seinen Lebensunterhalt bestreiten kann, ohne dass einige wenige

Bienenstöcke gedeihen würden, selbst wenn er nicht von den gerade erwähnten Quellen abhängig wäre. Es gibt fast überall einige honigtragende Blumen. Das Übel der Überbestände ist von kurzer Dauer und wird sich schnell von selbst beheben. Hier wie auch in anderen Angelegenheiten ist ein gewisses Urteilsvermögen erforderlich.

Eine weitere interessante Frage ist die Entfernung, die eine Biene auf der Suche nach Honig in Blumen zurücklegt – offensichtlich ist sie weiter, als sie zurücklegen würde, um einen Bestand zu plündern. Ich habe gehört, dass sie sieben Meilen von zu Hause entfernt gefunden wurden. Es wurde gesagt, dass sie dies festgestellt haben, indem sie Mehl auf sie streuten, als sie morgens den Stock verließen, und dann dieselben Bienen in dieser Entfernung wiedersahen. Wenn wir die Wahrscheinlichkeit bedenken, eine Biene auch nur eine Meile vom so markierten Stock entfernt zu finden, erscheint dies wie eine „schlechte Suche"; und dann könnte uns Pollen in der Farbe von Mehl täuschen. Es ist schwer zu beweisen, dass Bienen auch nur zwei Meilen weit fliegen. Lassen Sie uns für den Moment davon ausgehen, dass wir es erraten.

KAPITEL V.

WACHS.

Der unvorsichtige, unreflektierte Beobachter, der sieht, wie die Bienen mit einem Kügelchen Pollen an jedem ihrer Hinterbeine in den Stock eintreten, ist sehr geneigt zu schlussfolgern, dass es sich um Material für Waben handeln muss, da es nicht wie Honig aussieht. Viele Leute schenken der Sache so wenig Beachtung, dass sie sich keine andere Verwendung dafür vorstellen können. Andere nehmen an, dass es sich nach einer gewissen Lagerung im Stock von Pollen in Honig verwandelt und wundern sich über das seltsame Phänomen; aber wenn man sie fragt, wie lange es dauern muss, bis es passiert, können sie es nicht genau sagen, aber sie „haben Zellen gefunden, in denen es sich zu verändern begann, da ein Teil am äußeren Ende der Zelle zu Honig geworden war und der Rest zweifellos mit der Zeit dazu werden würde." Es wurde bemerkt, dass Zellen nur zu etwa zwei Dritteln mit Pollen gefüllt und mit Honig aufgefüllt waren; wenn nun jemand eine Zelle findet, die bis zum Rand mit Pollen und ohne Honig gefüllt ist, trifft diese Schlussfolgerung eher zu. Wäre dies der Fall, würden wir bei Untersuchungen zu verschiedenen Zeitpunkten im Laufe des Sommers sicherlich einige Zellen finden, die schon vor der Veränderung eingesetzt hatten, und nicht, dass sie sich immer erst in diesem Übergangsstadium befunden hätten.

WERDEN POLLEN IN WACHS UMGEWANDELT?

Was die Umwandlung von Pollen in Wachs oder Waben angeht, so zeigt eine einfache Frage, dass dies ein Irrtum ist. Bringen die Bienen eines Bienenstocks, der voller Waben ist und für diesen Zweck kein weiteres Wachs benötigt wird, nicht genauso viel und oft sogar mehr Pollen nach Hause als ein halbvoller? Jeder, der zwei solcher Bienenstöcke fünf Minuten lang bei emsiger Arbeit beobachtet hat, kann diese Frage beantworten. Es ist also offensichtlich, dass Pollen für etwas anderes als Wachs verwendet wird.

WIE WIRD ES ERHALTEN?

Nun stellt sich die Frage: „Woher bekommen sie es, wenn nicht aus Pollen?" Ich könnte mit Fug und Recht antworten, sie bekommen es überhaupt nicht. „Halt, bitte, da können Sie aufhören; wenn Sie erwarten, dass wir Ihnen Glauben schenken, dürfen Sie uns nicht zu viel Absurdität bieten." Nun, lassen Sie mich eine Frage stellen. Erhalten Rinder beim Grasen tatsächlich Fleisch, Knochen usw. oder nur die Materialien, aus denen diese Teile abgesondert werden? Was die Produktion von Wachs betrifft, so sind sich meines Erachtens alle aufmerksamen Beobachter (die ich gefunden habe) einig, dass es sich um ein natürliches Sekret handelt, das nur von Bienen produziert wird. Beim Ochsen können Früchte, Getreide oder Gras in Talg umgewandelt werden; bei den Bienen können Honig und Sirup aus Zucker in Wachs umgewandelt werden. Dies sind wahrscheinlich die einzigen beiden bisher entdeckten Substanzen, aus denen sie es extrahieren. Einige Autoren haben behauptet, dass auch Pollen verwendet werden, konnten jedoch nicht beweisen, dass die alten Bienen ihn zu irgendeiner Zeit verzehren; was in diesem Fall der Fall ist, wenn er in Wachs umgewandelt wird. Aus den von Huber berichteten Experimenten geht hervor, dass jede dieser Substanzen, gemischt mit ein wenig Wasser, für die Produktion völlig ausreicht. Aus meinen eigenen Experimenten bin ich überzeugt, dass er Recht hat. Das Experiment wird durchgeführt, indem man einen Schwarm gleich nach dem Einsetzen einschließt und ihn mit Honig füttert – einige der Bienen werden wahrscheinlich etwas Pollen haben, obwohl nicht genug, um eine Wabe von drei Zoll im Quadrat zu bauen, aber immerhin immerhin – und um sicherzugehen, muss man ihnen Zeit geben, den Pollen zu erschöpfen. Nach drei oder vier Tagen nimmt man die Bienen heraus und entfernt die Waben; schließt sie wieder ein und füttert sie wie zuvor mit Honig. Wiederholt den Vorgang, bis man überzeugt ist, dass in der Wachszusammensetzung kein Pollen mehr benötigt wird. Huber entfernte die Waben „fünfmal" und erzielte bei jedem Versuch das gleiche Ergebnis. Wenn Bienen bei heißem Wetter *eingesperrt werden, sind Luft und Wasser absolut notwendig* .

Wir werden nun das erste Auftreten von Wachs und seine Herstellung beschreiben. Wenn ein Bienenschwarm im Begriff ist, den Elternstock zu verlassen, füllen drei Viertel oder mehr von ihnen ihre Säcke mit Honig. In ihrem neuen Zuhause gibt es natürlich keine Zellen, um den Honig aufzunehmen; er muss mehrere Stunden im Magen oder Sack bleiben. Die Folge ist, dass sich zwischen den Ringen des Hinterleibs auf der Unterseite dünne weiße Wachsschuppen mit einem Durchmesser von 16 Zoll bilden, die etwas kreisförmig sind. Mit den Krallen eines ihrer Hinterbeine wird eine davon abgetrennt und zum Mund befördert und dort mit der Zange oder den Zähnen eingeklemmt, bis eine Kante etwas rau ist; dann wird sie auf die Wabe aufgebracht, die gerade gebaut wird, oder auf das Dach des Stocks. Die ersten Ansätze einer Wabe werden oft innerhalb der ersten halben Stunde nach dem Einsetzen des Schwarms angebracht. In der Geschichte der Insekten, die bereits erwähnt wurde, gibt es einen ausführlichen Bericht über die ersten Wabenbauarbeiten, der ziemlich amüsant, wenn nicht gar lehrreich ist.

HUBERS BERICHT ÜBER DEN BEGINN EINES KOMBINISCHEN UNTERNEHMENS.

Huber, so heißt es, „hat er einen Bienenstock mit Honig und Wasser versorgt, und die Bienen strömten in Scharen dorthin, und nachdem sie ihren Appetit gestillt hatten, kehrten sie zum Stock zurück. Sie bildeten Girlanden, blieben vierundzwanzig Stunden bewegungslos und nach einiger Zeit erschienen Wachsschuppen. Nachdem ein ausreichender Vorrat an Wachs für den Bau einer Wabe hergestellt worden war, löste sich eine von ihnen aus der Mitte der Gruppe, machte oben im Stock einen etwa einen Zoll großen Raum frei, legte die Zange eines ihrer Beine an die Seite, löste eine Wachsschuppe ab und begann sofort, sie mit der Zunge zu zerkleinern. Während der Operation nahm dieses Organ jede erdenkliche Form an; manchmal sah es aus wie eine Kelle, dann flach wie ein Spachtel und manchmal wie ein Bleistift, der in einer Spitze endete. Die mit einer schaumigen Flüssigkeit befeuchtete Schuppe wurde klebrig und zog sich wie ein Band aus . Diese Biene befestigte dann alles Wachs, das sie herstellen konnte, am Gewölbe des Stocks und ging seinen Weg. Ein zweiter war nun erfolgreich und tat dasselbe; ein dritter folgte, aber aufgrund eines Fehlers platzierte er das Wachs nicht in derselben Linie wie sein Vorgänger; Daraufhin entfernte eine andere Biene, die den Defekt offenbar bemerkte, das verdrängte Wachs, trug es zum vorherigen Haufen und legte es dort genau in der angegebenen Reihenfolge und Richtung ab." Nun habe ich einige Einwände gegen diese Darstellung. Erstens ist es im normalen Verlauf des Schwärmens nicht notwendig, Honig und Wasser bereitzustellen, da sie mit Honig vom Elternstock beladen kommen. Zweitens ist es nicht die Art und Weise, wie sie normalerweise vorgehen, Girlanden zu bilden und 24 Stunden bewegungslos zu bleiben, um das Wachs zu brauen. Entweder schlucken sie den Honig, bevor sie das Haus verlassen, lange genug, um das Wachs fertig zu haben, oder es wird weniger als 24 Stunden benötigt, um es herzustellen. Ich habe häufig Klumpen, halb so groß wie ein Stecknadelkopf, an dem Ast eines Baumes gefunden, an dem sie sich versammelt hatten, wenn sie nicht länger als 25 Minuten dort gewesen waren. Ich hatte einige Male Gelegenheit, den Schwarm eine oder zwei Stunden nach dem Einsetzen in einen anderen Bauplatz zu verlegen , und fand Stellen auf der Oberseite, die fast mit Wachs bedeckt waren. Wie es geschafft wurde, eine Biene die „Gruppe" verlassen zu sehen, ist mehr als Ich kann es verstehen; und dass die Zunge das einzige Instrument ist, mit dem die Wachsschicht geformt wird , ist eine weitere Schwierigkeit; ich hatte nie das Glück, den gesamten Prozess in dieser Phase der Wabenherstellung genau mitzuerleben, und manchmal neige ich dazu, am Erfolg anderer zu zweifeln. Ich hatte Glasbeuten und habe Schwärme hineingesetzt und immer festgestellt, dass die ersten Ansätze der Waben so vollständig mit Bienen bedeckt waren, dass ich nichts sehen konnte.

BESTE ZEIT, UM BEI DER KAMMHERSTELLUNG ZU SEHEN.

Ich konnte den Vorgang nur dann mit einiger Befriedigung beobachten, wenn sich die Waben dem Glas näherten und nur wenige Bienen im Weg

waren. Wenn man dann ein paar Minuten geduldig zusieht, kann man einen
Teil des Vorgangs erkennen.

ART DER WACHSVERARBEITUNG.

Das Umsetzen der Schwärme in verschiedene Stöcke innerhalb einer bis zu
48 Stunden nach dem Einsetzen zeigt ihren Fortschritt. Ich habe festgestellt,
dass das Wachs zunächst wahllos, das heißt ohne die geringste Ordnung, an
der Oberseite des Stocks angebracht wird, bis einige der Blöcke oder
Klumpen weit genug fortgeschritten sind, um Zellen zu bilden. Die
Wachsschuppen werden ohne Rücksicht auf die Form der Zelle ziemlich
dick am Rand angeklebt, dann wird auf einer Seite eine Aushöhlung für den
Boden einer Zelle vorgenommen und zwei weitere auf der
gegenüberliegenden Seite; die Teilung zwischen ihnen liegt genau gegenüber
der Mitte der ersten. Wenn dieses Stück ein oder zwei Zoll lang ist, werden
zwei weitere Stücke in gleichem Abstand auf jeder Seite begonnen. Wenn der
Schwarm groß und honigreich ist, werden häufig zwei Wabenstücke
gleichzeitig an verschiedenen Stellen der Oberseite begonnen; die Platten an
den beiden Stellen sind oft rechtwinklig oder anders ausgerichtet, je
nachdem, wie der Zufall die Richtung vorgibt. Die kleinen Klumpen, die
anfangs zufällig platziert werden, werden alle entfernt, wenn sie vorrücken.

Während die Kämme in Arbeit sind, werden die Ränder immer am dicksten
gehalten, und die Basis der Zelle wird mit den Zähnen auf die richtige Dicke
gebracht und glatt wie Glas poliert. Auch die Enden der Zelle werden, wenn
sie länger werden, immer viel dicker sein als jeder andere Teil davon, wenn
sie fertig sind.

Wenn sich zwei Waben in der Mitte des Bienenstocks in nahezu rechtem
Winkel nähern, bleibt dort eine Wabenkante stehen; wenn sie jedoch in
einem stumpfen Winkel stehen, sind die Kanten im Allgemeinen verbunden
und bilden eine krumme Wabenschicht. Es ist offensichtlich, dass sich dort,
wo die beiden Waben zusammentreffen, einige unregelmäßige Zellen
befinden müssen, die für die Brutaufzucht ungeeignet sind.

Krumme Kämme sind ein Nachteil.

Diese wenigen unregelmäßigen Zellen wurden als großer Nachteil betrachtet.
Man glaubt oder behauptet, dass es einen großen Unterschied zwischen dem
Gedeihen eines Bienenstocks mit geraden Waben und einem mit krummen
Waben gibt. Um sie zu vermeiden oder die Bienen dazu zu bringen, sie alle
gerade zu machen, hat man viele Erfindungen gemacht, als ob ein paar
solcher Zellen viel bewirken könnten . Angenommen, es gäbe ein Dutzend
Wabenblätter in einem Bienenstock, und jedes davon hätte von oben bis
unten eine Reihe oder mehr solcher unregelmäßiger Zellen, in welchem
Verhältnis stünden sie zu denen, die perfekt wären? Vielleicht nicht eins zu

tausend. Daraus folgern wir, dass in einem Bienenstock der richtigen Größe der Unterschied in der Brutmenge nie wahrnehmbar wäre. Dies ist der einzige Unterschied, den er machen kann, denn solche Zellen können ebenso gut zur Lagerung von Honig wie für andere Dinge verwendet werden. Aber manchmal gibt es Ecken und Räume, die nicht breit genug für zwei Waben und zu breit für eine Wabe mit der richtigen Dicke für die Zucht sind. Da Bienen ihren gesamten Raum ökonomisch und im Allgemeinen optimal nutzen, sind dicke Waben das Ergebnis. Es heißt, sie verwenden so dicke Waben nie zur Zucht. Wie ist die Wahrheit? Ich habe genau so einen Zwischenraum in einem Glasstock; eine Wabe ist zwei Zoll dick. Wie wird das gemacht? Gegen Herbst wird diese Folie mit Honig gefüllt; die Zellen außen werden verlängert, bis gerade genug Platz für eine Biene ist, um zwischen ihnen und dem Glas hindurchzupassen, und dann werden sie verschlossen. Im Frühjahr werden diese langen Zellen alle (außer oben und an den oberen Ecken) auf die richtige Länge für die Zucht gekürzt und für diesen Zweck verwendet. Dies wurde nun fünf Jahre in Folge gemacht.

Ich gebe zu, dass in solchen Räumen für einen Teil des Jahres ein wenig ungenutzter Raum bleibt. Es ist aber nur wenig, da er nur außen ist. Sie sind gezwungen, solche Waben zu bauen, weil die inneren Waben, wenn sie in einem Brutraum gebaut werden, wie krumm sie auch sein mögen, im Allgemeinen im richtigen Abstand dazu passen. Aber wenn sie ausdrücklich zur Lagerung von Honig gebaut werden, wie in solchen, die in Kisten gebaut werden, bleibt der richtige Abstand nicht so gut erhalten; daher ist es nicht empfehlenswert, Bienen zu zwingen, solche Lagerräume für die Zucht zu verwenden. Aber nehmen wir an, wir würden einen Schwarm zwingen, unter diesen Nachteilen zu arbeiten, würde ich nicht so katastrophale Folgen befürchten (vorausgesetzt, sie haben einen angemessenen Anteil an Arbeiterzellen), wie keine Schwärme oder sogar keinen überschüssigen Honig, wie dargestellt. Stellen Sie sich einen Bienenstock vor, der mit Waben gefüllt ist, die alle zu dick sind und bei deren Abschneiden ein Viertel des gesamten Bienenstocks an Platz verschwendet wird. Jetzt sind noch genug Waben übrig, um drei Viertel so viele Bienen heranwachsen zu lassen wie in einem normalen Stock, wo alle richtig sind . Wir können nun annehmen, dass ein guter Schwarm die gleiche Menge Honig nach Hause bringt, als käme er aus anderen Stöcken; nur drei Viertel so viel kann an die Brut verfüttert und im Stock gelagert werden; und das Ergebnis sollte sein, dass wir ein Viertel mehr überschüssigen Honig in den Kästen bekommen. Selbst wenn wir keinen Schwarm bekommen, kann ich mir nicht vorstellen, wie unser überschüssiger Honig geringer sein kann, da es in diesem Fall zu jeder Zeit mehr Bienen gäbe als in einem Stock, der durch Schwärmen verkleinert wurde.

Bestätigt die Erfahrung die Theorie, dass Bestände mit krummen Waben genauso profitabel sind wie solche mit geraden? Wenn Waben speziell für die Zucht gebaut werden, konnte ich nie einen Unterschied feststellen. Jeder kann dies leicht durch ein wenig Beobachtung testen; nicht durch die Betrachtung eines einzelnen Exemplars eines einzigen Bienenstocks, denn eine andere Ursache könnte das Ergebnis hervorbringen. Nehmen Sie mindestens ein halbes Dutzend mit geraden Waben und ebenso viele mit krummen; lassen Sie sie alle in anderer Hinsicht gleich sein und beobachten Sie das Ergebnis sorgfältig. Ich denke, es wird Sie wenig interessieren, wie die Waben gemacht werden, vorausgesetzt, *sie werden gemacht* , soweit es um den Gewinn geht. Es ist wahr, es wäre eine Freude, sie alle gerade zu haben, und wenn es nicht mehr Mühe macht, als das Ergebnis rechtfertigen würde, wäre es gut, sie so zu haben.

Normalerweise beginnen die Bienen sofort mit dem Bau von Waben, wenn ein Schwarm zum ersten Mal in den Stock kommt. Manchmal bleiben sie jedoch zwei Tage und produzieren kein einziges Teilchen. Ich kenne sie, die auf die übliche Weise ausschwärmen und sich zusammenrotten und sofort damit beginnen, wenn sie wieder in den Stock kommen. Dies scheint zu beweisen, dass sie das Wachs behalten oder dessen Absonderung verhindern können, bis sie es brauchen. Dies kommt selten vor.

UNSICHERHEIT BEIM GEWICHT DER BIENEN.

Ein großer Schwarm wird wahrscheinlich fünf oder sechs Pfund Honig vom Elternbestand mit sich führen. Ich kann das nur schätzen, weil ich nicht sicher bin, wie viel die Bienen genau wiegen. „Ich kann Ihnen sagen", ruft jemand aus, „ich habe einige gewogen gesehen – so viele wiegen gerade mal acht Unzen." Sind Sie sicher, dass nur Bienen gewogen wurden? Gab es keinen Honig, Bienenbrot, Kot oder andere Substanzen, die Sie täuschen könnten? „Kann ich nicht sagen; daran habe ich nie gedacht!" Nun ist es wichtig, wenn wir Bienen wiegen, *ihr* Gewicht zu kennen, um sicherzugehen, dass wir nichts anderes wiegen. Es ist offensichtlich, dass, wenn fünftausend Bienen drei Pfund wiegen, wenn sie leer sind, sie mit Honig gefüllt mehrere Pfund mehr wiegen würden. Daher der Irrtum, die Größe eines Schwarms nach dem Gewicht zu beurteilen, da ein Schwarm die Hälfte des Honigs eines anderen abgeben kann. Vielleicht könnten acht Pfund für große Schwärme ein Durchschnittswert für Bienen und Honig sein. Dieser Honig, wie viel er auch sein mag, kann nicht gelagert werden, bis Waben gebaut sind, die ihn aufnehmen. Dieses Prinzip gilt, bis der Stock voll ist. Das heißt, wenn sie mehr Honig haben , als die Waben fassen können, bauen sie mehr, wenn im Stock Platz ist. Aber sie scheinen beim Bau von Waben nicht weiter zu gehen. Egal wie groß der Schwarm auch sein mag, dieser Zwang scheint notwendig zu sein, um den Stock zu füllen. Drohnenzellen werden selten oben im Stock gebaut, aber ein Teil wird im Allgemeinen mit den

Arbeiterzellen verbunden, ein wenig von oben entfernt ; andere in der Nähe des Bodens. Es scheint keine Regel für die Anzahl solcher Zellen zu geben. Einige Stöcke enthalten die doppelte Anzahl anderer. Es kann von der jeweiligen Honigausbeute abhängen; wenn es sehr viel Honig gibt, werden mehr Drohnenzellen gebaut usw. Wenn der Stock sehr groß ist, wird zweifellos eine unrentable Anzahl gebaut. Wo die großen und kleinen Zellen zusammentreffen, gibt es einige Zellen von unregelmäßiger Form; einige mit vier oder fünf Winkeln; der Abstand von einem Winkel zum anderen ist ebenfalls unterschiedlich. Selbst wenn sich zwei Kämme aus Zellen gleicher Größe zu einem geraden Kamm verbinden, sind diese nicht immer perfekt.

ETWAS WACHS WURDE VERSCHWENDET.

Beim Bau von Waben verschwenden sie ständig Wachs, entweder versehentlich oder absichtlich. Am nächsten Morgen, nachdem ein Schwarm lokalisiert wurde, können die Schuppen gefunden werden und sie werden weiter zunehmen, solange sie daran arbeiten; die Menge beträgt oft eine Handvoll oder mehr. Das ist der beste Test für den Wabenbau, den ich geben kann. Reinigen Sie das Brett und schauen Sie am nächsten Morgen nach. Sie werden die Schuppen im Verhältnis zu ihrem Fortschritt finden. Einige werden fast rund sein wie am Anfang; andere mehr oder weniger aufgewühlt und ein Teil wird wie feines Sägemehl aussehen.

Huber und einige andere haben die Arbeitsbienen in verschiedene Klassen eingeteilt und einige als Wachsarbeiter, andere als Ammenbienen, Pollensammler usw. bezeichnet. Das mag teilweise stimmen, aber wie man das herausgefunden hat, bleibt ein Rätsel.

Die Winkel in den Brutzellen füllen sich nach und nach und werden nach einiger Zeit sowohl an den Enden als auch an den Seiten rund.

WASSER, DAS ZUR KAMMHERSTELLUNG NOTWENDIG IST.

Wenn Bienen Waben bauen, ist eine Wasserversorgung unbedingt erforderlich. Manche halten sie für die Brutaufzucht für erforderlich. Vielleicht wird sie dafür benötigt, oder vielleicht für beide Zwecke. Dennoch habe ich Zweifel, ob den jungen Bienen zusätzlich zu dem, was der Honig enthält, auch ein Teil davon gegeben wird. Juni, die erste Julihälfte und der größte Teil des Augusts (die Buchweizensaison) sind Zeiträume intensiver Wabenherstellung. In diesen Monaten wird am meisten Wasser verbraucht. Die Brut wird von März bis Oktober betrieben und im Mai genauso intensiv, vielleicht sogar noch intensiver als im August. Dennoch wird im Mai nicht einmal ein Zehntel des Wassers verbraucht.

Ich habe wiederholt erlebt, dass Bienenstöcke Brut vom Ei bis zur fertigen Biene heranreifen ließen, wenn sie monatelang in einem dunklen Raum eingeschlossen waren, wo es unmöglich war, einen Tropfen zu bekommen;

auch Bienenstöcke, die in der Kälte stehen (wenn sie gut sind), reifen Brut heran, ob die Bienen den Stock nun verlassen können oder nicht. Diese Tatsachen beweisen, dass einige ohne Wasser aufgezogen werden. Da sie genügend Honig bekommen, um mehr Waben zu benötigen, um ihn aufzubewahren, werden sie gleichzeitig Brut haben; und es ist leicht zu erraten, dass sie es für Brut als Waben brauchen, ohne ein wenig nachzuforschen. So viel ist sicher, dass sie zu solchen Zeiten Wasser für irgendeinen Zweck verwenden, und wenn kein Teich, Bach, Quelle oder andere Quelle in bequemer Entfernung ist, wird der Imker es für sparsam halten, etwas davon in Reichweite zu stellen, da es viel wertvolle Zeit sparen würde, wenn sie sonst eine weite Strecke zurücklegen müssten, in der sie gewinnbringender eingesetzt werden könnten; das passiert immer in der Honigsaison. Es sollte so platziert werden, dass die Bienen es erreichen können, ohne ihr Leben zu gefährden. Ein Fass oder Eimer hat so steile Wände, dass viele davon abrutschen und ertrinken. Es sollte ein sehr flacher Trog mit einem breiten Streifen um den Rand herum vorgesehen werden, der eine Landestelle bietet. In der Mitte sollte ein Schwimmer oder eine Handvoll Späne liegen, die im Wasser ausgebreitet und mit ein paar kleinen Steinen darauf gelegt werden, damit sie nicht weggeweht werden, wenn das Wasser abgelassen wird. Eine Blechschale mit einer Tiefe von etwa einem Zoll ist sehr gut geeignet. Die benötigte Menge kann anhand der verwendeten Menge ermittelt werden. Geben Sie ihnen nur genug und wechseln Sie es täglich. Ich habe keine Probleme dieser Art, da sich nur wenige Ruten von den Bienenstöcken entfernt ein Wasserlauf befindet. Ich habe jedoch Gelegenheit, einige der vielen Bienen zu beobachten, die damit beschäftigt sind, das Wasser zu tragen. Im Juni und August kann man Tausende dabei beobachten, wie sie ihre Säcke füllen, während ein ständiger Strom auf dem Weg ist, hin und zurück.

BEMERKUNGEN.

Die exakte und einheitliche Größe ihrer Zellen ist vielleicht ein ebenso großes Mysterium wie alles andere, was sie betrifft; doch wir entdecken das zweite Wunder, bevor wir mit dem ersten fertig sind. Beim Bau von Waben haben sie weder Winkel noch Zirkel als Orientierung; kein Meistermechaniker übernimmt die Führung, misst und markiert für die Arbeiter; jeder Einzelne unter ihnen ist ein vollendeter Mechaniker! Es geht keine Zeit als Lehrling verloren, es wird keine Leistung als Gegenleistung für Unterricht erbracht! Jeder ist von Geburt an begabt! Alle sind gleich; was einer beginnt, können ein Dutzend zu Ende bringen! Ein Beispiel ihrer Arbeit entpuppt sich als aus den Händen von Meisterarbeitern und kann als Musterbeispiel der Vollkommenheit betrachtet werden! Er, der das Universum ordnete, war ihr Lehrer. Ja, ein profunder Geometer plante die erste Zelle und da er wusste, was ihre Bedürfnisse sein würden, pflanzte er in das Sensorium der ersten Biene alle Dinge ein, die zu ihrem Wohlergehen gehörten; der damals hinterlassene Eindruck ist bis heute unverfälscht erhalten geblieben! Sie brauchen keine Vorlesungen über Haushaltsführung, um zu wissen, dass sie Arbeit und Wachs sparen, wenn sie die Basis eines Satzes Zellen auf der einen Seite ihrer Waben als Basis für die Zellen auf der gegenüberliegenden Seite verwenden. Kein Mathematiker weiß, dass eine pyramidenförmige Basis mit nur drei Winkeln und genau der gleichen Neigung genau die benötigte Form hat und viel weniger Wachs verbraucht als eine runde oder quadratische Form. Dass die Basis einer Zelle mit drei Winkeln einen Teil der Basis von drei anderen Zellen auf der gegenüberliegenden Seite der Wabe bildet. Dass jede der sechs Seiten einer Zelle eine Seite von sechs anderen Zellen um sie herum bildet. Dass diese Winkel und nur diese ihren Zweck erfüllen.

„Die Bienen scheinen", sagt Reaumer , „ein Problem zu lösen, das so manchen Mathematiker vor ein Rätsel stellen würde. Wenn eine bestimmte Menge an Materie gegeben ist, müssen daraus Zellen gebildet werden, die gleich und ähnlich sind und eine bestimmte Größe haben, die jedoch im Verhältnis zur eingesetzten Materiemenge möglichst groß sein muss und dabei möglichst wenig Platz einnehmen muss!"

Wie wenig achtet der Feinschmecker, wenn er sich an den Früchten seines Fleißes labt, darauf, dass jeder Bissen, den er genießt, die vollkommensten Beispiele handwerklicher Arbeit zerstören muss! Dass er in einem Augenblick zerstören kann, was die Bienen in Stunden, ja Tagen, vielleicht Wochen eifriger Mühe und Arbeit geschaffen haben!

KAPITEL VI.

PROPOLIS.

WOFÜR VERWENDET.

Diese Substanz wird zunächst verwendet, um alle Risse, Fehler und Unregelmäßigkeiten im Bienenstock zu verlöten. Dann wird eine Schicht auf die Innenseite aufgetragen. Wenn der Bienenstock voll ist und sich im Spätsommer viele Bienen draußen versammeln, wird auch dort eine Schicht davon aufgetragen. Eine zusätzliche Schicht wird anscheinend jährlich aufgetragen, da alte Bienenstöcke mit einer Dicke beschichtet werden, die ihrem Alter entspricht, vorausgesetzt, sie wurden von einer starken Familie bewohnt. Huber hat gesagt, dass es auch verwendet wurde, um die Zellen zu verstärken, als sie zum ersten Mal hergestellt wurden, indem es mit dem Wachs vermischt wurde. Wenn dies damals ihre Praxis war, haben unsere Bienen diese Praxis weitgehend aufgegeben. Ich habe Untersuchungen durchgeführt, als Waben zum ersten Mal hergestellt wurden, als sie Eier enthielten und als sie Larven enthielten , und konnte nie etwas anderes als reines Wachs finden, aus dem sie bestanden. Nachdem eine junge Biene in einer Zelle herangereift ist, hat die Beschichtung oder der Kokon, den sie hinterlässt, eine dunkle Farbe, die dieser etwas ähnelt und möglicherweise Anlass zu der Vermutung gegeben hat. Wie der Artikel gewonnen wird, scheint das Rätsel zu sein. Dies ist ein Thema, über das sich die Bienenzüchter nicht einig sind. Einige behaupten, es handele sich um eine komplexe Substanz, während andere behaupten, es handele sich um ein harziges Gummi, das von bestimmten Bäumen austritt und von den Bienen wie Pollen gesammelt wird. Es unterscheidet sich wesentlich von Wachs, da es zäher ist und mit zunehmendem Alter viel härter wird.

Handelt es sich um eine kunstvolle oder natürliche Substanz?

Kein moderner Beobachter ist jemals in der Lage gewesen, die Bienen beim Sammeln zu beobachten.

HUBERS MEINUNG.

Huber erzählt uns, dass er „in der Nähe des Ausgangs eines seiner Bienenstöcke einige Zweige einer Pappel platzierte, die einen durchsichtigen Saft in der Farbe von Granat absonderten. Bald sah man mehrere Arbeiterinnen auf diesen Zweigen sitzen – nachdem sie etwas von diesem harzigen Gummi gelöst hatten, formten sie Kügelchen daraus und legten sie in die Körbe ihrer Schenkel; so beladen flogen sie zum Bienenstock, wo einige ihrer Kollegen sofort herbeieilten, um ihnen zu helfen, diese zähe Substanz aus ihren Körben zu lösen." Einige unserer modernen Imker haben diesen Bericht von Huber angezweifelt. Da es zu diesem Thema nichts

Positives gibt, neige ich dazu, diese Theorie zu übernehmen; dass es sich um ein Harz oder Gummi handelt, das von Bäumen produziert wird. (Ich kann nicht sagen, dass ich mit der Geschichte, dass die „Zweige gebracht und neben den Bienenstock gelegt" wurden usw., vollkommen zufrieden bin.) Dass Bienen es in seinem natürlichen Zustand sammeln, entspricht meiner eigenen Beobachtung.

WEITERER BEWEIS.

Unsere ersten Schwärme, die im Mai oder Anfang Juni ausschwärmen, verwenden selten viel von dem Artikel in reiner Form zum Löten und Verputzen, sondern stattdessen eine Zusammensetzung, die größtenteils aus Wachs besteht. Ich habe zu dieser Jahreszeit bemerkt, dass, wenn alte Bretterstücke, die für Bienenstöcke verwendet wurden, in der Sonne gelassen wurden, dieser alte Propolis mitten am Tag weich wurde. Hier habe ich die Bienen häufig bei der Arbeit gesehen, wie sie ihn auf ihre Beine packten; er löste sich in kleine Partikel, und der Packvorgang war deutlich zu sehen, da die Biene während des Vorgangs nicht flog, wie beim Packen von Pollen. Es wird behauptet, dass Bienen ihn immer haben, wenn sie ihn brauchen, was darauf hindeutet, dass sie ihn wie Wachs verarbeiten können. Ich sehe keinen Grund, warum sie ihn im Juni nicht so sehr brauchen wie im August; dennoch verwenden sie im letzteren Monat mehr als die hundertfache Menge. Zu dieser Zeit zeigen sie keine Neigung, etwas von den alten Brettern usw. zu sammeln. Es scheint, dass sie den Artikel neu bevorzugen, den sie jetzt im Überfluss haben. Im Juni gefüllte Kisten enthalten nur sehr wenig, manchmal gar nichts. Warum nicht, wenn sie genug davon haben? Aber wenn sie im August gefüllt werden, sind die Ecken und manchmal auch die Oberseite und die Seiten immer mit einer guten Schicht ausgekleidet. Risse, die groß genug sind, damit Bienen hindurchpassen, sind manchmal vollständig damit gefüllt. In dieser Jahreszeit habe ich an einem schönen Tag kurz vor Sonnenuntergang häufig gesehen, wie die Bienen den Stock mit dem betraten, was ich für das reine Material an ihren Beinen hielt, wie Blütenstaub, mit Ausnahme der Oberfläche, die glatt und glänzend war; die Farbe war viel heller als wenn es alt wird. Ich habe sie auch durch das Glas im Inneren gesehen, als sie es scheinbar nicht selbst loswerden konnten, wie Blütenstaub, und ständig zwischen denen herumliefen, die mit Löten und Verputzen beschäftigt waren; als eine ein wenig brauchte, packte sie das Kügelchen mit ihren Zähnen oder Zangen und löste ein Stück davon ab. Der ganze Klumpen lässt sich nicht sofort abspalten, sondern haftet fest am Bein; aufgrund seiner Zähigkeit bildet sich beim Abtrennen vielleicht ein Zoll langer Faden; das erhaltene Stück wird sofort für ihre Arbeit verwendet und die Biene ist bereit, einer anderen ein Stück davon zu geben; es wird auf diese Weise zweifellos seine Last los; es ist schwierig, es zu beobachten, bis es vom

Ganzen befreit ist, da es bald unter seinen Artgenossen verloren geht. Wenn diese Substanz nun nicht in ihrem natürlichen Zustand vorkommt, wie kommt es dann, dass sie sie auf ihre Beine packen, genau wie sie es tun, wenn sie sie von einem Brett eines alten Bienenstocks holen, oder Pollen, wenn sie gesammelt werden? Sie machen sich nie die Mühe, das Wachs dort einzupacken, wenn es verarbeitet wird. Sprechen diese Umstände nicht stark für die Idee, dass es eine pflanzliche Substanz ist? Vielleicht liegt der Grund dafür, dass es zu dieser Jahreszeit in größerer Menge gesammelt wird, darin, dass die Knospen von Bäumen und Sträuchern jetzt im Allgemeinen ausgebildet sind. Viele Arten sind durch eine Art Gummi oder Harzüberzug vor Regen und Frost geschützt. Es kann bei vielen Arten von Populus gefunden werden , insbesondere bei der Balsam-Pappel (*Populus Balsamifera*) und der Balsam von Gilead (*Populus Candicans*). Durch Kochen der Knospen dieser Bäume kann ein aromatisches Harz oder Gummi gewonnen werden (das manchmal zum Herstellen von Salbe verwendet wird); der Geruch ist dem von Propolis sehr ähnlich , wenn es von den Bienen gesammelt oder nachträglich erhitzt wird. In Ermangelung von Fakten neigen wir dazu, es durch eine Theorie zu ersetzen. Dies erscheint mir sehr plausibel. Doch bin ich bereit, sie aufzugeben, sobald die Fakten etwas anderes entscheiden. Vielleicht sammelt nicht eine von tausend Bienen diese Substanz – dass es so wenige sind, könnte ein Grund dafür sein, warum man sie nicht oft entdeckt; doch da es so wenige sind, sollten einige von uns mit der genauen Beobachtung beginnen; etwas Bestimmtes könnte die Entscheidung treffen. Die Bienenzucht wird leider vernachlässigt; mit der Wahrheit ist eine Menge Irrtum vermischt, die durch geduldige, prüfende Untersuchung herausgefiltert werden muss.

BEMERKUNGEN.

Ich möchte nun zum praktischen Teil dieser Arbeit kommen, der hoffentlich einige Leser interessieren wird, die sich nicht so sehr für Naturgeschichte interessieren. Ich werde mit dem Frühling beginnen und mich nun bemühen, mehr praktische Aspekte damit zu verbinden, während wir uns dem Jahresende nähern. Um einige praktische Aspekte zu veranschaulichen, werde ich vielleicht Gelegenheit haben, einige bereits erwähnte Dinge zu wiederholen.

KAPITEL VII .

DER BIENENHAUS.

SEIN STANDORT.

Bei der Wahl des Standorts des Bienenhauses ist zu berücksichtigen, dass es in der Schwarmsaison bequem zu beobachten ist; dass die Bienen jederzeit von einer Tür oder einem Fenster aus gesehen werden können, wenn ein Schwarm aufsteigt, ohne dass man dafür viele Schritte unternehmen muss; denn wenn man sich viel Mühe macht, wird dies allzu oft vernachlässigt. Außerdem sollten die Bienenstöcke nach Möglichkeit an einem Ort stehen, wo der Wind, insbesondere aus Nordwesten, nur wenig Einfluss hat. Wenn keine Hügel oder Gebäude Schutz bieten, sollte zu diesem Zweck ein dichter, hoher Bretterzaun errichtet werden. Das ist wirtschaftlich – man kann genug Bienen sparen, um die Kosten zu decken. In den ersten Frühlingsmonaten enthalten die Bestände weniger Bienen als zu jeder anderen Jahreszeit. Dann ist eine große Familie wichtig, schon allein, um die Wärme für die Brut zu erzeugen. Eine Biene ist jetzt wichtiger als ein halbes Dutzend im Hochsommer. Wenn der Stock an einem öden Ort steht, können die Bienen, die bei starkem Wind mit schwerer Last zurückkehren, den Stock häufig nicht treffen und werden zu Boden geworfen, frieren ein und sterben. Ein kühler Südwind ist ebenso tödlich, kommt aber nicht so häufig vor. Wenn sie vor Wind geschützt sind, können die Stöcke an jedem beliebigen Punkt aufgestellt werden; im Allgemeinen ist Ost oder Süd vorzuziehen. Ein Standort in der Nähe von Teichen, Seen, großen Flüssen usw. bringt einige Verluste mit sich. Starke Winde ermüden die Bienen beim Fliegen und führen häufig dazu, dass sie im Wasser landen. Von dort können sie nicht wieder aufsteigen, bis sie an Land getrieben werden. Dann sind sie, außer bei sehr warmem Wetter, so unterkühlt, dass sie keine Anstrengung mehr vertragen. Ich erwähne dies nicht, um jemanden davon abzuhalten, sie an einem solchen Standort zu halten, denn einige wenige müssen sie so halten oder gar nicht. Ich selbst befinde mich in einer solchen Lage. Etwa zwölf Ruten vom Ort entfernt gibt es einen vier Morgen großen Teich. Im Frühjahr, bei starkem Wind, kann man viele davon ertränkt und ans Ufer getrieben finden. Obwohl wir bei einer Aktie nicht so wenig vermissen können, handelt es sich dennoch insgesamt um einen Verlust.

ENTSCHEIDEN SIE SICH FRÜHZEITIG.

Welcher Standort auch immer gewählt wird, er sollte so früh wie möglich im Frühjahr gewählt werden. Denn wenn die kalten Winterwinde für einen Tag nachgelassen haben und die Sonne ungehindert ihre ersten warmen Strahlen auf die gefrorene Erde schickt, spüren die Bienen, die monatelang inaktiv waren, den aufmunternden Einfluss und kommen hervor, um die milde Luft zu genießen. Wenn sie aus ihrer Tür kommen, halten sie einen Moment inne, um sich die Augen zu reiben, die lange Zeit im Dunkeln lagen.

BIENEN MARKIEREN IHREN STANDORT, WENN SIE DEN BIENENSTOCK VERLASSEN.

Sie erheben sich, fliegen aber nicht in direkter Linie weg, sondern drehen ihre Köpfe sofort in Richtung des Eingangs ihres Behausungsgebiets, wobei sie zunächst einen Kreis von nur wenigen Zentimetern beschreiben , der sich jedoch beim Wegfliegen vergrößert, bis ein Bereich von mehreren Ruten *überblickt und markiert* wurde .

STANDWECHSEL MIT VERLUSTEN VERBUNDEN.

Nach ein paar Ausflügen, wenn die umliegenden Objekte vertraut geworden sind, wird diese Vorsichtsmaßnahme nicht mehr getroffen, und die Bienen verlassen den Stock in direktem Kurs zu ihrem Ziel und kehren ohne Schwierigkeiten auf ihrem Weg zurück. Der Mensch mit seinem Verstand wird von denselben Prinzipien geleitet. Es gibt sehr viele Leute, die annehmen, dass die Biene ihren Stock durch eine Art Instinkt kennt oder von ihm angezogen wird, wie der Stahl vom Magneten. Zumindest tun sie so, als ob sie es täten; denn sie bewegen ihre Bienen oft ein paar Ruten oder Fuß, nachdem der Standort so markiert wurde, und was ist die Folge? Die Bestände werden durch den Verlust von Bienen erheblich geschädigt und manchmal sogar vollständig zerstört. Lassen Sie uns der Ursache auf den Grund gehen. Wie ich bemerkte, haben die Bienen den Standort markiert. Sie verlassen den Stock ohne jede Vorsichtsmaßnahme, da die umliegenden Objekte vertraut sind. Sie kehren zu ihrem alten Stand zurück und finden kein Zuhause. Wenn es mehr als einen Stock gibt und die Entfernung zwischen vier und zwanzig Fuß beträgt, finden einige Bienen vielleicht einen Stock, aber es ist genauso wahrscheinlich, dass sie in den falschen wie in den richtigen gehen. Wahrscheinlich würden sie nicht weiter als sechs Meter gehen, und höchstwahrscheinlich auch nicht, es sei denn, die neue Situation wäre sehr auffällig. Wenn eine Person nur einen Stock hätte, wäre der Verlust höchstwahrscheinlich geringer, da jede Biene, die einen Stock findet, sicher zu Hause wäre und keine getötet würde, wie es normalerweise der Fall ist, wenn einige in einen fremden Stock eindringen.

KANN MAN ETWAS ABSTAND NEHMEN.

Wenn Bienen über ein Gebiet hinausgebracht werden, das sie kennen, etwa drei Kilometer oder mehr, scheint der Fall etwas anders zu sein, aber nicht immer ohne Verluste, insbesondere wenn viele Bienenstöcke zu nahe aufgestellt werden. Sie verlassen den Stock natürlich, ohne zu wissen, dass sich die Situation geändert hat; vielleicht kommen sie ein paar Meter weit, bevor seltsame Objekte sie darauf aufmerksam machen. Wenn sie zurückkehren, ist ihnen die unmittelbare Umgebung fremd, und sie dringen oft in die Behausung ihrer Nachbarn ein .

GEFAHR EINES ZU NAHEN BESTANDSAUFSCHLAGS.

Ein typisches Beispiel ereignete sich im Frühjahr 1949. Ich verkaufte über zwanzig Stöcke an eine Person. Er hatte ein Bienenhaus gebaut und die Stöcke bis auf vier Zoll Abstand voneinander aufgestellt. Das Ergebnis war, dass er mehrere Stöcke vollständig verlor; einige davon waren die besten; andere waren erheblich beschädigt, einige jedoch wurden durch die Hinzufügung von Bienen aus anderen Stöcken verbessert (manchmal lässt ein Stock fremde Bienen zu, sich mit ihnen zu vereinigen, aber das kommt selten vor, es sei denn, es kommen viele Bienen hinzu – unter normalen Umständen ist es am sichersten, jede Familie für sich zu behalten). Diese Stöcke hatten vor ihrer Verlegung Pollen gesammelt und ihre Standorte waren gut markiert. Wären sie sechs Fuß statt vier Zoll voneinander entfernt gewesen, hätte er wahrscheinlich keinen verloren , oder sogar zwei Fuß Abstand hätten sie retten können. Ich habe sie in dieser Jahreszeit oft verlegt und drei Fuß Abstand voneinander gehalten und keine schlechten Ergebnisse erzielt.

Tatsachen wie die zuvor genannten haben mich schon seit langem davon überzeugt, dass die Bestände ihren Platz für den Sommer möglichst früh im Frühjahr einnehmen sollten, zumindest bevor sie den Standort markieren. Oder, wenn sie danach bewegt werden müssen, sollte es nicht weniger als anderthalb Meilen sein und viel Platz zwischen den Bienenstöcken lassen.

PLATZ ZWISCHEN DEN BIENENSTÖCKEN.

Was den Abstand zwischen den Stöcken im Allgemeinen angeht, würde ich sagen, er sollte so groß sein, wie es die Bequemlichkeit erlaubt. Platzmangel macht es manchmal notwendig, sie dicht aneinander zu stellen. Wenn eine solche Notwendigkeit besteht, würden die Bienen ihren eigenen Stock sehr leicht erkennen, wenn die Stöcke unterschiedliche Farben hätten, einige abwechselnd dunkel und andere hell. Man sollte jedoch bedenken, dass, wenn aus Platzgründen weniger als zwei Fuß erforderlich sind, oft genug Bienen verloren gehen, weil sie in den falschen Stock fliegen. Wenn diese gerettet würden, könnten sie die Miete für einen kleinen Anbau an einen Garten oder Bienenhof bezahlen. Ich habe noch mehrere andere Gründe, warum zwischen den Stöcken viel Platz sein sollte, die im Folgenden genannt werden.

KLEINE SACHEN.

Der Leser, der es gewohnt ist, Dinge nach gigantischen Prinzipien zu tun, wird diese lange „Geschichte" über die Rettung einiger Bienen im Frühjahr als eine eher kleine Angelegenheit betrachten, und so ist es auch; dennoch müssen wir uns um kleine Dinge kümmern, wenn wir Erfolg haben wollen; „ein kleines Leck kann ein Schiff versenken." Ein Weizenkorn ist eine kleine Sache; seine Bedeutung zeigt sich nur in der Gesamtheit. Die Biene ist klein, die Ladung Honig, die sie nach Hause bringt, ist noch geringer und die Menge, die in den Nektar jeder Blüte abgesondert wird, noch *geringer*. Die geduldige Biene besucht jede und erhält nur einen winzigen Bissen; durch Beharrlichkeit wird eine Ladung erhalten und im Stock abgelegt; nur durch die Ansammlung solcher Ladungen finden wir ein Objekt, das unserer Beachtung würdig ist: Hier ist eine Lehre; achten Sie auf kleine Dinge und die Art und Weise, wie sie vermehrt und erhalten werden. Es ist viel besser, unsere Bienen zu retten, als sie zu verschwenden und darauf zu warten, dass andere aufgezogen werden; „ein gesparter Penny ist zwei verdiente Pence wert." Wenn ein Bestand durch geringe Mittel verloren geht, ist nur eine entsprechende Anstrengung erforderlich, um ihn zu retten. Diese geringfügige Sorgfalt wird manchmal aus Trägheit vernachlässigt. Aber ich hoffe im Allgemeinen auf bessere Dinge; ich bin bereit zu glauben, dass es aus reiner Unwissenheit stammt, nicht zu wissen, welche Art von Sorgfalt erforderlich ist – wie, wann und wo sie anzuwenden ist. Dies scheint mir nun meine Pflicht zu sein, zu erzählen. Sie werden nun die Ursache des Verlustes in diesem Punkt ausreichend verstehen; machen Sie es sich daher zur Regel, im Frühjahr, bevor die Bienen ihre Stöcke verlassen, alles bereit zu haben – die Ständer, das Bienenhaus usw. – und sie nicht zu verändern.

WIRTSCHAFT.

Wenn wir Bienen als Zierde halten, wäre es gut, ein Bienenhaus zu bauen, die Bienenstöcke anzustreichen usw.; aber da ich annehme, dass die Mehrheit der Leser am Profit der Sache interessiert sein wird, möchte ich sagen, dass die Bienen keinen Cent für zusätzliche Ausgaben zahlen werden; sie werden in einem angestrichenen Haus nicht ein bisschen mehr Arbeit verrichten, als wenn es mit Stroh gedeckt wäre. Wenn Profit das einzige Ziel ist, würde die Wirtschaftlichkeit gebieten, dass Arbeit nur dort geleistet werden sollte, wo sie eine Vergütung erhält.

GÜNSTIGE STANDGESTALTUNG.

Es wurden so viele Arten von Bienenhäusern und -ständern empfohlen – alle so verschieden von dem, was ich bevorzuge, dass ich vielleicht zögern sollte, einen so billigen und einfachen Ständer anzubieten; aber da mir der Profit am Herzen liegt, werde ich keine andere Entschuldigung vorbringen. Ich habe fünfzehn Jahre Erfahrung, die die Wirksamkeit dieses Ständers belegen kann, und habe deshalb keine Bedenken, ihn zu empfehlen. Ich baue Ständer folgendermaßen: Ein etwa fünfzehn Zoll breites Brett wird von einem zwei Fuß langen Stück abgeschnitten; an jedes Ende wird ein zwei Zoll großes Stück Kastanie oder anderes Holz genagelt; dadurch wird das

Brett gerade zwei Zoll über den Boden angehoben und ragt vor dem Stock etwa zehn Zoll hervor, was es für die Bienen wunderbar bequem macht, auszusteigen, bevor sie den Stock betreten (wenn Gras und Unkraut kurz gehalten werden, was kaum Mühe macht). Ein separates Stück für jeden Stock ist besser, als mehrere zusammen auf einer Bank zu haben, da dann keine Kommunikation durch hin- und herlaufende Bienen stattfinden kann. Auch neigen wir dazu, mehr Platz zwischen ihnen zu lassen; und ein Brett oder eine Planke kann, wenn man es in Stücke schneidet, ebenso viele Stöcke als Ständer verwenden, als wenn man es ganz lässt (und es sollte sogar mehr daraus machen).

KANALBODENPLATTE ENTFALTET.

Ich habe ein sogenanntes Kanalbodenbrett verwendet, bis ich herausfand, dass es sich nicht lohnte, und habe es jetzt weggeworfen, und es funktioniert genauso gut. Es wird allgemein als Vorbeugung gegen Raubüberfälle und zur Abwehr der Motte empfohlen. Es kann einen von fünfzig Bienenstöcken vor Raubüberfällen bewahren; aber um die Motte fernzuhalten, ist es ein so guter Helfer, wie man ihn sich nur vorstellen kann. Es ist ein sehr praktischer Ort für die Würmer, um ihre Kokons zu spinnen, und es erfordert etwas Einfallsreichtum des Imkers, um an sie heranzukommen.

EINIGE VORTEILE DURCH DIE NÄHE DER ERDE.

Ich bin mir bewusst, dass ich mit meiner Empfehlung, die Bienen so nah am Boden zu halten, im Widerspruch zu den meisten Imkern stehe. Weniger als zwei oder drei Fuß Abstand zwischen den Bienen und dem Boden, so heißt es, seien überhaupt nicht geeignet. Mr. Miner ist in seinem Handbuch in dieser Hinsicht sehr entschieden. Ich wagte es, ihm zu sagen, dass theoretisch mehr dagegen spricht als in der Praxis, und teilte ihm meine Erfahrungen mit. Knapp zwei Jahre später besuchte ich ihn und fand seine Bienen dicht am Boden. Erfahrung ist mehr wert als ein Dutzend Theorien. Tatsächlich ist sie der einzige verlässliche Test. Ich werde nicht zur Annahme einer Regel drängen, die ich nicht durch meine eigene Praxis bewiesen habe. Der Einwand betrifft die Feuchtigkeit, die von der Erde ausgeht, wenn sie zu nah ist. Ich kann nicht die geringste negative Auswirkung erkennen. Lassen Sie uns nun die Vor- und Nachteile etwas genauer vergleichen. Wenn sich die Bienen an einem kühlen Nachmittag (und im Frühjahr gibt es viele davon) einem oder einer Reihe von Bienenstöcken nähern oder auf einer Bank stehen, zwei oder drei Fuß über dem Boden, dann ist es sehr wahrscheinlich, dass sie den Stock und den Boden verfehlen, selbst wenn es nicht sehr windig ist, und zu Boden fallen, so betäubt von der Kälte, dass sie nicht mehr aufstehen können und am nächsten Morgen überhaupt „nutzlos" sind. Wenn sie sich andererseits in Bodennähe befinden, mit einem Brett wie beschrieben, besteht keine *Möglichkeit*, dass sie unter dem Stock landen, und wenn sie zu kurz kommen und auf den Boden gelangen, können sie immer noch kriechen, lange nachdem sie zu kalt zum Fliegen sind, und können und gelangen oft in den Stock, ohne ihre Flügel benutzen zu müssen.

Auf diese Weise kann in einem Frühjahr aus ein paar Bienenstöcken genug gerettet werden, um einen guten Schwarm zu bilden, was bei mehreren nicht auffällt; dennoch kann man mit ihnen genauso viel Gewinn erzielen, als wären sie ein einzelner Schwarm. Ein kleiner Trick ist alles, was man braucht, um sie zu retten. Denjenigen , die sie von der Erde fernhalten *müssen* und *wollen* , möchte ich sagen, schlagen Sie einen Plan vor, um diesen Teil Ihrer besten und willigsten Diener zu retten; lassen Sie vor dem Bienenstock ein Landebrett mindestens einen Fuß vorstehen oder ein Brett, das lang genug ist, um vom Boden des Bienenstocks bis zum Boden zu reichen, damit sie darauf klettern und zum Bienenstock hochkriechen können. Wollen Sie den Anreiz? Untersuchen Sie die Erde um Ihre Bienenstöcke herum gegen Sonnenuntergang an einem Tag im April genau, wenn der Tag schön war, mit etwas Wind, und gegen Abend kühl, und Sie werden erstaunt sein, wie viele davon umkommen. Die meisten von ihnen werden voller Blütenstaub sein, was sie als Märtyrer ihres eigenen Fleißes und Ihrer Nachlässigkeit erweist. Wenn ich eine Bank sehe, die drei Fuß hoch und nicht breiter als der Boden des Stocks ist, vielleicht ein bisschen weniger, und die Bienen keinen anderen Ort haben, um hineinzukommen, als den Boden, und so viele Stöcke darauf drängen, wie sie fassen können, wundere ich mich nicht mehr, dass „die Bienenhaltung reine Glückssache ist". Das Wunder ist, wie sie sie überhaupt halten. Doch es beweist, dass es bei richtiger Verwaltung letztlich gar nicht so prekär ist.

Ich habe mir große Mühe gegeben, den notwendigen Wetterschutz für Bestände zu ermitteln. Das Ergebnis war, dass die billigste Abdeckung genauso gut ist wie jede andere. Etwas, das Regen und Sonnenstrahlen von oben abhält, ist völlig ausreichend. Die Abdeckungen für jeden Bienenstock sollten, wie auch die Bodenplatte, separat und größer als die Oberseite sein.

NÜTZLICHKEIT VON BIENENHÄUSERN ZWEIFELT.

Ich habe Bienenhäuser verwendet, aber sie sind nicht rentabel und werden ebenfalls weggeworfen. Sie sind unerwünscht, weil sie eine freie Luftzirkulation verhindern. Außerdem ist es schwierig, sie so zu bauen, dass die Sonne die Bienenstöcke sowohl morgens als auch nachmittags erreichen kann, was im Frühjahr sehr wichtig ist. Wenn sie nach Süden ausgerichtet sind, ist die Mittagszeit die einzige Zeit, in der die Sonne alle Bienenstöcke gleichzeitig erreichen kann. Das ist genau die Zeit, in der sie es am wenigsten brauchen. Bei heißem Wetter kann es manchmal schädlich sein, da die Waben schmelzen. Aber wenn die Bienenstöcke weit genug voneinander entfernt stehen, ist es nach meinem Plan sehr einfach, die Sonne morgens und nachmittags auf den Bienenstock scheinen zu lassen und bei heißem Wetter von zehn Uhr bis zwei oder drei Uhr Schatten zu haben.

Trotz unserer Verschwendungssucht beim Bau eines prächtigen Bienenhauses denken wir an die Wirtschaftlichkeit, wenn wir unsere Bienenstöcke hineinstellen und sie *zu nahe aneinander stellen* . „Ich kann es mir einfach nicht leisten, ein Haus zu bauen und ihnen so viel Platz zu geben.“

KAPITEL VIII.

Raubüberfälle.

Raub ist eine weitere Quelle gelegentlicher Verluste für den Imker. Er kommt häufig im Frühjahr vor und zu jeder Zeit bei warmem Wetter, wenn Honig knapp ist. Er ist sehr ärgerlich und bringt manchmal die Nachbarn in Streit, obwohl vielleicht keiner von ihnen die Schuld trägt, sondern nur Unwissenheit über die Sache.

NICHT RICHTIG VERSTANDEN.

Eine Person, die viele Bienenstöcke hält, muss damit rechnen, für alle Verluste in ihrer Nachbarschaft verantwortlich zu sein, egal, ob sie durch Misswirtschaft oder mangelnde Verwaltung verloren gehen. Viele Leute nehmen an, wenn eine Person nur einen Stock hat und eine andere zehn, werden sich die zehn zusammentun, um den einen auszuplündern. Ich kann keine Fakten finden, die auf eine Kommunikation zwischen verschiedenen Familien desselben Bienenhauses hinweisen. Es stimmt, wenn eine Familie eine andere schwache und wehrlose mit einem Schatz vorfindet, hat sie keine Gewissensbisse, das letzte Stückchen davonzutragen. Die damit verbundene Hektik entgeht selten der Aufmerksamkeit der anderen Familien; und wenn ein Stock in einem Bienenhaus ausgeraubt wurde, haben vielleicht zwei Drittel der anderen Familien, manchmal sogar alle, an der Plünderung teilgenommen. Eine Familie, wenn sie groß ist, findet unter den zehn Bienenstöcken genauso wahrscheinlich (und noch wahrscheinlicher) einen schwachen und beginnt zu plündern, wie umgekehrt.

UNSACHGEMÄSSE RECHTSMITTEL.

Trotzdem hört man häufig Bemerkungen wie diese: „Ich hatte einen Bienenstock *erster* Güte" (wobei er in Wirklichkeit einen Monat lang nicht besonders nach seinen Bienen geschaut hatte, um zu wissen, ob es so war oder nicht, und wenn doch, dann würde er es höchstwahrscheinlich nicht wissen) „und Mr. A.s Bienen begannen, sie auszurauben. Ich versuchte alles , um das zu verhindern; ich ließ sie an mehreren Stellen umherziehen, damit sie den Stock nicht finden. Es half nichts; als ich es wusste, waren sie alle weg – Bienen, Honig und alles! Die Bienen schlossen sich alle den Räubern an." Nun ist es eine Tatsache, dass nicht ein einziger *guter* Bienenstock von fünfzig jemals ausgeraubt wird, wenn man es nicht wagt; das heißt, wenn der Eingang richtig geschützt ist. Dieses Umziehen des Stocks reichte aus, um jeden Bestand zu ruinieren; bei jedem Wechsel gingen Bienen verloren, bis nichts als Honig übrig war, um die Räuber anzulocken; während er, wenn er auf seinem Ständer gelassen worden wäre, hätte entkommen können.

Ich habe viele Heilmittel gratis bekommen, die, wenn ich auch nur die Hälfte davon befolgt hätte, sie ruiniert hätten. Tatsache ist, dass bei vielen Menschen die Heilmittel oft die Ursache der Krankheit sind. Am verheerendsten ist es, ein paar Stäbe zu verschieben; ein anderes, den Stock ganz zu schließen (was sehr wahrscheinlich ist, dass sie ersticken); oder einige Waben herauszubrechen und den Honig zum Fließen zu bringen. Es gibt einige Zauber, die sie kaum beeinflussen. Wahrscheinlich gibt es nur wenige Imker, die sofort erkennen können, *wenn Bienen ausgeraubt werden* . Um das zu entscheiden, bedarf es der genauesten Beobachtung.

SCHWIERIGKEITEN BEI DER ENTSCHEIDUNG.

Es gibt nichts, was sich im Bienenhaus schwieriger bestimmen lässt, nichts, was wahrscheinlicher ist, als getäuscht zu werden. Wenn eine Anzahl draußen kämpft, wird allgemein angenommen, dass sie auch raubt, was aber selten der Fall ist. Im Gegenteil, ein Zeichen von Widerstand deutet auf eine starke Kolonie hin und darauf, dass sie bereit sind, ihre Schätze zu verteidigen. Ich habe keine Angst mehr um einen Bestand, der den Mut hat, einen Angriff abzuwehren.

SCHWACHE FAMILIEN SIND IN GRÖSSTER GEFAHR.

Schwache Familien, die keinen Widerstand leisten, sind die gefährlichsten. In Zeiten der Knappheit halten alle *guten* Stämme Wachen am Eingang, deren Aufgabe es zu sein scheint, jede Biene zu untersuchen, die versucht, hineinzukommen. Wenn es sich um ein Mitglied der Gemeinschaft handelt, wird ihr der Durchgang gestattet; wenn nicht, wird sie an Ort und Stelle untersucht. Es scheint, als wäre für den Einlass ein Passwort erforderlich, denn sobald eine fremde Biene versucht, hineinzukommen, ist sie bekannt. Wenn sie nicht die erforderlichen Legitimationen hat, gibt es genügend Beweise gegen sie. Jede Biene ist ein qualifizierter Jurist, Richter und Henker. Es gibt keine Verzögerung; kein Warten auf Zeugen zur Verteidigung . Je mehr eine Biene versucht zu entkommen, desto wahrscheinlicher ist es, dass sie gestochen wird, es sei denn, es gelingt ihr. Wie fremde Bienen bekannt sind, wäre nichts als Theorie, wenn ich versuchen würde, es zu erklären. Es soll genügen, dass sie bekannt sind.

IHRE SCHLACHTEN.

Ich werde hier einige ihrer Kämpfe beschreiben. Im Frühjahr habe ich häufig gesehen, dass die ganze Vorderseite des Stocks von Kämpfern bedeckt war (aber vor solchen Stöcken habe ich keine Angst, sie können sich verteidigen). Mehrere umringen einen Fremden; einer oder zwei beißen ihm in die Beine, ein anderer in die Flügel; ein anderer tut so, als würde er stechen, während ein anderer bereit ist, den Honig zu nehmen, den er hat, wenn er genug beunruhigt ist, um ihn dazu zu bringen. Manchmal lässt man ihn los, nachdem er seinen ganzen Honig abgegeben hat, aber manchmal wird er mit einem Stich getötet, der fast augenblicklich tödlich ist. Eine Biene wird eher durch einen Stich getötet als durch irgendein anderes Mittel, außer durch Zerquetschen. Manchmal zittert ein Bein eine Minute lang; die Beine werden dicht an den Körper gezogen; der Hinterleib zieht sich auf die Hälfte seiner üblichen Größe zusammen, sofern er nicht mit Honig gefüllt ist. Ich habe erlebt, dass eine Pinte versehentlich in einen benachbarten Stock eindrang und innerhalb von fünf Minuten getötet wurde. Die einzigen Stellen, an denen der Stachel eine Biene durchdringt, sind die Gelenke des Hinterleibs, der Beine, des Halses usw. Ich habe gelegentlich eine Biene gesehen, die über den toten Körper ihres Opfers schleifte, weil sie ihren Stachel nicht aus einem Beingelenk ziehen konnte. Während des Kampfes kann man, wenn es darum geht, Beutejäger fernzuhalten, ein paar Bienen herumschwirren sehen, die nach einer unbewachten Stelle suchen, um in den Stock zu gelangen. Wenn sie eine solche findet, landet sie und dringt sofort ein. Manchmal begegnet sie beim Eintreten einem diensthabenden Soldaten und ist im Nu wieder auf dem Weg. Ein anderes Mal hat sie jedoch mehr Pech und wird von einem Polizisten geschnappt, worauf sie entweder ausbrechen oder die Strafe der Insektenjustiz erleiden muss, die normalerweise äußerst streng ist.

Es ist eine schlechte Politik, die Bienenstöcke zu vergrößern.

Viele Imker heben ihre Bienenstöcke im Frühjahr einen Zentimeter über das Brett. Sie scheinen dabei die Chance zu ignorieren, die dies Räubern bietet, von allen Seiten einzudringen. Das ist, als ob man die Tür des eigenen Hauses offen lässt, um den Dieb in Versuchung zu führen, und sich dann über seine Schlechtigkeit beschwert.

Man muss also davon ausgehen, dass alle guten Bestände unter normalen Umständen für sich selbst sorgen. Die Natur hat Abwehrmittel vorgesehen, deren Einsatz der Instinkt bestimmt. Widerstandslosigkeit mag für einen hochentwickelten Intellekt beim Menschen ausreichen, aber nicht hier.

Hinweise auf Räuber.

Wir werden nun das Aussehen eines schwachen Bienenstocks beobachten, der keinen Widerstand leistet, und zeigen, dass das Ergebnis ein völliger Verlust des Bestands ist, ohne dass rechtzeitig eingegriffen wird. Jeder Räuber wird beim Verlassen des Stocks nicht in direkter Linie zu seinem Zuhause fliegen, sondern seinen Kopf in Richtung des Stocks drehen, um die Stelle zu markieren, damit er weiß, wohin er zurückkehren muss, um eine weitere Ladung zu holen, und zwar auf dieselbe Weise, wie er es beim Verlassen seines Stocks im Frühjahr tut. Wenn die jungen Bienen ihr Zuhause zum ersten Mal verlassen, markieren sie ihren Standort auf dieselbe Weise. Einige von ihnen beginnen sehr früh aus den Zellen zu schlüpfen; in allen guten Beständen oft bevor das Wetter warm genug ist, damit *einige den*

Stock verlassen können . Folglich kann es für sie im Frühjahr zu keiner Zeit zu früh sein. Diese jungen Bienen fliegen etwa in der Mitte jedes schönen Tages oder etwas später für kurze Zeit in großer Zahl aus. Der unerfahrene Beobachter würde aufgrund der Anzahl der in Bewegung befindlichen Bewohner sehr wahrscheinlich annehmen, dass ein solcher Bestand sehr wohlhabend ist. Dieses ungewöhnliche Treiben ist das erste Anzeichen für ein falsches Spiel und sollte mit Argwohn betrachtet werden; es ist jedoch nicht schlüssig.

EINE PFLICHT.

Es ist die Pflicht eines jeden Imkers, der Erfolg haben will, zu wissen, welche seine schwachen Bestände sind. Eine Untersuchung an einem kühlen Morgen kann durchgeführt werden, indem man den Stockboden umdreht und die Sonne zwischen die Waben lässt. Die Anzahl der Bewohner lässt sich leicht erkennen. Wenn die Bestände schwach sind, schließen Sie den Eingang, bis gerade Platz für eine Biene ist, die auf einmal durchkommt. An den ersten wirklich schönen Tagen, jederzeit bevor reichlich Honig gewonnen wird, kurz nach Mittag, achten Sie darauf, ob sie anfangen zu rauben. Wenn ein schwacher Bestand mit einem Anfall von ungewöhnlichem Fleiß gefangen wird, ist es ganz sicher, dass es sich entweder um Räuber oder um junge Bienen handelt. Die Schwierigkeit besteht darin, zu entscheiden, was von beiden es ist. Ihre Bewegungen sind gleich, aber es gibt einen kleinen Unterschied in der Farbe – die jungen Bienen sind einen Farbton heller; der Hinterleib der Räuber ist, wenn er mit Honig gefüllt ist, etwas größer. Es erfordert genaue, geduldige Beobachtung, um diesen Punkt zu entscheiden, und wenn Sie genau genug beobachtet haben, um diesen Unterschied zu erkennen, können Sie ihn ohne Probleme entscheiden.

EIN TEST.

Aber während Sie diesen schönen Unterschied lernen, könnten Ihre Bienen ruiniert werden. Wir werden Ihnen deshalb einige andere Schutzmaßnahmen vorstellen.

Bienen, die einen Sack Honig aus einem benachbarten Stock gestohlen haben, laufen normalerweise mehrere Zentimeter vom Eingang weg, bevor sie losfliegen. Töten Sie einige von ihnen. Wenn sie mit Honig gefüllt sind, sind sie Räuber. Es ist sehr verdächtig, wenn sie mit Honig gefüllt den Stock verlassen. Oder streuen Sie etwas Mehl auf sie, wenn sie herauskommen, und lassen Sie jemanden neben den anderen aufpassen, ob sie hineingehen. Eine andere Methode macht weniger Mühe, dauert aber länger, bis sie aufgehalten werden, wenn sie rauben. Besuchen Sie sie im Laufe einer halben Stunde oder mehr erneut, nachdem die jungen Bienen Zeit hatten, zurückzukommen (falls sie es sind). Wenn das Treiben jedoch anhält oder zunimmt, ist es Zeit, einzugreifen. Wenn der Eingang wie angegeben verengt wurde, schließen Sie ihn vollständig bis kurz vor Sonnenuntergang. Wenn er offen gelassen wurde, sollte dies jetzt getan werden (wobei immer nur einer Biene gleichzeitig Platz bleibt). Dadurch können alle, die zum Stock gehören, hinein und andere herauskommen, und das Vordringen der Räuber wird erheblich verzögert.

RAUBÜBERFÄLLE BEGINNEN NORMALERWEISE AN WARMEN TAGEN.

Sofern es nicht kühl ist, setzen sie ihre Plünderungen bis zum Abend fort. Sehr oft können einige im Dunkeln nicht nach Hause kommen und gehen verloren. Dies ist übrigens ein weiterer guter Beweis für Raub. Besuchen Sie die Bienenstöcke jeden warmen Abend. Sie *beginnen* ihre Plünderungen an den wärmsten Tagen, sonst nur selten. Wenn welche bei der Arbeit sind, wenn ehrliche Arbeiter zu Hause sein sollten, brauchen sie Aufmerksamkeit.

RECHTSMITTEL.

Ich habe mehrere Mittel ausprobiert. Am wenigsten Mühe bereitet es, den schwachen Stock morgens für ein paar Tage in den Keller oder an einen dunklen, kühlen Ort zu bringen, bis mindestens zwei oder drei warme Tage vergangen sind, damit sie die Suche aufgeben können. Die Räuber werden dann wahrscheinlich den Bestand am nächsten Stand angreifen. Verengen Sie den Eingang entsprechend der Anzahl der Bienen, die passieren sollen. Wenn sie stark sind, muss keine Gefahr befürchtet werden; sie könnten kämpfen und sogar einige töten; vielleicht ist ein wenig Züchtigung notwendig, damit sie sich ihrer Pflicht bewusst werden.

GEMEINSAME MEINUNG.

Es ist weit verbreitet, dass Räuber oft in einen benachbarten Bestand gehen, dort zuerst die Bienen töten und dann die Schätze mitnehmen. Um diese Annahme zu bestätigen, habe ich bisher noch keine Tatsache entdeckt, obwohl ich sehr genau beobachtet habe. Wenn Bienen zu einer Zeit, als in den Blüten nichts mehr zu holen war, alle ihre Vorräte gestohlen wurden, müssen sie offensichtlich verhungern und es dauert nur ein oder zwei Tage, bis sie verschwunden sind. Dies würde natürlich die Annahme nahelegen, dass sie entweder getötet wurden oder mit den Räubern verschwunden sind.

EIN GUTES BEISPIEL DAFÜR.

Ich habe ein Beispiel dafür. Als ich ein paar Tage nicht zu Hause war, fand ich bei meiner Rückkehr einen Schwarm mittlerer Stärke vor, der unachtsam ausgesetzt worden war und dem jedes einzelne Stück Honig, das er besaß, etwa 15 Pfund geraubt worden war. [13] Etwa die übliche Anzahl Bienen befand sich in den Waben, allem Anschein nach sehr trostlos. Ich brachte sie sofort in den Keller und fütterte sie ein paar Tage lang. Die anderen Bienen gaben in der Zwischenzeit auf, nach mehr Beute zu suchen. Dann wurde sie wie angewiesen wieder in den Stand zurückgebracht, der Eingang fast geschlossen usw. In kurzer Zeit ergab sich ein wertvoller Vorrat; aber hätte ich sie 24 Stunden länger dort gelassen, wäre sie wahrscheinlich keinen Pfifferling wert gewesen.

WEITERE ANWEISUNGEN.

Wenn ein Bestand entfernt wurde und der nächste Bestand einen schwachen statt eines starken Bestands enthält, ist es am besten, diesen ebenfalls einzufangen und ihn so schnell wie möglich wieder in den Bestand zurückzubringen, sobald die Räuber es zulassen. Wenn ein zweiter Angriff erfolgt, setzen Sie sie erneut ein oder entfernen Sie sie, wenn möglich, ein oder zwei Meilen von ihrem bekannten Gebiet. Dann würden sie keine Zeit mit der Arbeit verlieren. Wenn nur wenige Bestände gehalten werden und nicht mehr als ein oder zwei Bestände in Beschlag genommen werden, streuen Sie ein wenig Mehl auf sie, wenn sie weggehen, um festzustellen, wer die Räuber sind. Dann kehren Sie die Bienenstöcke um und setzen den schwachen an die Stelle des starken und den starken an die Stelle des schwachen. Der schwache Bestand wird im Allgemeinen der stärkste und setzt ihren Aktivitäten ein Ende. Diese Methode ist jedoch in einem großen Bienenhaus oft nicht durchführbar, da normalerweise mehrere Bestände sehr bald nach Beginn eines Angriffs in Beschlag genommen werden und ein Dutzend einen ausrauben können. Eine andere Methode besteht darin, wenn Sie *sicher sind*, dass ein Bestand ausgeraubt wird, einen Zeitpunkt zu wählen, an dem sich so viele Plünderer wie möglich im Stock befinden, und den Stock sofort zu verschließen (es ist ein Drahtgeflecht oder etwas anderes erforderlich, das Luft hereinlässt und gleichzeitig die Bienen einschließt). Tragen Sie die Bienen wie zuvor beschrieben zwei oder drei Tage lang hinein, bis sie wieder freigelassen werden können. Die so eingeschlossenen fremden Bienen werden sich der schwachen Familie anschließen und *ihren* Schatz ebenso eifrig verteidigen, wie sie ihn vorher weggetragen haben. Dieses Prinzip, nach ein paar Tagen das Zuhause zu vergessen und sich mit anderen zu vereinen (die Autoren sagen, dass 24 Stunden ausreichen, damit sie das Zuhause vergessen), kann in diesem Fall empfohlen werden. Es gelingt etwa vier von fünf Malen, wenn eine angemessene Anzahl eingeschlossen wird. Schwache Bestände werden auf diese Weise sehr leicht gestärkt, und die Bienen, die aus einer Reihe von Stöcken genommen werden, werden kaum vermisst. Die Schwierigkeit besteht darin, zu wissen, wann es genug gibt, um dem schwachen Bestand ungefähr zu entsprechen; wenn zu wenige eingeschlossen werden, werden sie mit Sicherheit vernichtet.

HÄUFIGER URSACHEN FÜR DEN BEGINN.

Schließlich ist es, wenn Bienen ausgeraubt werden, wie wenn sie von Würmern vernichtet werden; eine Art Nebensache; das heißt, nicht ein starker Bienenstock von hundert wird jemals beim ersten Angriff angegriffen und geplündert. Bienen müssen zuerst durch einen schwachen Stock angelockt und wütend gemacht werden; manchmal genügt eine Schale mit Abfallhonig, die man in ihre Nähe stellt, um sie an die Arbeit zu bringen, auch wenn sie gefüttert wurden und nicht genügend Vorrat hatten. Nachdem sie einmal angefangen haben, braucht es eine erstaunliche Menge, um ihren Appetit zu stillen. Sie scheinen vollkommen berauscht zu sein und ohne Rücksicht auf die Gefahr wagen sie sich in den sicheren Untergang! Ich kenne einige Fälle, in denen gute Bienenstöcke auf diese Weise dezimiert wurden, bis sie wiederum anderen zum Opfer fielen. Ich habe mehrere Jahre lang etwa hundert Bienenstöcke von zu Hause ferngehalten, wo ich sie nicht oft sehen konnte, um Raubüberfälle zu verhindern. Doch ich habe dadurch nie einen Bienenstock verloren. Ich halte einfach den Eingang geschlossen, mit Ausnahme eines Durchgangs für die Bienen, die im Frühjahr arbeiten. Es stimmt, ich habe einige Bestände verloren, als die anderen Bienen den Honig nahmen, aber sie wären so oder so verloren gewesen.

DER FRÜHLING IST DIE SCHLIMMSTE ZEIT.

Wie ich bereits zu Beginn dieses Kapitels bemerkte, plündern und kämpfen Bienen den ganzen Sommer über, wenn kein Honig gesammelt werden kann; aber nur *im Frühjahr* werden solche verzweifelten und beharrlichen Anstrengungen unternommen, um Honig zu bekommen. Nur dann kann man es dem Imker verzeihen, wenn seine Bienenstöcke geplündert werden oder er sie in einer Situation stehen lässt, in der sie geplündert werden. Aus verschiedenen Gründen werden dann oft Bienenstöcke im Winter und Frühjahr dezimiert, und wenn sie während dieser Jahreszeit geschützt werden, bilden sie im Allgemeinen gute Bestände. Dann möchten wir, dass sie sich feste, fleißige Gewohnheiten aneignen und nicht von Plünderungen leben. Vorbeugen ist besser als heilen; schlechte Neigungen sollten von Anfang an unter Kontrolle gebracht werden. Wenn man dieser Neigung eine Zeit lang nachgegeben hat, ist es für die Biene wie für den Menschen schwer, sich von der Gewohnheit zu lösen; eine strenge Züchtigung ist die einzige Heilung; auch sie gehen nach dem Prinzip vor, viel mehr zu wollen.

Es ist nicht notwendig, die Bienen im Herbst auszuplündern.

Der Imker, dessen Bienen im Herbst geplündert werden, ist nicht geeignet, sich um sie zu kümmern. Seine Bemühungen sind selten so intensiv wie im Frühjahr (es sei denn, es herrscht allgemeiner Mangel). Die schwachen Bienenstöcke sind normalerweise besser mit Bienen versorgt und daher sind weniger Bienen gefährdet. Wenn es jedoch einige sehr schwache Familien gibt, sollten diese entfernt werden, sobald die Blüten verwelken, oder mit

Bienen aus einem anderen Stock verstärkt werden. Einzelheiten zur Herbstverwaltung.

Manchmal habe ich meine Schwärme im Frühjahr mit der folgenden Methode gleich gemacht, und auch damit ist es nicht gelungen. Bienen, die zusammen in einem Raum überwintern, streiten sich selten, wenn sie zum ersten Mal ins Freie gehen. Wenn ein Stamm einen Überschuss an Bienen hat und ein anderer nur sehr wenige, tausche ich am nächsten oder übernächsten Tag nach dem Aussetzen die schwache in den Bestand des starken aus (wie vor ein oder zwei Seiten erwähnt), und alle Bienen, die den Standort markiert haben, kehren dorthin zurück. Das Versagen liegt vor, wenn zu viele den starken Bestand verlassen und diesen zum schwachen machen, und dann ist nichts gewonnen. Wenn dies getan werden könnte, wenn sie gerade lange genug außer Haus waren, damit die richtige Anzahl den Standort markiert hat, wäre der Erfolg ganz sicher. Aber bevor ein Austausch dieser Art vorgenommen wird, wäre es gut, wenn möglich, festzustellen, was die Ursache für die Schwäche eines Bestands ist; wenn es am Verlust einer Königin liegt (was manchmal der Fall ist), machen wir die Sache durch diese Maßnahme nur noch schlimmer. Um festzustellen, ob die Königin anwesend ist, verlassen Sie sich nicht darauf, dass die Bienen Pollen mitbringen; wie die meisten Autoren behaupten, werden sie es nicht tun, wenn die Königin nicht mehr da ist; weil ich sie so oft ohne sie tun *gesehen habe* , kann ich dem Leser noch einmal versichern, dass es kein Test ist. Der Test, der in Kapitel III, Seite 73, gegeben wird, ist immer zuverlässig.

KAPITEL IX.

FÜTTERUNG.

SOLLTE DER LETZTE AUSWEG SEIN.

Manchmal ist es absolut notwendig, Bienen im Frühjahr zu füttern. Aber in normalen Jahreszeiten und unter normalen Umständen ist es etwas zweifelhaft, ob es der sicherste Weg zum Erfolg ist, wenn der Imker versucht, einen Bestand zu überwintern, der so schlecht mit Honig versorgt ist, dass er davon ausgeht, dass er im Frühjahr oder früher gefüttert werden muss. Ich werde an anderer Stelle (im Herbstmanagement) empfehlen, was ich für eine bessere Disposition für solche schwachen Familien halte. Aber da einige Bestände entweder geraubt werden oder aus anderen Gründen mehr Honig verbrauchen als erwartet, kann ein wenig Mühe und Sorgfalt einen Verlust verhindern. Außerdem werden Bienen oft zu dieser Jahreszeit gefüttert, um ein frühes Schwärmen zu fördern und die Kästen mit überschüssigem Honig zu füllen.

PFLEGE ERFORDERLICH.

Es ist viel Sorgfalt erforderlich, und nur wenige wissen, wie man richtig damit umgeht. Wenn man Bienen Honig gibt, führt das fast zwangsläufig zu Streit unter ihnen. Manchmal wittern starke Bienen den Honig, den sie schwachen Bienen geben, und tragen ihn so schnell davon, wie er geliefert wurde.

Offensichtlicher Widerspruch bei der Ernährung, der zum Hungern führt.

Es ist möglich, dass die Fütterung eines Bienenvolks im Frühjahr dazu führt, dass diese verhungern! Wenn man sie jedoch in Ruhe lässt, könnten sie entkommen. Obwohl dies wie ein Widerspruch aussieht, halte ich es für vernünftig. Wenn der Honigvorrat knapp ist, wird wahrscheinlich nicht mehr als eines von zwanzig Eiern, die die Königin legt, reif sein – ihre Mittel erlauben es nicht, die junge Brut zu füttern. Dies ergibt sich aus der Tatsache, dass mehrere Eier in einer Zelle zu finden sind. Ich habe im März 1852 über zwanzig Bienenvölker übertragen – die meisten der mit Eiern besetzten Zellen enthielten eine Vielzahl; zwei, drei und sogar vier wurden in einer Zelle gefunden; es ist offensichtlich, dass nicht alle perfektioniert werden konnten. Auch die Tatsache, dass diese Eier zu dieser Jahreszeit auf dem Bodenbrett liegen. Nehmen wir nun an, Sie geben einem solchen Volk zwei oder drei Pfund Honig und sie werden ermutigt, eine große Brut zu füttern, und Ihr Vorrat versiegt, bevor sie zur Hälfte ausgewachsen sind. Was sollen sie tun? Die Brut vernichten und alles verlieren, was sie gefüttert haben, oder aus ihren alten Vorräten eine kleine Menge schöpfen, um sich in dieser Notlage zu helfen, und sich selbst auf den Zufall verlassen? Die letztere

Alternative wird wahrscheinlich gewählt, und dann verhungern die Bienen, wenn nicht rechtzeitig günstiges Wetter eingreift. Der gleiche Effekt wird manchmal durch Wetterwechsel hervorgerufen; eine oder zwei Wochen können sehr schön sein und die Blüten in Hülle und Fülle hervorbringen — ein plötzlicher Wechsel, vielleicht Frost, kann alles für ein paar Tage zerstören. Dies macht es notwendig, sehr wachsam zu sein, da diese Wechsel von kaltem Wetter (wenn sie auftreten) es unsicher machen, bis der Weißklee erscheint; aber wenn der Frühling günstig ist, besteht nur wenig Gefahr, es sei denn, sie werden ausgeraubt. Wenn Sie die notwendige Sorgfalt auf die Würmer walten lassen, werden Sie wissen, welche leicht und welche schwer sind, es sei denn, Ihre Bienenstöcke sind aufgehängt; selbst dann ist es eine Pflicht, ihren wahren Zustand in dieser Hinsicht zu kennen. Dies ist ein weiterer Vorteil des *einfachen* Bienenstocks; indem Sie lediglich eine Kante anheben, um die Würmer zu töten, erfahren Sie etwas über den vorhandenen Honig. Um ganz genau zu sein, sollte der Bienenstock gewogen werden, wenn er für die Bienen bereit ist, und das Gewicht darauf markiert werden; durch Wiegen zu einem beliebigen späteren Zeitpunkt können Sie sofort auf ein paar Pfund genau wissen, wie viel Honig vorhanden ist. Dabei muss das Alter der Waben, die Brutmenge usw. berücksichtigt werden. Es ist falsch, mit der Fütterung zu beginnen, ohne darauf vorbereitet zu sein, damit fortzufahren, da die Versorgung aufrechterhalten werden muss, bis reichlich Honig vorhanden ist.

WIE LANGE MUSS MAN VOR DEM FÜTTERN WARTEN?

Möchte man so lange wie möglich warten und die Bienen nicht verlieren, muss man testen, wie lange es sich lohnt, mit der Fütterung zu warten. In diesem Fall ist *strenge Aufmerksamkeit erforderlich; sie müssen jeden Morgen untersucht werden* . Wenn ein leichtes Klopfen auf den Stock mit einem lebhaften Summen beantwortet wird, leiden sie noch nicht; wenn man jedoch auf seine Frage keine Antwort erhält, deutet dies auf einen Mangel an Kraft hin. Extreme Armut zerstört jede Bereitschaft, einen Angriff abzuwehren. Manchmal ist ein Teil der Bienen zu schwach, um in den Waben zu bleiben, und liegt auf dem Boden, und einige wenige liegen außerhalb. Wenn das Wetter kühl ist, scheinen sie leblos zu sein; doch sie können wiederbelebt werden und *müssen nun gefüttert werden* .

FÜTTERUNGSHINWEIS.

Die Bienen zwischen den Waben können sich vielleicht noch bewegen, wenn auch nur schwach. Wenn dies der Fall ist, drehen Sie den Stock um, sammeln Sie alle verstreuten Bienen ein und setzen Sie sie hinein. Besorgen Sie sich etwas Honig. Wenn Sie ihn kandiert haben, erhitzen Sie ihn, bis er sich auflöst. Wabenhonig ist nicht so gut, ohne ihn zu zerdrücken. Wenn kein Honig verfügbar ist, können Sie stattdessen braunen Zucker nehmen. Geben

Sie ein wenig Wasser hinzu und kochen Sie es, bis es etwa die Konsistenz von Honig hat, und schöpfen Sie es ab. Wenn es ausreichend abgekühlt ist, gießen Sie eine Menge davon direkt auf die Bienen zwischen die Waben. Bedecken Sie den Boden des Stocks mit einem Tuch, befestigen Sie es gut und bringen Sie es zum Aufwärmen ans Feuer. In zwei oder drei Stunden werden sie wiederbelebt sein und können in den Ständer zurückgebracht werden, vorausgesetzt, der gegebene Honig wird vollständig aufgenommen. Lassen Sie auf keinen Fall Honig am Boden herauslaufen. Die Notwendigkeit eines täglichen Besuchs der Stöcke wird aus der Tatsache ersichtlich, dass es in der gerade beschriebenen Situation zu spät ist, sie wiederzubeleben, wenn man einen Tag versäumt. Wenn Sie einen Kastendeckel haben, wie den von mir empfohlenen, können Sie nachts die Löcher oben im Stock öffnen. Füllen Sie eine kleine Auflaufform mit Honig oder Sirup und stellen Sie sie darauf. Geben Sie einige Späne hinein, damit die Bienen nicht ertrinken. Sie können auch einen Schwimmer verwenden. Er sollte aus sehr leichtem Holz bestehen, sehr dünn und voller Löcher oder enger Rillen sein, die mit einer Säge gebohrt wurden. Zu Beginn der Fütterung sollten ein paar Tropfen oben auf den Stock gestreut und an den Rand der Form geklebt werden, um den Bienen den Weg zu zeigen. Nach ein paar Fütterungen kennen sie den Weg. Wenn das Wetter warm genug ist, damit sie es nachts zu sich nehmen können, füttern Sie am besten abends. Vier bis acht Unzen Honig täglich sind ausreichend. Wenn die Familie sehr klein ist, kann der Honig, der am Morgen übrig bleibt, andere Bienen anlocken. Dann nehmen Sie ihn am besten heraus oder tragen den Stock im Haus in einen dunklen, ausreichend warmen Raum, füttern die Bienen dort für mehrere Tage und stellen sie dann wieder auf den Ständer. Halten Sie gut Ausschau, dass sie nicht geplündert werden, und lassen Sie sie erneut hungern, bis die Blüten genügend Honig produzieren.

GANZE FAMILIEN KÖNNEN DEN HIVE VERLASSEN.

Wenn Sie die Mittel haben, einen Vorrat an Nahrung anzulegen, und die nötige Zeit, um die Fütterung sicherzustellen, ist es vielleicht nicht ratsam, mit der Fütterung bis zum Äußersten zu warten, da eine kleine Familie den Stock manchmal ganz verlässt, wenn sie mittellos ist, und zwar, wenn dies geschieht, bevor sie viel Brut haben. In diesen Fällen verlassen sie genau als Schwarm; nach einer langen Flugzeit kehren sie entweder zurück oder vereinigen sich mit einem anderen Bestand. Wenn sie zurückkehren, müssen sie sofort behandelt werden. Sie können sicher sein, dass etwas nicht stimmt, wenn das Verlassen stattfindet, wann es kann; im Frühjahr kann es Mangel oder schimmelige Waben sein; zu anderen Zeiten das Vorhandensein von Würmern, kranker Brut usw. Welche Ursache auch immer dafür verantwortlich ist, finden Sie es heraus und wenden Sie das Heilmittel an.

Einwände gegen die allgemeine Fütterung.

Ich kenne die Empfehlung und Praxis einiger Imker , alle Bienen auf einmal im Freien in einem großen Trog zu füttern. Wer mit dieser Methode aber großen Gewinn erzielt, kann sich glücklich schätzen, da alle Tiere in der Nachbarschaft es bald wittern und sich einen guten Anteil davontragen. Fast alle Tiere im Haus werden umkämpft und viele sterben. Sobald der Honig aufgebraucht ist, richten sich ihre Aufmerksamkeit auf andere Tiere. Ein weiterer Einwand gegen diese allgemeine Fütterung besteht darin, dass manche Tiere überhaupt nicht benötigt werden, während andere es brauchen. Die stärksten Tiere bekommen jedoch ziemlich sicher am meisten. Da ich es mir nicht LEISTEN kann, diese Fütterungsmethode mit meinen Nachbarn zu teilen, und ich vermute, dass sich nur wenige finden werden, die dazu bereit sind, möchte ich Ihnen meine Methode mitteilen, die, wenn sie einmal eingerichtet ist, nicht viel Mühe macht.

VORRICHTUNG ZUR FÜTTERUNG.

Ich ließ einen Blechmann einige Schalen herstellen, zwei Zoll tief, 10×12 Zoll im Quadrat und mit senkrechten Seiten. Dann holte ich ein Brett, fünfzehn Zoll breit und zwei Fuß lang; zwei Zoll von einem Ende entfernt schnitt ich ein Loch in der längsten Richtung aus, genau in der Größe der Schale, so dass es genau auf gleicher Höhe mit der Oberseite des Bretts liegt; es sollte gut passen, damit keine Bienen darum herum hineingelangen können; an der Unterseite des Bretts sollten Leisten befestigt werden, einige über einen Zoll dick, um zu verhindern, dass die Schale herausgedrückt wird. Diese soll direkt unter den Bienenstock kommen, ist aber noch nicht fertig, denn wenn eine solche Schale unter einem Bienenstock mit Honig gefüllt wird, würden die Bienen ertrinken; wenn man einen Schwimmer anbringt, um sie draußen zu halten, sinkt dieser auf den Boden, wenn der Honig heraus ist, und die Bienen können nicht so leicht an den Seiten des Blechs hochkriechen. Außerdem hindert nichts die Bienen daran, ihre Waben am Boden dieser Schale zu bauen, zwei Zoll unter dem Boden des Bienenstocks; diese Dinge müssen verhindert werden. Nehmen Sie zwei Stücke Bretter mit einem Durchmesser von einem halben Zoll, zehn Zoll lang, eines mit einer Breite von zwei Zoll, das andere mit einem halben Zoll. Schneiden Sie mit einer groben oder dicken Säge quer über die gesamte Länge Rillen in die Seiten der Streifen, ein Viertel Zoll tief, drei Achtel oder einen halben Zoll voneinander entfernt. Sie benötigen dann eine Anzahl sehr dünner Schindeln oder Streifen, die den gesägten Stellen entsprechen, etwa ein Achtel Zoll dick, ein und drei Viertel Zoll breit und neuneinhalb Zoll lang. Diese sollen hochkant in der Schale stehen; die ersten beiden sollen sie in den Rillen an den Enden halten. An das schmale Stück wird ein Block mit einem Durchmesser von einem halben Zoll im Quadrat benötigt, der an jedes Ende genagelt wird; an die Kante wird dann ein Streifen Drahtgeflecht genagelt, sodass die gesamte Breite gerade einmal zwei Zoll beträgt. Dieser wird nun in die Schale gelegt, das Drahtgeflecht unten, zwei Zoll von einem Ende entfernt; zwei Stifte als Klammern halten ihn dort; der andere breite wird an das andere Ende gelegt und bündig mit der Oberseite der Schale nach unten gedrückt. Die dünnen Stücke werden nun bündig mit der Oberseite in die Kanäle geschoben; jetzt kann der Stock zum Füttern unter den Stock geschoben werden. Lassen Sie den fünf Zentimeter breiten Raum auf der Rückseite des Stocks hervorstehen. Verwenden Sie ein schmales Brett, das etwas mehr als fünf Zentimeter breit ist, um ihn abzudecken. Lassen Sie den Stock dicht auf diesem Brett stehen; das Loch an der Seite reicht den arbeitenden Bienen bis bei sehr heißem Wetter durch. So sehen Sie, dass der Stock alles abdeckt, außer dem Raum dahinter, den das Brett abdeckt, und keine fremde Biene kann an den Honig gelangen, ohne durch das Loch an der Seite einzudringen und zwischen den zum Stock gehörenden Bienen hindurchzugehen, was sie nicht oft tun; wenn die Familie groß ist, ist es so sicher, als würde man von oben füttern; durch diesen Vorteil sind keine Bienen im Weg, die beim Einfüllen des Futters stören könnten. Wenn die Bienen gefüttert werden sollen, heben Sie das Brett an der Rückseite an und gießen Sie den Honig hinein; Das Drahtgewebe am Boden verhindert, dass alle Bienen in diesen Raum gelangen, lässt den Honig gleichzeitig direkt unter die Bienen hindurch, die ihn schneller aufnehmen als von jedem anderen Ort, an dem ich ihn hinstellen kann. Sie arbeiten die ganze Nacht hindurch, selbst wenn das Wetter recht kühl ist. Dieses Brett und der Futterspender können nach der Fütterung herausgenommen und weggeräumt werden, bis sie wieder gebraucht werden. Wenn sie den Sommer über darunter bleiben, bieten sie den Würmern einen recht bequemen Platz zum Spinnen ihrer Kokons, wo sie nicht so leicht zerstört werden.

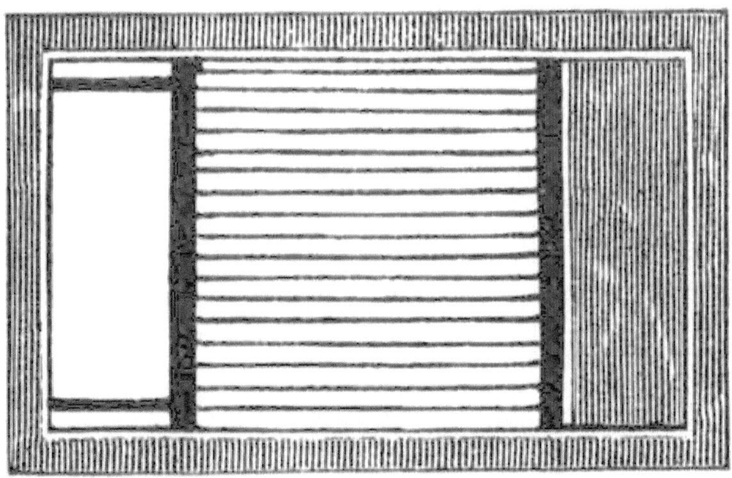

FÜTTERUNG, UM FRÜHE SCHWÄRME AUSZULÖSEN.

Wenn das Ziel der Fütterung darin besteht, frühe Schwärme zu erzeugen, sollten natürlich die besten Bestände für diesen Zweck ausgewählt werden; es ist jedoch etwas Vorsicht geboten, um nicht zu viel zu geben und die Waben mit Honig zu füllen, der mit Brut gefüllt sein sollte, und dadurch Ihr Ziel zunichte zu machen; ein Pfund pro Tag ist genug, vielleicht zu viel. Die Menge, die aus Blumen gewonnen wird, ist ein teilweiser Anhaltspunkt; wenn viel vorhanden ist, füttern Sie weniger; wenn wenig vorhanden ist, mehr. Beginnen Sie, sobald Sie sie im Frühling dazu bringen können, es aufzunehmen, und fahren Sie je nach Wetter fort, bis der Weißklee blüht oder Schwärme schlüpfen. Ein weiteres Ziel der Bienenfütterung in dieser Zeit besteht darin, die Vorratswaben alle mit minderwertigem Honig zu füllen, so dass, wenn Klee erscheint (der unseren besten Honig liefert), kein Platz außer in den Kästen ist, um ihn aufzubewahren, die jetzt aufgestellt und schnell gefüllt werden. Wenn nur dieses letzte Ziel gewünscht wird, ist es nicht so wichtig, wie viel auf einmal gegeben wird, vorausgesetzt, es wird alles während der Nacht aufgenommen; dann wird es bei Tageslicht keine Zeit in Anspruch nehmen, wenn sie an Blumen arbeiten könnten; außerdem hätten die Bienen keine Probleme damit, jeden Versuch anderer abzuwehren, an das Bienenvolk heranzukommen.

WAS VERFÜTTERT WERDEN DARF.

Zu diesem Zweck kann minderwertiger Honig verwendet werden. Südlicher oder westindischer Honig ist gut und kostet wenig. Sogar mit Melassezucker vermischtes Honig ist geeignet, aber ohne Honig schmeckt es den Tieren nicht so gut. Ich habe normalerweise ungefähr gleiche Mengen von beiden genommen, indem ich zehn Pfund dieser Mischung einen halben Liter Wasser hinzufügte, es so heiß machte, wie es aushielt, ohne überzukochen, und es dann abgeschöpft.

IST KANDIERTER HONIG SCHÄDLICH?

Es wurde die Meinung vertreten, dass kandierter Honig für Bienen schädlich, ja sogar tödlich sei. Ich konnte nie etwas anderes herausfinden, als dass er in diesem Zustand eine völlige Verschwendung war. Wenn er gekocht und mit etwas Wasser versetzt wird, scheint er genauso gut zu sein wie jeder andere. Fast jeder Bestand hat zu dieser Jahreszeit mehr oder weniger davon vorrätig; aber wenn warmes Wetter naht und die Bienen mehr werden, um den Stock zu wärmen, scheint er sich allein aus diesem Grund zu verflüssigen . Wenn die Bienen gezwungen sind, Honig aus diesen so kandierten Zellen zu verwenden, verschwenden sie einen großen Teil; ein Teil ist flüssig und der

Rest ist körnig wie Zucker, was man auf dem Bodenbrett sehen kann, da die Bienen es sehr oft herausarbeiten. Ein weiterer Zweck der Bienenfütterung besteht darin, den Bienen minderwertigen Honig zu geben, der mit Zucker vermischt und nach Geschmack gewürzt ist, und sie ihn in Kisten für den Verkauf lagern zu lassen. Nun glaube ich nicht daran, dass Honig im Magen der Biene irgendeine chemische Veränderung erfährt, [14] und kann dies nicht als ehrlichen Weg empfehlen. Ich glaube auch nicht, dass es unter irgendwelchen Umständen sehr profitabel wäre, in diesem Ausmaß zu füttern. Ich hatte ein paar Mal am Ende der Honigsaison einige Kisten fast leer und marktfähig; ein wenig mehr Honig würde sie reagieren lassen. Ich habe dann ein paar Pfund guten Honigs gefüttert, aber immer festgestellt, dass man den Bienen mehrere Pfund geben musste, um eine in die Kisten zu bekommen.

KAPITEL X.

ZERSTÖRUNG VON WÜRMERN.

Ich werde in diesem Kapitel nicht die ganze Geschichte der Motte erzählen, da sie im Frühling nicht die zerstörerischste Zeit ist. Sie wird unter der Überschrift Feinde der Bienen genauer beschrieben. Da dies aber eine Aufgabe ist, die dem Frühling obliegt, scheint eine unvollständige Geschichte notwendig.

Sobald die Bienen mit ihrer Arbeit beginnen, sind die Würmer im Allgemeinen bereit, mit ihren zu beginnen.

EINIGE DER BESTEN AKTIEN.

Sie werden wahrscheinlich welche in Ihren besten Vorräten finden. Aber haben Sie keine Angst. Dies ist nicht die Jahreszeit, in der sie Ihre Vorräte oft zerstören, aber dennoch fügen sie ihnen manchmal Schaden zu.

WIE GEFUNDEN.

Heben Sie am Morgen, wenn es kühl ist, den Stock an, und Sie werden sie auf dem Brett finden. Sie dürfen nicht annehmen, dass diese Kerle außerhalb des Stocks gezüchtet wurden, sich entwickelt haben und jetzt auf dem Weg zu den Bienen sind, sondern umgekehrt. Sie wurden *im Stock gezüchtet*, und die meisten von ihnen sind auf dem Weg nach draußen, und dies ist genau der richtige Zeitpunkt, um sie festzunehmen und sie für ihre Verbrechen vor Gericht zu bringen.

EIN WERKZEUG FÜR IHRE ZERSTÖRUNG.

Ich habe ein einfaches Werkzeug verwendet, das in wenigen Minuten hergestellt werden kann und in dieser Angelegenheit sehr praktisch ist. Jeder kann es herstellen. Nehmen Sie ein Stück schmales Reifeisen (Stahl wäre besser), dreiviertel Zoll breit und fünf Zoll lang; verjüngen Sie es von einer Seite drei Zoll vom Ende zu einer Spitze; schleifen Sie dann jede Kante scharf; bohren Sie drei oder vier Löcher durch das breite Ende, um kleine Nägel durch den Griff zu führen, der etwa zwei Fuß lang und etwa einen halben Zoll im Quadrat sein sollte. Mit dieser Waffe bewaffnet können Sie fortfahren. Heben Sie den Bienenstock auf einer Kante an, und mit der Spitze Ihres Schwertes können Sie einen Wurm aus der nächsten Ecke holen und damit leicht alles unter dem Bienenstock hervorkratzen. Jetzt *stellen Sie sicher, dass Sie jeden einzelnen töten*; nicht, dass das „kleine Opfer" selbst persönlich viel Schaden anrichten wird; aber durch seine Nachkommen ist der Schaden zu befürchten. Sehr wahrscheinlich hat die Hälfte aller, die Sie finden, ihre Zerstörungswurmarbeit unter den Waben beendet und sie freiwillig verlassen, um einen Ort zu finden, an dem sie ihre Kokons spinnen können. Wenn es viele Bienen gibt, werden sie von ihnen beunruhigt, bis sie überzeugt sind, dass es kein sicherer Ort unter ihnen ist, um ein Leichentuch zu bauen, und zwei oder drei Wochen hilflos bleiben. Wenn sie also groß genug sind, verlassen sie den Stock, setzen sich auf das Brett am Boden, sind am Morgen unterkühlt und hilflos, aber zur Tagesmitte wieder aktiv. Wenn sie nun einfach auf die Erde geworfen werden, wird dort ein Ort zur Verwandlung ausgewählt, wenn kein besserer gefunden wird; und eine Motte, die sich drei Meter vom Stock entfernt entwickelt hat, ist genauso in der Lage, fünfhundert Eier in Ihrem Stock abzulegen, als hätte sie ihn nie verlassen.

Im Laufe eines Sommers werden mehrere Generationen herangereift. Wird also eine Generation zu dieser Jahreszeit vernichtet, kann dies dazu führen, dass noch vor Ende des Sommers Tausende von Menschen überleben.

Dies ist ein weiteres Thema theoretischer Argumentation und Zumutung (zumindest meiner Meinung nach). Ich möchte, dass der Leser selbst urteilt, sich von Launen und Vorurteilen befreit und das Thema offen und unvoreingenommen betrachtet. Und wenn es keine bestätigenden Zeugenaussagen gibt, die eine meiner Positionen bestätigen, werde ich mich nicht beschweren, wenn meine Behauptungen nicht besser abschneiden als andere. Behalten Sie Ihr Urteil einfach zurück, bis Sie es selbst *wissen* .

Bienen haben immer meine besondere Hochachtung und Aufmerksamkeit erfahren, und meine Begeisterung kann mein Urteilsvermögen trüben. Ich kann voreingenommen sein, aber ich werde nicht absichtlich falsch liegen. Ich habe festgestellt, dass so viele Theorien in der Praxis völlig falsch sind, dass ich mich auf keine Hypothese verlassen kann, wie plausibel sie auch sein mag, wenn sie nicht durch praktische Fakten gestützt wird. Niemand sollte ohne Prüfung uneingeschränkten Glauben schenken. Um auf unser Thema zurückzukommen.

FALSCHE SCHLUSSFOLGERUNGEN.

Viele gehen davon aus, dass diese Würmer, wenn sie auf dem Brett gefunden werden, zufällig dorthin gelangen, weil sie von den Waben oben heruntergefallen sind. Sie scheinen nicht zu verstehen, dass der Wurm im Allgemeinen auf sicheren Wegen wandert; das heißt, er befestigt einen Faden an allem, worüber er wandert. Um mich in diesem Punkt zu überzeugen, habe ich oft vorsichtig seinen Halt gelöst, wenn er sich an der Seite des Stocks oder an einer anderen Stelle befand, wo er ein paar Zentimeter heruntergefallen wäre, und habe ihn immer mit einem Faden an der Stelle gefunden, an der er ihn verlassen hatte, damit er seine Position wieder einnehmen konnte, wenn er wollte. Ist es dann nicht wahrscheinlich, dass er, wenn er die Waben verlässt und auf das Bodenbrett gelangt, leicht wieder aufsteigen kann? Zweifellos tut er das oft, um von den Bienen wieder nach unten getrieben zu werden. Was ich mit dieser Einleitung sagen möchte, ist einfach Folgendes: All unsere Mühe und Sorge, die Würmer daran zu hindern, wieder in die Waben zu gelangen – mit Drahthaken, Drahtstiften, Schrauben, Nägeln, gedrechselten Stiften, Muschelschalen, Holzklötzen usw. – ist völliger Unsinn, wenn die Hälfte oder mehr von ihnen den Bienen keinen Schaden mehr zufügen würden, wenn sie es täten, und sie genauso gut dorthin wie irgendwo anders hingehen könnten. Außerdem sind diese nutzlosen „ Fixierungen " sehr oft eine echte Schädigung für die Bienen.

EINSPRÜCHE GEGEN DIE HÄNGENDE BODENPLATTE.

Nehmen Sie bitte an, dass der Wurm oben keinen Faden hat und Ihr Brett weit genug vom Boden des Stocks entfernt ist, um ihn daran zu hindern, ihn zu erreichen. Natürlich kann er nicht hochkommen; aber wie sollen Ihre Bienen es besser machen? Der Wurm kann so hoch fliegen, wie er kann. Die Biene kann hochfliegen, denken Sie; das wird sie auch manchmal tun; aber sie wird zuerst ein Dutzend Mal versuchen, ohne hochzukommen, und wenn sie es schafft, ist dies ein sehr schlechter Ausgangspunkt , da es sich um ein glattes Brett handelt. Bei heißem Wetter kommt sie besser zurecht. Haben Sie jemals im April oder Mai gegen Abend, wenn es ein wenig kühl war, bei einem so aufgerichteten Stock beobachtet, wie die fleißigen kleinen Insekten mit einer so schweren Last ankamen, wie sie nur tragen konnten, ganz unterkühlt und fast außer Atem, kaum in der Lage, nach Hause zu gelangen, und dort ihre vergeblichen Versuche miterlebt, zu ihren Artgenossen über ihnen zu gelangen? Wenn Sie das noch nie miterlebt haben, würde ich mir wünschen, Sie würden sich etwas Mühe geben, und wenn Sie sehen, dass sie verzweifelt aufgeben, weil es ihnen zu kalt zum Fliegen ist, und nach vielen vergeblichen Versuchen, zu überleben, umkommen, dann denke ich, dass Sie, wenn Sie Mitgefühl, Güte oder sogar Selbstsucht besitzen, dazu bewegt werden, es mir gleichzutun: Entfernen Sie im Frühjahr sofort Drahthaken und alles andere unter dem Stock und geben Sie den Bienen, wenn sie unter solchen Umständen mit einer Ladung nach Hause kommen, das, was sie mehr als verdienen, nämlich *Schutz* .

VORTEIL DES HIVE NAHE DEM BRETT.

Ein Zoll großes Loch in der Seite des Stocks, einige Zoll vom Boden entfernt, ist als Durchgang für die Bienen erforderlich, da ich empfehlen werde, den Stock dicht an das Brett zu halten. Dies ist wegen der Gefahr des Raubs unerlässlich. Außerdem muss die Wärme der Tiere in den meisten Stöcken während der Saison, in der die Bienen mit der Aufzucht junger Brut beschäftigt sind, so weit wie möglich eingedämmt werden. Wärme ist zum Ausbrüten der Eier und zur Entwicklung der Larven erforderlich . Wir alle wissen, dass bei einem dicht anliegenden Stock weniger Wärme entweicht, als wenn er einen Zoll höher steht.

EINSPRUCH BEANTWORTET.

Sie wenden dagegen ein und sagen mir, „die Würmer geraten zwischen den Boden des Stocks und das Brett". Nun, ich denke, das werden sie, und was dann? Ich gehe davon aus, dass Sie sie, wenn Sie Erfolg haben wollen, herausholen und ihre Köpfe zerquetschen werden; wenn Sie nicht so viel Aufmerksamkeit aufbringen können, behalten Sie sie besser nicht oder überlassen Sie sie jemandem , der das kann. Ich bin genauso bereit, einen Wurm unter dem Rand des Stocks zu finden und ihn zu töten, wie ihn an einen Ort außerhalb des Sichtfelds kriechen zu lassen und ihn in eine Motte zu verwandeln. Ich habe einmal den Boden meiner Stöcke bis auf einen dünnen Rand abgeschnitten, damit sie diesen Platz für ihre Kokons nicht hatten, aber jetzt ziehe ich es vor, sie quadratisch zu haben. Mit etwas wird selten *wirklicher Gewinn* erzielt. Wenn Sie ein Feld mit Mais bepflanzen, erwarten Sie nicht, dass die ganze Arbeit für die Ernte erledigt ist. Ebenso wenig sollten Sie erwarten, dass Sie beim Anlegen eines Bienenstocks einen vollen Ertrag ohne etwas anderes erzielen. Wenn Sie dafür entlohnt werden, dass Sie Ihr Getreide von Unkraut befreien, können Sie sicher sein, dass es ebenso profitabel ist, Ihre Bienen auszumerzen.

Unzulänglichkeit der geneigten Bodenplatte.

Lassen Sie sich in dieser Angelegenheit nicht täuschen und lassen Sie sich nicht durch Trägheit dazu verleiten, sich Bienenstöcke mit absenkbaren Bodenbrettern zu besorgen, um die Würmer herauszuwerfen, wenn sie fallen, und hoffen Sie, auf diese Weise das Problem loszuwerden (ich habe in einem anderen Kapitel bereits Zweifel daran geäußert). Aber nehmen wir *jetzt* an, dass solche absenkbaren Bodenbretter in der Lage sind, jeden Wurm, der sie berührt, „kopfüber" auf den Boden zu werfen. Was haben wir gewonnen? Sein Hals ist nicht gebrochen, noch irgendein anderer *Knochen* seines Körpers! Als ob nichts Außergewöhnliches geschehen wäre, sammelt er sich ruhig und sucht nach einem gemütlichen Quartier; er kümmert sich jetzt nicht im Geringsten um den Bienenstock; er hat sich satt an den Waben gefressen, bevor er sie verließ, und ist sowieso froh, von den Bienen wegzukommen . Ein Platz, der groß genug für einen Kokon ist, ist leicht zu finden, und wenn er wieder Lust hat, die Bienenstöcke zu besuchen, dann nicht, um seine eigenen Bedürfnisse zu befriedigen, sondern um seine Nachkommen unterzubringen; Er ist dann mit Flügeln ausgestattet, die groß genug sind, um ihn auf jede beliebige Höhe zu tragen, in der Sie Ihre Bienen platzieren möchten.

EINE MOTTE KANN DORT HIN, WO BIENEN HIN KÖNNEN.

Ein Bienenstock, der gegen die Motte resistent ist, muss erst noch gebaut werden. Wir hören oft davon, aber wenn sie getestet werden, kommen diese

Würmer irgendwie dorthin, wo die Bienen sind. Wenn Ihre Bienenstöcke so voll mit Bienen sind, dass sie an einem kühlen Morgen das Brett bedecken, werden die Würmer dort selten zu finden sein, außer unter dem Rand des Bienenstocks.

Falle zum Fangen von Würmern.

Sie können die Falle jetzt anheben, aber Sie können die Würmer trotzdem fangen, indem Sie unter die Bienen einen schmalen Kies, einen der Länge nach halbierten Holunderstock und das ausgekratzte Mark legen oder irgendetwas anderes, das ihnen Schutz vor den Bienen bietet und wo sie ihre Kokons spinnen können. Diese Dinge sollten alle paar Tage entfernt werden, die Würmer sollten vernichtet und die Falle wieder aufgestellt werden. Vernachlässigen Sie sie nicht, bis sie sich in Motten verwandeln und Sie nichts anderes mehr tun müssen, als den leeren Kokon zu entfernen.

BOX FÜR WREN.

Wenn Sie sich die Mühe machen würden, einen oder zwei Käfige aufzustellen, in denen der Zaunkönig nisten kann, wäre er Ihnen in diesem Bereich Ihrer Arbeit eine wertvolle Hilfe. Er würde in Ihrer Abwesenheit Ausschau halten, und viele Würmer, die in einer Ecke nach einem Versteck suchen, wären von allen weiteren Problemen befreit, wenn sie in seinem Kropf abgelegt würden. Der Käfig für ihn braucht nicht größer als vier Quadratzoll zu sein; er kann so nah wie möglich an den Bienen befestigt werden, an einem Pfosten, Baum oder an der Seite eines Gebäudes, das ein paar Fuß hoch ist. Ich habe gesehen, wie der Schädel eines Tieres (Pferd oder Ochse) verwendet wurde, und er ist für sie sehr praktisch, da die Höhle für das Gehirn als Nest verwendet wird. Jemand sagte mir einmal, der Zaunkönig würde in einem Käfig, den er aufgestellt hatte, nicht bauen. Bei der Untersuchung stellte sich heraus, dass der Pfahl, der ihn stützte, in den einzigen Eingang getrieben war. Ich erwähne dies, um zu zeigen, wie wenig manche Leute verstehen, was sie tun. Manchmal reicht es aus zu wissen, warum etwas getan werden muss, um zu wissen, dass es getan werden *muss* . Ich könnte Ihnen viele Dinge erklären, aber dann möchten Sie wissen, *warum* und *wie* man es macht. Wenn diese Weitschweifigkeit für Sie unnötig ist, braucht sie vielleicht jemand anderes. Sie müssen bedenken, dass ich versuche, einigen wenigen, die nicht über zu viel Einfallsreichtum verfügen, das Halten von Bienen beizubringen.

KAPITEL XI.

Auf- und Ablegen von Kartons.

Das Anbringen von Kästen kann als Zwischenmaßnahme zwischen Frühjahrs- und Sommerbewirtschaftung betrachtet werden. Ich kann nicht empfehlen, sie unter normalen Umständen bereits Ende April oder Anfang Mai anzubringen. Es kann Fälle geben, in denen es besser wäre. Aber bevor der Stock voll mit Bienen ist, ist es im Allgemeinen nutzlos und höchstwahrscheinlich von Nachteil, da dadurch ein Teil der tierischen Wärme entweicht, die im Stock benötigt wird, um die Brut heranreifen zu lassen. Außerdem kann sich Feuchtigkeit ansammeln, bis das Innere schimmelt usw. Es sind etwas Erfahrung und Urteilsvermögen erforderlich, um zu wissen, wann ungefähr Kästen benötigt werden. Ich denke, ich brauche heutzutage niemanden mehr zu überzeugen, dass Kästen zur richtigen Jahreszeit *benötigt werden* . Imker haben die barbarische Praxis, Bienen zu töten, um an Honig zu kommen, im Allgemeinen aufgegeben. Viele von ihnen haben gelernt, dass ein guter Schwarm genügend Honig für den Winter lagert und nebenbei mehrere Dollar Gewinn in den Kästen macht.

VORTEIL DES PATENTVERKÄUFERS.

Hier hat der Patentverkäufer unsere Unwissenheit ausgenutzt, indem er vorgab, kein anderer Bienenstock außer *seinem hätte jemals solche Mengen oder eine so reine Qualität erreicht* .

ZEIT DES ANLEGENS – REGEL.

Wahrscheinlich werden sehr viele Leser die nötige Beobachtungsgabe benötigen, um genau zu sagen, wann der Stock voller Honig ist; er kann voller Bienen sein, aber nicht voller Honig. Und doch ist die einzige Regel, die ich allgemein anwenden kann, die, wenn die Bienen anfangen, sich zu verdrängen, aber ein oder zwei Tage vorher wäre genau der richtige Zeitpunkt, das heißt, wenn sie Honig bekommen (denn man sollte bedenken, dass sie nicht immer Honig bekommen, wenn sie anfangen, sich zu verdrängen). Diese Anleitung ersetzt eine bessere, die nur durch genaue Beobachtung und Erfahrung geliefert werden kann. Bei aufmerksamer Beobachtung eines Glasstocks ist es in den Zellen, die das Glas am Rand der Waben berühren, ganz offensichtlich, dass die Blumen ihn genau dann liefern und auch andere Bestände ihn bekommen, wenn hier reichlich Honig abgelagert wird. Jetzt ist es an der Zeit, die Kisten aufzusetzen, falls sich welche verdrängen. Wenn die Kisten so gebaut sind, wie ich sie empfohlen habe, das heißt in der Größe von 360 Zoll, ist es ratsam, zunächst nur eine aufzusetzen; Wenn dieser entweder mit Bienen oder Honig voll ist und sich die Bienen draußen dennoch drängen, kann der andere hinzugefügt werden. Dies geschieht vor dem Schwärmen. Zu viel Platz kann das Schwärmen um einige Tage verzögern, aber wenn es draußen drängelt, deutet dies auf Platzmangel hin und die Kästen können kaum einen Unterschied machen. Es ist besser, einen Kasten gut gefüllt zu haben als zwei halb volle, was der Fall sein könnte, wenn es nicht viele Bienen gäbe. Der Zweck des Aufstellens von Kästen vor dem Schwärmen besteht darin, einen Teil der Bienen zu beschäftigen, die sonst zwei oder drei Wochen lang untätig draußen herumlungern würden, wie sie es oft tun, während die jungen Königinnen auf das Schwärmen vorbereitet werden. Wenn aber alle Bienen gewinnbringend im Inneren des Stocks beschäftigt werden können, ist mehr Platz unnötig.

LÖCHER MACHEN, NACHDEM DER BIENENSTOCK VOLL IST.

Wenn Sie Kästen auf einen Bienenstock aufstellen müssen, der oben keine Löcher hat, müssen Sie trotzdem ein paar Pfund des reinsten Honigs erhalten, den es gibt, und Sie können auch einen Teil der Bienen untätig herumlaufen lassen. Ich versuche immer, herauszufinden, in welche Richtung die Wabenblätter verlaufen, und markiere dann die Lochreihe oben im rechten Winkel dazu.

VORTEIL DER RICHTIGEN ANORDNUNG.

Zwei Zoll sind ungefähr der richtige Abstand, und jede Biene wird so angebracht, dass eine Biene, die oben im Stock zwischen zwei beliebigen Blättern ankommt, einen Durchgang in die Kiste finden kann, ohne lange danach suchen zu müssen. Ich kann mir vorstellen, dass dies der Fall ist, wenn nur ein Loch für einen Durchgang gemacht wird oder wenn die Reihe der Löcher parallel zu den Waben verläuft. Ein Stock kann acht oder zehn Wabenblätter enthalten, und eine Biene, die in die Kiste gelangen möchte, könnte viele Male zwischen zwei beliebigen Blättern hin- und herfliegen, bevor sie den Durchgang findet. Es wurde behauptet, dass jede Biene schnell alle Durchgänge und Stellen im Stock lernt und folglich den direkten Weg zur Kiste kennt. Das mag wahr sein, aber wenn wir bedenken, dass im Stock alles vollkommen dunkel ist – dass dieser Weg nur durch den Sinn des Fühlens gefunden werden muss – dass dieser Sinn ihr Führer auf all ihren zukünftigen Reisen sein muss – dass vielleicht jede Woche ein oder zweitausend junge Arbeiterinnen hinzukommen und diese auf die gleiche Weise lernen müssen –, dann scheint es, dass wir ihnen, wenn wir unser eigenes Interesse verfolgten, so viel Leichtigkeit wie möglich geben würden, um in die Kisten zu gelangen. Welcher Weg ist für sie so einfach, als wenn sie oben angekommen einen Durchgang zwischen den Waben haben? Dass Bienen nicht alle Wege im Stock kennen, kann man teilweise beweisen, wenn man die Tür eines Glasstocks öffnet. Die meisten Bienen, die den Stock verlassen, scheinen den Weg nicht zu kennen, anstatt nach unten zu gehen, um hinauszukommen, wo sie schon oft abgehauen sind, sondern versuchen vergeblich, durch das Glas hinauszukommen, wenn Licht hereinkommt.

Ich bin davon so überzeugt, dass ich mir einige Mühe gebe, ihnen zwischen den Waben einen Durchgang zu ermöglichen. Dann verlieren sie wenigstens keine Zeit durch Fehler zwischen den falschen Waben, sondern drängen und drängeln sich ihren Weg zurück durch eine dichte Masse von Bienen, die jeden Schritt behindern, bis sie wieder oben sind, vielleicht zwischen denselben Waben, vielleicht rechts, vielleicht weiter weg als zuerst. Dann, so nehme ich an, versuchen sie es noch einmal, denn unter genau solchen Umständen werden die Kisten manchmal gefüllt.

Um ihnen so viel wie möglich zu helfen, warte ich, wenn neue Bienenstöcke für Schwärme verwendet werden, bis der Stock fast gefüllt ist, bevor ich die Löcher bohre, um die Richtung der Waben festzustellen. Wir alle wissen, dass es ungewiss ist, in welche Richtung die Waben gebaut werden, wenn der Schwarm hineingesetzt wird, es sei denn, es werden Führungswaben verwendet. [15] Wenn die Löcher gebohrt werden, bevor die Bienen hineingesetzt werden, sollten Führungswaben gemäß den Anweisungen für Kästen eingesetzt werden (natürlich sollten sie die Lochreihe im rechten Winkel kreuzen).

ANWEISUNGEN ZUM BOHREN VON LÖCHERN IN VOLLE LAGER.

Um nach dem Bau der Waben Löcher in die Oberseite zu bohren , markieren Sie die Oberseite wie zum Bau von Bienenstöcken und Kästen angegeben. Ein Zentrierbohrer oder ein Bohrer mit einer Lippe oder einem Widerhaken ist am besten geeignet, da dieser etwas schneller schneidet, als der Span herausgenommen wird, und ihn glatt hinterlässt. Wenn er fast durch ist, kann ein spitzes Messer den Rest des Spans losschneiden und herausnehmen. Wenn er zwischen den Waben ist, ist es gut; wenn er direkt über der Mitte einer Wabe ist, ist es etwas besser. Nehmen Sie mit dem Messer ein Stück so groß wie eine Walnuss heraus. Selbst wenn Honig darin ist, wird kein Schaden angerichtet. Die Bienen haben dann von beiden Seiten der Wabe einen Durchgang.

Nachdem Sie ein Loch geöffnet haben, werden die Bienen höchstwahrscheinlich sehen wollen, was über ihnen vor sich geht, und hinausgehen, um die Lage zu erkunden . Um ihre Einmischung zu verhindern, verwenden Sie etwas Tabakrauch und treiben Sie sie nach unten, bis Ihr Loch fertig ist. Legen Sie nun einen kleinen Stein oder Holzblock darüber und machen Sie die anderen auf die gleiche Weise. Wenn alle fertig sind, blasen Sie etwas Rauch hinein, während Sie sie freilegen, und setzen Sie

Ihre Kiste auf. Dieser Vorgang ist nicht halb so gewaltig, wie er scheint; ich habe auf diese Weise Hunderte gebohrt. Sie werden sich erinnern, dass meine Stöcke nicht so hoch sind, wie viele andere sie halten, sie stehen an einer ungefähr so bequemen Stelle, wie ich sie bekommen kann. Diese Methode erspart mir die Mühe, die Führungswaben in meine Stöcke zu stecken; auch die Notwendigkeit, die Löcher abzudecken oder zu verschließen. Dr. Bevan und einige andere haben einen Querstangenstock gebaut, anstatt auf die übliche Weise einen Deckel aufzunageln; ein halbes Zoll dickes Brett der richtigen Länge wird in Streifen geschnitten, einige über einen Zoll breit und einen halben Zoll voneinander entfernt, über den Deckel. Es ist klar, dass eine Biene in einem solchen Stock ohne Schwierigkeiten in die Kiste gelangen kann, wenn sie oben ankommt. Ich werde hier den Einwand gegen zu viel Platz zum Betreten der Kisten wiederholen, damit Sie die Nachteile der Extreme von zu wenig und zu viel Platz erkennen. In diesen Querstangenbeuten steigt die Wärme der Tiere vom Hauptstock in die Kiste auf und macht es dort so warm wie unten; die Königin geht mit den Bienen nach oben und legt ihre Eier ab, da sie es warm und zum Brüten geeignet findet; und dort findet man sowohl junge Brut als auch Honig. Wenn wir meinen, dass die Kiste voll ist, ist es unerlässlich, sie, wenn sie abgenommen wurde, wieder zurückzugeben, bis die Bienen schlüpfen (sonst verderben sie sie durch Schimmelbildung) , wodurch die Waben dunkel, zäh usw. werden. Ein weiterer Einwand gegen solche offenen Oberseiten ist, dass Kisten mit offenem Boden verwendet werden müssen, die für den Markt nicht halb so sauber sind.

Nach dem Befüllen abnehmen.

Dieser Vorteil ist bei Glaskästen gegeben: Während des Füllens kann der Fortschritt beobachtet werden, bis die Kästen fertig sind. Dann sollten sie abgenommen werden, um die Reinheit der Waben zu bewahren. Jeder Tag, an dem die Bienen über sie laufen dürfen, macht sie dunkler. Wenn unsere Bienen also lange damit beschäftigt sind, einen Kasten zu füllen, ist er nicht so rein weiß wie bei zügigem Füllen.

ZEIT, DIE ZUM FÜLLEN EINER KISTE BENÖTIGT WIRD.

Zwei Wochen ist die kürzeste Zeit, die ich je zum Füllen und Fertigstellen von Bienenstöcken gebraucht habe. Dies hängt natürlich von der Honigausbeute und der Größe des Schwarms ab; normalerweise werden hierfür drei oder vier Wochen benötigt. Ich habe bereits erwähnt, dass die erste Honigausbeute in dieser Gegend fast ausbleibt, normalerweise um den 20. Juli herum; je nach Jahreszeit gibt es einige Abweichungen, früher oder später. An anderen Orten kann es viel später sein.

WANN SOLLTEN TEILVOLLE KARTONS ABGENOMMEN WERDEN?

Dies lässt sich feststellen, indem Sie gelegentlich den Deckel Ihrer Glaskästen anheben. Wenn keine weiteren Kästen hinzugefügt werden, sollten alle Kästen, die den Aufwand wert sind, entfernt werden. Wenn man sie länger stehen lässt, wird die Wabe dunkler, und die Honigzellen, die nicht verschlossen sind (und das sind manchmal die meisten), ziehen sich die Bienen normalerweise in den Stock zurück.

TABAKRAUCH WIRD DEM DIA VORZUNEHMEN.

Wenn die Kisten abgenommen werden müssen und man die Löcher mit einer Folie aus Blech, Zink usw. verschließt, besteht die Gefahr, dass einige Bienen zerquetscht werden, andere verlieren Kopf, Beine oder Hinterleib und alle sind mehrere Tage lang gereizt. Ein wenig Tabakrauch ist vorzuziehen, da er alle beruhigt. Heben Sie die abzunehmende Kiste einfach so weit an, dass etwas Rauch darunter aufgeblasen wird, und die Bienen werden die Umgebung der Löcher sofort verlassen. Die Kiste kann dann abgenommen und bei Bedarf durch eine andere ersetzt werden, ohne dass sie im Geringsten verärgert werden.

Vorgehensweise zur Entsorgung der Bienen in den Kästen.

Wecken Sie die Bienen, indem Sie vier oder fünf Mal leicht auf die Kiste schlagen. Wenn alle Zellen aufgebraucht sind und noch Honig gewonnen wird, drehen Sie die Kiste in der Nähe des Stocks, aus dem sie entnommen wurde, um, damit die Bienen hineinfliegen können. Auf diese Weise können Sie mehrere junge Bienen retten, die den Stock noch nie verlassen und die Stelle markiert haben, und einige andere, die zu schwach zum Fliegen sind, aber den anderen in den Stock folgen werden. (Diese gehen verloren, wenn wir sie über eine Distanz tragen müssen.) Die Kisten können entweder morgens oder abends abgenommen werden. Wenn sie morgens abgenommen werden, können sie mehrere Stunden stehen bleiben, wenn die Sonne nicht zu heiß ist. Lassen Sie sie jedoch auf keinen Fall mitten am Tag in der Sonne stehen, da die Waben schmelzen. Die Bienen fliegen manchmal alle innerhalb einer Stunde, manchmal sind sie nicht innerhalb von drei Stunden draußen. Sie können abends abgenommen werden und bei schönem Wetter bis zum Morgen stehen bleiben. Wenn es nicht zu kühl ist, sind sie normalerweise alle draußen. Es besteht jedoch ein gewisses Risiko, dass die Motte sie findet und ihre Eier ablegt. Vielleicht kann eine von fünfzig auf diese Weise gefunden werden.

BIENEN NEIGEN DAZU, HONIG WEGZUTRAGEN.

Wenn die Kästen am Ende der Honigsaison abgenommen werden, muss eine andere Methode angewendet werden, um die Bienen loszuwerden, sonst verlieren wir unseren Honig. Wenn die Waben nicht alle aufgebraucht sind, verlieren wir so oder so etwas, da die meisten Bienen sich selbst füllen, bevor sie wegfliegen; sie tragen ihn nach Hause und kehren sofort zurück, um mehr zu holen, und nehmen alles mit, wenn man sie nicht daran hindert. Es wird empfohlen, die Kästen in einen dunklen Raum mit einer kleinen Öffnung zu bringen, um die Bienen herauszulassen; im Laufe des Tages fliegen sie manchmal alle weg; aber ich habe diese Methode als unsicher empfunden, da sie manchmal den Weg zurück finden. Wenn eine große Anzahl Kisten zu handhaben ist, ist es schneller, eine große Kiste mit dichten Fugen oder ein leeres Oxhoft oder ein paar Fässer mit einem offenen Deckel an einem geeigneten Ort aufzustellen; die Kisten übereinander hineinzustellen, aber nicht so, dass die Löcher verstopft werden; darüber ein gleich dickes Laken zu werfen, am besten ein dünnes, da es mehr Licht durchlässt. Die Bienen werden die Kästen verlassen, nach oben kriechen und auf das Laken gelangen; Nehmen Sie es ab und drehen Sie es ein paar Mal um. Auf diese Weise kann alles entfernt werden, ohne dass viel Honig mitgenommen wird. Alle, die den Weg kennen, kehren zum Stock zurück, aber einige Junge gehen verloren.

NICHT ZUM STICH NEIGT.

Während dieses Teils des Vorgangs stechen sie nur selten, selbst wenn die Kiste ohne Tabakrauch abgenommen und vom Stock weggetragen wird. Nach kurzer Zeit verlieren die Bienen, die sich nicht zu Hause aufhalten, jegliche Feindseligkeit.

Wenn Honig knapp wird, wird weniger Brut gezüchtet; viele Zellen, die sie besetzten, sind bald leer; außerdem wurden mehrere Zellen, die Honig enthielten, geleert und verwendet, um den Teil der Brut heranreifen zu lassen, der gerade zum Zeitpunkt des Honigmangels begonnen hatte. Wir können jetzt verstehen, oder glauben es zumindest zu verstehen, warum unsere besten, sehr schweren Bestände, die noch vor wenigen Tagen aus Platzgründen in Kisten gelagert wurden, jetzt nach Honig dürsten, um ihn im Stock zu lagern; denn es gibt reichlich Platz für mehrere Pfund. Sie werden den Inhalt jeder frei gelassenen Kiste schnell in den Stock bringen oder sogar ihr Leben riskieren, indem sie in einen benachbarten Stock gehen, um ihn zu holen, nachdem sie unter solchen Umständen einen Anfang machen durften.

REGEL.

Während der Honigernte sollten Sie die Kästen so schnell entfernen, wie sie gefüllt sind, und leere Kästen einsetzen. Am Ende der Saison sollten Sie alle Kästen entfernen. Nicht ein einziger von hundert Bienenvölkern, die in Kästen gearbeitet haben, wird verhungern, das heißt, wenn der Bienenstock die richtige Größe hat und voll ist, bevor die Kästen eingesetzt werden, es sei denn, er wird ausgeraubt oder es kommt zu anderen Unfällen.

KAPITEL XII.

HONIG VOR MOTTEN SCHÜTZEN.

ZWEI DINGE MÜSSEN VERHINDERT WERDEN.

Wenn die Bienen die Kästen verlassen, müssen zwei Dinge vermieden werden, wenn wir unseren Honig bis zum kalten Wetter aufbewahren möchten. Zum einen müssen wir die Würmer fernhalten, zum anderen müssen wir verhindern, dass er sauer wird. Letzteres mag für viele neu sein, aber bei einigen von uns ist es durch Feuchtigkeit bei warmem Wetter verursacht worden. Die Waben werden mit Feuchtigkeit bedeckt, ein Teil des Honigs wird dünnflüssig wie Wasser und statt der zuckerhaltigen Eigenschaften haben wir die Säure. Abhilfe: Wenn möglich, vollkommen trocken und kühl halten, aber auf jeden Fall trocken.

Man lässt sich leicht über die Würmer täuschen.

Aber die Würmer können Sie sicher draußen halten, denken Sie, da Sie die Kisten perfekt verschließen können, sodass weder die Motte noch die kleinste Ameise hineinkommt! Ja, das können Sie effektiv tun, aber die Würmer werden oft irgendwie da sein, es sei denn, es herrscht eine sehr niedrige Temperatur, wie in einem sehr kühlen Keller oder im Haus, und dann müssen Sie sich vor Feuchtigkeit schützen. Ich habe ein wenig Erfahrung in dieser Angelegenheit, die Ihre Theorie völlig widerlegt. Ich habe Glasgefäße abgenommen und sie beobachtet, bis alle Bienen draußen waren, und war *sicher, dass die Motte nicht in ihre Nähe kam* , und habe sie dann sofort wieder verschlossen, um den Zugang danach absolut zu verhindern (das konnte ich mit einem Glas effektiver tun als mit einer Kiste, die aus mehreren Teilen besteht). Dann war ich mir ganz sicher, dass ich im Vorteil war und keine Probleme mit den Würmern haben würde, wie es zuvor oft der Fall war. Ich habe mich leider geirrt.

IHR FORTSCHRITT BESCHRIEBEN.

Nach ein paar Tagen konnte ich zunächst etwas weißen Staub, wie Mehl, an den Seiten der Waben und am Boden des Gefäßes sehen. Je größer die Würmer wurden, desto gröber wurde dieser Staub. Bei genauerem Hinsehen war auf den Waben zunächst eine kleine weiße, fadenartige Linie zu erkennen, die mit zunehmendem Wachstum der Würmer größer wurde.

Wenn Waben mit Honig gefüllt sind, gehen sie nur an die Oberfläche und fressen nichts als die Versiegelung der Zellen. Sie dringen nur selten ins Innere vor , ohne dass eine leere Zelle ihnen die Möglichkeit dazu gibt. So ekelhaft sie auch erscheinen, sie mögen es nicht, mit Honig bestrichen zu werden. *Wachs und nicht Honig ist ihre Nahrung.*

Der Leser möchte wissen, wie diese Würmer in die Gläser kamen, obwohl das allem Anschein nach *physikalisch unmöglich war*. Ich würde es gerne mit Sicherheit sagen, kann es aber nicht. Aber ich werde es raten, wenn Sie es zulassen. Zunächst möchte ich vorausschicken, dass ich nicht annehme, dass sie spontan entstanden sind! Dass sie dort gefunden wurden, würde also auf ein Mittel oder einen Wirkstoff hinweisen, der nicht ohne weiteres erkennbar ist.

EINE ANGEBOTENE LÖSUNG.

Die Hypothese, die ich vorschlage, ist originell und neu und daher offen für Kritik. Wenn es eine bessere Möglichkeit gibt, das Mysterium zu erklären, würde ich mich freuen, sie zu erfahren.

Vom 1. Juni bis in den späten Herbst kann man den Falter in der Nähe unserer Bienenstöcke finden, er ist nachts aktiv, aber auch tagsüber. Das einzige Ziel ist wahrscheinlich, einen geeigneten Platz zum Ablegen seiner Eier zu finden, damit die Jungen Nahrung haben. Wenn sich kein geeigneter und bequemer Platz findet, wird er sich, nehme ich an, mit dem zufrieden geben, was er finden *kann*. Seine Eier *müssen* irgendwo abgelegt werden, sei es in den Rissen im Bienenstock, im Staub am Boden oder draußen, so nah am Eingang, wie sie sich heranwagen. Die Bienen, die darüberlaufen, können ein oder mehrere dieser Eier an ihren Füßen oder Körpern festsetzen und sie zu den Waben tragen, wo sie zum Ausbrüten zurückgelassen werden. Es ist durchaus unwahrscheinlich, dass der Falter jemals durch den Bienenstock zwischen die Bienen gelangt ist, um seine Eier in den zuvor erwähnten Gläsern abzulegen. Wären diese Gläser am Bienenstock gelassen worden, hätte kein Wurm jemals eine Wabe verunstaltet; denn wenn es viele Bienen gibt, wird jeder Wurm entfernt, sobald er sein Zerstörungswerk beginnt, das heißt, wenn er an der Oberfläche arbeitet, wie in den Honigkästen – in Zuchtwaben geraten sie in die Mitte und sind schwieriger zu entfernen. Indem man diese Gläser abnimmt und die Bienen entfernt, gibt man allen Eiern, die sich dort befanden, eine faire Chance. Viele Autoren, die die Waben ungestört vorfinden, wenn man sie bis zum kalten Wetter im Stock lässt, empfehlen dies als einzig sichere Methode, da sie es vorziehen, die Waben etwas dunkler zu halten, als das Risiko einzugehen, dass sie von den Würmern zerstört werden. Aber ich bin gegen dunkle Waben, und wenn man die Kästen stehen lässt, wird man wirksam verhindern, dass leere Waben ihren Platz einnehmen, was notwendig ist, um den gesamten Gewinn zu erzielen. Ich werde noch ein paar Bemerkungen zur Unterstützung meiner Theorie machen und dann mein Heilmittel für die Würmer vorstellen. Ich habe in allen Bienenstöcken, aus denen die Bienen bei warmem Wetter, sagen wir zwischen Mitte Juni und September, entfernt wurden (und es waren sehr viele), genug Motteneier in den Waben gefunden, um sie in sehr kurzer Zeit zu zerstören, wenn sie nicht an einem sehr kühlen Ort aufbewahrt wurden; dieses Ergebnis war einheitlich. Wer daran zweifelt, kann die Bienen im Juli oder August aus einem Stock voller Waben entfernen, ihn verschließen, um das Eindringen von Motten zu verhindern , ihn bei einer Temperatur zwischen 60 und 90 Grad aufstellen, und wenn nicht genug Würmer vorhanden sind, um ihn davon zu überzeugen, dass dies richtig ist, wird er mehr Erfolg haben als ich. Ein solches Ergebnis wird jedoch nicht eintreten, wenn die Bienen in den Waben gelassen werden, es sei denn, der Schwarm ist sehr klein; dann wird der Schaden im Verhältnis stehen. Ein starker Bestand kann genauso viele Motteneier in den Waben haben wie ein schwacher, dennoch wird einer kaum verletzt, während der andere fast oder vollständig zerstört werden kann.

Wenn diese Theorie stimmt und die Bienen diese Eier tatsächlich zwischen den Waben mit sich tragen, ist dann nicht viel Arbeit verloren, wenn man versucht, einen Bienenstock zu bauen , der gegen Insekten geschützt ist? Die Motte oder vielmehr die Würmer sind immer da, um die Waben zu fressen, wann immer die Bienen sie in dieser Saison verlassen haben.

METHODE ZUM TÖTEN VON WÜRMERN IN KÄSTEN.

Unabhängig davon, ob Sie mit dem Vorstehenden zufrieden sind oder nicht, fahren wir mit der Abhilfe fort. Vielleicht finden Sie eine von zehn Schachteln, in der sich keine Würmer befinden, andere enthalten zwischen einem und zwanzig, wenn sie eine Woche oder länger nicht vorhanden waren. Alle Eier sollten die Möglichkeit haben, zu schlüpfen, was bei kühlem Wetter drei Wochen dauern kann. Sie sollten darauf achten, dass keine Würmer groß genug werden, um die Waben stark zu beschädigen, bevor sie zerstört werden. Besorgen Sie sich ein dichtes Fass oder eine Schachtel, die die Luft so weit wie möglich abhält; stellen Sie die Schachteln mit offenen Löchern oder offenem Boden hinein. Lassen Sie in einer Ecke Platz für eine Tasse oder Schale, in der Sie einige Schwefelstreichhölzer verbrennen können. (Sie werden hergestellt, indem man Papier oder Lappen in geschmolzenen Schwefel taucht .) Wenn alles bereit ist, zünden Sie die Streichhölzer an und decken Sie sie mehrere Stunden lang fest zu. Es ist ein wenig Sorgfalt erforderlich, um es genau richtig zu machen: Wenn zu wenig verwendet wird, werden die Würmer nicht getötet; wenn zu viel verwendet wird, färben sich die Waben grün. Mit ein wenig Erfahrung können Sie es bald beurteilen. Wenn die Würmer beim ersten Versuch nicht getötet werden, muss eine weitere Dosis verabreicht werden. An Papier oder Lumpen haftet beim Eintauchen viel weniger Schwefel , wenn es sehr heiß ist, als wenn es knapp über der zum Schmelzen erforderlichen Temperatur liegt. Dies sollte ebenso berücksichtigt werden wie die Anzahl der zu räuchernden Kisten, die Größe des zum Räuchern verwendeten Gefäßes usw.

Ob dieses Gas aus brennendem Schwefel die Eier der Motte vernichtet , bevor der Wurm erscheint, habe ich nicht ausreichend getestet, um das beurteilen zu können; ich weiß aber, dass es die Larven wirksam beruhigt !

DAS EINFRIEREN ZERSTÖRT SIE.

In Kisten, die nach warmem Wetter abgenommen und den Winter über eiskalt ausgesetzt wurden, scheinen alle Würmer und Eier durch die Kälte vernichtet zu sein. Alle so ausgesetzten Kisten können folglich beliebig lange aufbewahrt werden. Man muss lediglich darauf achten, die Motten wirksam fernzuhalten. Vergessen Sie jedoch nicht, nach allen Waben Ausschau zu halten, aus denen die Bienen bei warmem Wetter entfernt wurden. Ich ziehe es vor, alle Kisten nach der ersten Honigernte abzunehmen, auch wenn ich beabsichtige, sie für Buchweizenhonig wieder aufzusetzen. In dieser Jahreszeit sammeln die Bienen große Mengen Propolis , das sie im Inneren der Kisten und im Stock verteilen. In einigen Fällen wird es so dick auf das Glas aufgetragen, dass man die Qualität des Honigs nicht mehr erkennen kann. Es besteht keine Notwendigkeit, zu einer Jahreszeit Kisten in einem Stock aufzustellen, wenn es keine Honigernte gibt, um sie zu füllen. Manchmal kann es sogar bei einer Buchweizenhonigernte vorkommen, dass ein Bestand zu wenige Bienen enthält, um die Kisten zu füllen, aber nur wenige gehen hinein und tragen Propolis auf . Dies sollte nicht zugelassen werden, da es bei Verwendung in einem anderen Jahr einen schlechten Eindruck macht. Zu dieser Jahreszeit (August) können einige alte Bestände voller Waben und nur wenige Bienen sein, aber Schwärme, die den Stock rechtzeitig voll haben, haben mit Sicherheit genügend Bienen , um in die Kästen zu gehen und zu arbeiten. Ich habe schon erlebt, dass sie dies drei Wochen nach dem Einsetzen des Stocks taten .

Einspruch gegen die Verwendung von Kästen, bevor der Bienenstock voll ist.

Manche stellen die Bienen beim Einsetzen in den Stock auf Kästen. In solchen Fällen wird der Kasten oft zuerst gefüllt und enthält fast ebenso oft Brut. Ich halte es für keinen Vorteil und oft sogar für schädlich, dies zu tun, da ich den Stock sowieso voll haben möchte – und lasse sie dann, wenn sie Zeit haben, in die Kästen, obwohl wir dann vielleicht Buchweizenhonig statt Kleehonig bekommen.

KAPITEL XIII.

SCHWÄRMEN.

ZEIT, SIE ZU ERWARTEN.

Die Saison für regelmäßige Schwärme in diesem Abschnitt beginnt meines Wissens am 15. Mai und in manchen Jahreszeiten am 1. Juli. Das Ende ist, mit einigen Ausnahmen, etwa der 15. des letzten Monats. Ich hatte noch am 21. einen Schwärm, außerdem ein paar Buchweizenschwärme zwischen dem 12. und 25. August.

Das Thema, mit dem wir uns jetzt beschäftigen, ist von spannendem Interesse. Für den Imker ist die Aussicht auf eine Bestandsvermehrung ausreichend, um ein gewisses Interesse zu wecken, selbst wenn das Phänomen des Schwärmens dieses nicht wecken würde. Aber für den Naturforscher hat diese Jahreszeit Reize, die der gleichgültige Betrachter nie begreifen kann.

ALLE IMKER SOLLTEN ES SO VERSTEHEN, WIE ES IST.

Als Leitfaden ist es in vielen Fällen wichtig, dass der praktische Bienenzüchter diese Angelegenheit so versteht, *wie sie ist*, und nicht so, wie viele Autoren sie darstellen. Ich werde in vielen Punkten von fast allen abweichen müssen.

Mittel, es zu verstehen.

Dies ist ein weiterer Fall von „Wenn Ärzte sich nicht einig sind, wer soll dann entscheiden?" Sie, lieber Leser, sind genau die richtige Person dafür. In dieser Angelegenheit ist überhaupt kein Arzt erforderlich. Ich werde versuchen, die meisten meiner Behauptungen zu überprüfen. Um dieses Thema an dieser Stelle so deutlich wie möglich zu machen, kann ich einiges, was bereits gesagt wurde, wiederholen. Die betreffenden Fakten habe ich selbst beobachtet. Ich habe mir wahrscheinlich mehr Mühe gegeben als die meisten Imker, diese Angelegenheit *von Anfang an bis ins kleinste Detail zu verstehen* (ich meine den Grund der Zellen). Aber nur wenige Imker haben so viele Untersuchungen durchgeführt wie ich, um die *Vorgehensweise* beim Schwärmen zu verstehen. Vielleicht sollte ich nicht die volle Glaubwürdigkeit meiner Aussagen erwarten, wenn ich dem Leser versichere, dass ich mehr als hundert Stöcke umgedreht habe, um einen Blick auf die Königszellen zu werfen, einige davon fast ein Dutzend Mal in einem Sommer. Ich habe sie häufig umgedreht, um Zellen zu erhalten. Aber im Allgemeinen, um zu sehen, wann solche Zellen gebildet werden, wann sie Eier enthalten, wann diese Eier ausreichend reif zum Schwärmen sind oder wann sie verlassen und vernichtet werden usw.

Anhand dieser Zeichen kann ich (fast) mit Sicherheit vorhersagen, wann mit Schwärmen zu rechnen ist und wann man aufhören sollte, nach ihnen zu suchen.

Eine Aktie umzukehren war zunächst ziemlich gewaltig.

Für jemanden, der noch nie einen Bienenstock voller Bienen umgedreht hat, selbst wenn er bis zum Überlaufen gefüllt war, oder der noch nie gesehen hat, wie das gemacht wird, erscheint es wie ein großes Unterfangen und es besteht die Möglichkeit, den Bestand zu ruinieren! Aber nach dem ersten Versuch lässt die Leistung stark nach und wird mit jeder Wiederholung geringer, bis nicht die geringste Furcht mehr besteht. Ohne Tabakrauch halte ich es kaum für praktikabel, aber mit Tabakrauch gibt es nicht die geringste Schwierigkeit. Es wäre sehr unbefriedigend, einen Bienenstock umzudrehen und nichts zu haben, um die Bienen von den Stellen auf den Waben zu vertreiben, die man besonders untersuchen möchte. Der Rauch ist genau das Richtige dafür! Was die negativen Auswirkungen eines solchen Umdrehens und Räucherns angeht, so habe ich nie welche entdeckt.

Voraussetzungen für die Herstellung von Königinnenzellen.

Ich habe festgestellt, dass der Ablauf bei allen regulären Schwärmen ungefähr so abläuft: Bevor sie beginnen, sind zwei oder drei Dinge erforderlich. Die Waben müssen voller Bienen sein; sie müssen eine große Brut enthalten, die sich vom Ei bis zur Reife entwickelt; die Bienen müssen Honig erhalten, entweder durch Fütterung oder aus Blüten. Ein Überfluss an Bienen in einer honigarmen Zeit reicht nicht aus, um den Schwarm hervorzubringen, und auch ein Überfluss reicht nicht aus, ohne Bienen und Brut. Der Zeitraum, in dem alle diese Voraussetzungen gleichzeitig auftreten und lange genug bestehen, variiert bei verschiedenen Beständen und tritt bei manchen während der Saison oft überhaupt nicht ein.

Diese Ursachen scheinen dann zur Entstehung einiger Weiselzellen zu führen, mit denen im Allgemeinen begonnen wird, bevor der Stock gefüllt ist (manchmal, wenn er nur halb voll ist, sie verbleiben jedoch normalerweise als Ansätze bis zum nächsten Jahr, wenn die oben genannten Bedingungen des Bestands ihren Einsatz erforderlich machen).

ZUSTAND DER KÖNIGINNENZELLE BEI VERWENDUNG.

Larven schlüpfen , werden andere begonnen und erhalten mehrere Tage später zu verschiedenen Zeitpunkten Eier. Die Anzahl solcher Zellen scheint vom Gedeihen der Bienen abzuhängen: Wenn die Familie groß und der Honigertrag reichlich ist, können es zwanzig sein, zu anderen Zeiten vielleicht nicht mehr als zwei oder drei; obwohl mehrere solcher Zellen leer bleiben können. Ich habe bereits gesagt, dass ein Ausfall (oder auch nur ein teilweiser) des Honigertrags zu irgendeinem Zeitpunkt zwischen der Ablage der Königseier und dem Verschließen der Zellen (was etwa zehn Tage dauert) wahrscheinlich zu deren Zerstörung führt. Sogar nach dem Verschließen habe ich einige Fälle gefunden, in denen sie zerstört wurden.

STATUS, BEI DEM EIN SCHWARMPROBLEM ENTSTEHT.

Aber wenn es mit dem Honig keine Probleme gibt, ist das Verschließen dieser Zellen der Zeitpunkt, an dem mit dem ersten Schwarm zu rechnen ist. Dieser wird im Allgemeinen am ersten guten Tag nach der Fertigstellung einer oder mehrerer Zellen erscheinen. In einer erfolgreichen Saison habe ich, wenn ich anhand dieser Anzeichen urteilte, noch nie eine Vorhersage für einen Schwarm von 48 Stunden verpasst. Wenn es zu einem teilweisen Honigausfall kommt, wartet der Schwarm manchmal mehrere Tage, nachdem er fertig ist.

Auf die Clusterbildung im Freien kann man sich nicht immer verlassen.

Das Ausschwärmen der Bienen ist meines Erachtens kein gutes Kriterium für eine Beurteilung, abgesehen davon, dass volle Bienenstöcke tatsächlich schwärmen - viele derartige Bienenstöcke tun das nicht.

PRÜFUNGEN – DAS ERGEBNIS.

Ich werde einige Umstände detailliert beschreiben, die zu diesen Schlussfolgerungen geführt haben. Vor einigen Jahren begann der Honig zu versiegen, als nur etwa ein Drittel meiner guten Bestände Schwärme gebildet hatte; und auf einmal begannen die Ausbeuten „nur noch selten". Ich hatte sie zuvor untersucht und festgestellt, dass sie ziemlich gründlich mit den Vorbereitungen begonnen hatten; sie hatten nicht nur Zellen gebaut, sondern sie auch mit Eiern und Larven von Königsbienen besetzt . Jetzt untersuchte ich sie erneut und stellte fest, dass fünf von sechs sie zerstört hatten (zur gleichen Zeit schwärmten die Bienen in großen Mengen aus). Dies machte hier allen Hoffnungen auf Schwärme ein Ende. Einige wenige hatten ihre Zellen fertiggestellt, und ich hatte einige Hoffnung, dass diese die Schwärme aussenden würden; aber das trockene Wetter weckte einige Befürchtungen. Nachdem ich drei oder vier Tage gewartet hatte und keine Schwärme kamen, fand ich diese versiegelten Zellen ebenfalls zerstört vor und hatte in dieser Saison keine Schwärme mehr. Spätere Beobachtungen haben diese Dinge vollständig bestätigt. In einer Saison begannen einige der Bienenstöcke zu zwei verschiedenen Zeitpunkten mit den Vorbereitungen und gaben sie dann den ganzen Sommer über auf, ohne überhaupt zu schwärmen. Das erste Mal war es Ende Mai, das nächste Mal im Juli.

BEMERKUNGEN.

Der Mangel an Honig war ohne Zweifel die Ursache. Und wer will sagen, diese Bienen hätten sich nicht klug verhalten? Welcher kluge Mensch würde mit seiner Familie auswandern, wenn die Aussicht auf eine Hungersnot klar erkennbar wäre, wenn er zu Hause bleiben könnte, um zumindest für den Augenblick genug zu haben? Wer kann diese kluge und schöne Einrichtung nicht bewundern? Die Waben müssen Brut enthalten; die Bienen müssen während der Aufzucht der Königinnen Honig finden. Wenn ein Schwarm genau in dem Moment ausbrüten würde, in dem Honig gewonnen wird, könnte dies fatale Folgen haben, da nicht genügend Brut ausbrüten und den alten Bestand mit genügend Bienen auffüllen könnte, um die Würmer fernzuhalten. Wenn sie zu irgendeinem Zeitpunkt ausbrüten würden, sobald die Zahl der Bienen groß genug geworden ist, um einen Schwarm zu überstehen, könnten sie ohne Rücksicht auf den Honigertrag verhungern.

WIDERSPRÜCHLICHE THEORIEN.

Ich finde viele Theorien, die diesen Ansichten widersprechen, und die einige Anmerkungen zu machen scheinen. Es wird allgemein angenommen, dass eine junge Königin ausgewachsen sein muss, um mit den Schwärmen zu schlüpfen, und dass die alte Königin mit den alten Bienen ständige Bewohner des alten Stocks sind.

Sowohl Alt als auch Jung ziehen mit Schwärmen ab.

Es ist wahrscheinlich, dass es keine Regel für den Auszug der Arbeiterinnen gibt. Alte und junge Bienen kommen in wahllosem Wechsel heraus. Dass alte Bienen herauskommen, kann man manchmal daran erkennen, dass so viele ausfliegen, dass nicht einmal ein Viertel so viele übrig bleiben, wie im Frühjahr mit der Arbeit begonnen haben. Dass junge Bienen ausfliegen, kann jeder, der einen Schwarm ausfliegen sieht, zufrieden sein; viele, die zu jung und zu schwach zum Fliegen sind, werden sich vor dem Stock niederlassen, da sie jetzt zum ersten Mal herausgekommen sind, und vielleicht waren einige von ihnen noch nicht eine Stunde aus der Zelle herausgekommen; diese sehr jungen Bienen erkennt man an der Farbe.

URSACHE FÜR DIE FLUGBLÜCKLICHKEIT DER KÖNIGIN VORGESCHLAGEN.

Die alte Königin kommt oft auf die gleiche Weise herunter, aber ich würde ihrer Flugunfähigkeit einen anderen Grund zuschreiben, nämlich die Last der Eier.

Beweis für den Abschied der alten Königin.

Mehrere Dinge deuten darauf hin, dass die alte Königin mit dem ersten Schwarm aufbricht: Zum einen findet man am nächsten Morgen oft Eier auf dem Brett. Zum anderen werden die Bienen nach dem Aufbruch des ersten Schwarms vertrieben, bevor eine dieser Königinnenzellen schlüpft, und es wird keine Königin gefunden. Oder man treibt die Bienen nach drei Wochen aus, und die Arbeiterbienenbrut ist fast vollständig geschlüpft, die Drohnenbrut noch nicht ganz. Die Waben können auch einige Eier und vielleicht einige sehr junge Larven enthalten , die von der jungen Königin abgelegt wurden, die normalerweise sechzehn oder achtzehn Tage nach dem ersten Schwarm mit dem Legen beginnt. Dies deutet auf eine Einstellung des Eierlegens für etwa zwei Wochen hin. Die ersten Schwärme haben Eier in den Zellen, sobald sie diese halten, was oft innerhalb von 24 Stunden nach dem Aufstellen des Bienenstocks der Fall ist. Gelegentlich fällt ein neues Stück Wabe herunter, und wenn die Zellen tief genug sind, enthalten sie fast sicher Eier. Ich könnte noch weitere Beweise anführen, aber der aufmerksame Beobachter wird sie selbst entdecken.

DIE THEORIE VON HERRN WEEKS IST NICHT ZUFRIEDENSTELLEND.

Mr. JM Weeks sagt in seinem Werk über Bienen: „Es gibt nur zwei Gründe, warum Bienen schwärmen: Erstens, weil der Stock überfüllt ist, und zweitens, weil sie dem Kampf der Königinnen entgehen wollen." Der erste Grund führt zu ersten Schwärmen, der zweite, dritte usw. Mr. Coltons patentierter Stock, so heißt es, kann „jederzeit innerhalb von zwei Tagen" zum Schwärmen gebracht werden, nur aus Platzmangel. Durch Entfernen der sechs daran befestigten Kästen werden die Bienen gezwungen, sich in den Hauptteil des Stocks zu drängen und infolgedessen auszuschwärmen. Wenn nun bloßes Überfüllen des Stocks mit Bienen der einzige Grund für erste Schwärme ist, wie kommt es dann, dass die Hälfte oder mehr meiner Bienen sich weigerten zu schwärmen, während viele aus Platzmangel wochenlang draußen zusammengedrängt waren und viele jeden Tag heranwuchsen, um sie noch mehr zu bedrängen? Für mich ist der Grund klar: dass einige der zuvor erwähnten Voraussetzungen fehlten. Mr. Weeks sagt weiter, wenn der erste Schwarm weggezogen ist, „bleibt keine einzige Königin, egal in welchem Stadium der Minderjährigkeit, im alten Stock zurück; die Bienen, die keine Königin mehr haben, machen sich daran, mehrere Zellen für die Bienenkönigin zu bauen, nehmen Larven oder Eier, legen sie hinein, füttern sie mit Gelée Royale und haben in wenigen Tagen eine Königin." Obwohl ich noch nicht viel Erfahrung hatte, als ich seine Arbeit erhielt, hatte ich einige Zweifel, weil ich feststellte, dass alle Stöcke, die voll wurden und überzulaufen begannen, nicht schwärmten und einige andere schwärmten, bevor sie ganz voll waren; es schien, als ob so etwas wie eine vorherige Vorbereitung erforderlich war. Lange Zeit kannte ich kein

Mittel, das eine *positive Entscheidung bringen würde* ; dann fiel mir ein, dass ich, wenn ich den alten Bestand unmittelbar nach dem Wegzug des ersten Schwarms untersuchte, einige Vorbereitungen finden würde, falls es welche gab; eine so einfache und leichte Sache, dass ich mich etwas beschämt fühlte, nicht früher daran gedacht zu haben. Der erste Bestand, den ich untersuchte, enthüllte das Geheimnis. Ich untersuchte es am Abend des Tages, an dem ein Schwarm abgeflogen war. Ich war erfreut, an den unteren Rändern der Waben zwei fertige Zellen zu finden; andere Zellen befanden sich in unterschiedlichen Entwicklungsstadien, von denen, die ein Ei enthielten, bis hin zur voll entwickelten Larve. Mehrere andere Bienenstöcke zeigten das gleiche Ergebnis. Ich war nun mutig genug, einige vor dem Schwärmen zu untersuchen, wie ich bereits erklärt habe.

HERR MINER, DAS IST NICHT RICHTIG.

Herr TB Miner hat in seiner Arbeit die Vorbereitung von Weiselzellen vor dem Schwärmen zugelassen, aber er hat den Zeitpunkt des Schwarmaustriebs um acht oder neun Tage zu lange hinausgezögert. Das heißt, er hat die junge Königin so reifen lassen, dass sie zuerst mit dem Pfeifen beginnt, was nicht öfter als einmal in fünfzig Fällen vorkommt.

Ich halte es für mehr als wahrscheinlich, dass viele Leser Zweifel an meinen Aussagen zu dieser Angelegenheit des Schwarms haben werden. Dennoch glaube ich, dass ich ihnen ausreichend detaillierte Anweisungen geben kann, damit sie diese Zweifel selbst ausräumen können. Sie sollten bedenken, dass sie kein Recht haben, zu einem Thema ohne eine entsprechende Untersuchung *eine positive Meinung zu äußern*.

BESONDERE ANWEISUNGEN ZUR PRÜFUNG DER SACHE.

Ich werde nun genauere Anweisungen für eine Untersuchung geben. Volle Bienenstöcke erfordern etwas mehr Pflege als solche mit weniger Bienen. Lassen Sie sich nicht von der Überfüllung des Stocks, selbst wenn einige draußen sind, davon abhalten, eine lobenswerte Neugier zu befriedigen (solche Bienenstöcke besitzen diese Zellen höchstwahrscheinlich). Lassen Sie sich von der Befriedigung, selbst ein paar Fakten zu ermitteln, zu dieser Anstrengung anspornen. Das Risiko ist nicht groß. Was ich getan habe, können Sie tun. Das ist besser, als sich auf das „ *ipse dixit* " eines Menschen zu verlassen. Ich mache es ohne jeglichen Schutz für Gesicht oder Hände. Wenn Sie jedoch zu große Angst vor Stichen haben, können Sie einen Schleier zum Schutz des Gesichts aufsetzen. Wenn Sie jedoch den Mut dazu haben, verzichten Sie darauf, da Sie eine gute Sicht haben möchten. Die beste Zeit ist, wenn die meisten Bienen gegen Mittag bei der Arbeit sind. Dann sind die Bienen aus den anderen Stöcken jedoch manchmal verärgert und stören. Aus diesem Grund bevorzuge ich den Morgen oder Abend, obwohl dann mehr Bienen aus dem Weg geräuchert werden müssen. Wenn Sie gewohnt sind, Tabak zu rauchen, finden Sie hier eine Pfeife, die zum Rauchen genau das Richtige ist; wenn nicht, finden Sie die Beschreibung eines Geräts in Kapitel 18, S. 281. Wenn Sie bereit sind, fortzufahren, müssen Sie etwas Rauch unter den Stock blasen, bevor Sie ihn berühren; heben Sie dann die Vorderseite einige Zentimeter an und blasen Sie noch etwas hinein; heben Sie nun den Stock vorsichtig vom Ständer und vermeiden Sie dabei Stöße, da dies die Bienen verärgern würde; drehen Sie ihn mit dem Boden nach oben; achten Sie auch die ganze Zeit darauf, nicht zwischen sie zu atmen. Mehr Rauch wird sie jetzt dazu bringen, sich zwischen den Waben zu drängen und Ihnen aus dem Weg zu gehen, während Sie sie untersuchen. Es kommt sehr häufig vor, dass die Bienen anfangen zu summen und an den Seiten des Stocks hochstürmen, aber ein wenig Rauch wird sie zurücktreiben; bringen Sie sie so weit wie möglich aus dem Weg und suchen Sie an den Rändern der Waben nach den Zellen der Königinnen, wo sich die meisten von ihnen befinden. Wenn der Stock vollständig mit Honig versorgt ist, werden sie sich in Bodennähe aufhalten, wenn nicht, weiter oben zwischen den Waben; in manchen Bienenstöcken sind sie nicht einmal dort zu sehen, wo sie sind. Bei gründlicher Suche können sie jedoch in vier von fünf gefunden werden. Ich habe neun innerhalb von zwei Zoll vom Boden gefunden, einige an den äußersten Enden der Wabe. Ich möchte hier darauf hinweisen, dass man Bienenstöcke mit sehr neuen Waben nicht umdrehen sollte, bevor sie an den Seiten des Bienenstocks befestigt werden, da sie dazu neigen, sich umzubiegen.

LEERE BIENENSTÖCKE, UM BEREIT ZU SEIN.

Wir nehmen nun an, dass einige Ihrer Bestände bereit sind, ihre Schwärme auszuwerfen. Wir nehmen außerdem an, dass Ihre leeren Bienenstöcke vor diesem Zeitraum für die Aufnahme von Schwärmen bereit sind. Einen Bienenstock vorzubereiten, nachdem der Schwarm ausgeworfen wurde, ist schlechtes Management. Nachlässigkeit hier ist ein Beweis für Nachlässigkeit anderswo. Es ist eine der Vorahnungen von „Pech".

Bodenbretter für die Bienenbeutung.

Sie werden auch eine Anzahl Bodenbretter brauchen, speziell für die Bienenstockhaltung. Nehmen Sie ein Brett, das etwas größer ist als der Boden des Bienenstocks, nageln Sie Streifen an die Enden auf der Unterseite, um Verformungen zu vermeiden, schneiden Sie in der Mitte einen 5 bis 6 Zoll großen Raum aus und bedecken Sie ihn mit Drahtgewebe. Diese Bretter sind für Ihre großen Schwärme bei sehr heißem Wetter und sollten vier bis fünf Tage lang verwendet werden. Sie sind viel sicherer, als den Bienenstock zur Belüftung einen Zoll oder mehr anzuheben. Sie sind auch für viele andere Gelegenheiten unverzichtbar. Ich würde nicht auf sie verzichten, selbst wenn sie zehnmal so teuer wären.

BESCHREIBUNG DER SCHWARMAUSGABE.

Wenn der Tag schön und nicht zu windig ist, kommen die ersten Schwärme normalerweise zwischen zehn und drei Uhr heraus. Wenn Sie auf der Hut sind, werden Sie feststellen, dass das erste äußere Anzeichen eines Schwarms eine ungewöhnliche Anzahl von Bienen um den Eingang herum ist, und zwar eine bis sechzig Minuten vor dem Aufbruch. Es scheint die größte Verwirrung zu herrschen, die Bienen laufen in alle Richtungen herum. Der Eingang ist anscheinend von der Masse der Bienen verschlossen (vielleicht eine Ausnahme von zwanzig), und bald bahnt sich eine Kolonne aus dem Inneren einen Weg ins Freie. Sie stürmen zu Hunderten heraus und schwingen dabei alle ihre Flügel. Wenn sie nur noch wenige Zentimeter vom Eingang entfernt sind, erheben sie sich in die Luft. Einige laufen an der Seite des Stocks hoch, andere bis zum Rand des Bodenbretts. Wenn Sie gesehen haben, wie die alte Königin als Erste herausstürmt und der Rest ihr folgt, wie uns oft erzählt wird, haben Sie gesehen, was ich bei einem ersten Schwarm nie gesehen habe! Zweite und dritte Schwärme verhalten sich ganz anders. Ich habe die alte Königin ein paar Mal herauskommen sehen, aber erst, als der halbe Schwarm draußen war.

Wenn die Bienen aus dem Stock aufsteigen, beschreiben sie Kreise von nur wenigen Fuß, aber wenn sie sich wieder entfernen, verteilen sie sich über eine Fläche von mehreren Ruten. Ihre Bewegungen sind viel langsamer als gewöhnlich. In wenigen Minuten kann man Tausende in alle möglichen Richtungen kreisen sehen! Ein Schwarm kann aus einer Entfernung gesehen und gehört werden, aus der man fünfzig Stöcke, die normalerweise bei der Arbeit sind, nicht bemerken würde! Wenn sie den Stock verlassen oder kurz danach, wird normalerweise ein Ast eines Baumes oder Busches ausgewählt, auf dem sie sich versammeln. In weniger als einer halben Minute, nachdem die Stelle markiert wurde, versammeln sich die Bienen, selbst wenn sie sich über einen Hektar verteilt haben, in unmittelbarer Nähe und versammeln sich alle fünf bis zehn Minuten nach Verlassen des Stocks zu einem Schwarm. Sie sollten jetzt sofort in den Stock gesetzt werden, da sie Ungeduld zeigen, wenn man sie lange lässt, besonders in der Sonne. Außerdem würden sie sich ganz sicher vermischen, wenn ein anderer Stamm einen Schwarm aussendet, während sie dort hängen.

Die Art und Weise des Einfangens kann unterschiedlich sein.

Es macht kaum einen Unterschied, wie Sie sie in den Stock setzen, vorausgesetzt, sie werden alle hineingebracht. Gehen Sie so vor, wie es für Sie am praktischsten ist. Ein alter Tisch oder eine Bank eignet sich sehr gut, um sie vom Gras fernzuhalten, falls welches vorhanden sein sollte. Wenn nicht viel im Weg ist, legen Sie Ihr Bodenbrett auf den Boden, richten Sie es aus, stellen Sie Ihren Stock darauf und heben Sie eine Kante einen Zoll oder mehr an, um den Bienen die Möglichkeit zu geben, hineinzukommen.

ÜBLICHE METHODE.

Schneiden Sie den Zweig mit den Bienen ab, wenn das genauso gut geht wie nicht, und schütteln Sie ihn vor dem Stock. Ein Teil wird ihn entdecken und sofort mit dem Schwingen ihrer Flügel beginnen. Ich nehme an, das ist ein Ruf für die anderen. Die Nachricht, dass ein neues Zuhause gefunden wurde, scheint auf diese Weise übermittelt zu werden, da sie aufrechterhalten wird, bis alle drinnen sind. Sehr viele bleiben in der Nähe des Eingangs stehen und verschließen ihn dadurch fast oder ganz. Dadurch verhindern sie, dass andere hineingehen, wenn sie sich draußen versammeln. Sie können die Sache mit einem Stock oder einer Feder beschleunigen, indem Sie sie sanft wegschieben, und ein anderer Teil wird hineingehen. Wenn sanfte Mittel sie nicht in angemessener Zeit dazu bewegen, hineinzugehen, und sie hartnäckig erscheinen, wird ein wenig Wasser, das auf sie gesprenkelt wird, die Vorgänge erheblich erleichtern, wenn nichts anderes hilft. (Seien Sie vorsichtig und übertreiben Sie es nicht, denn durch die Verwendung von zu viel Wasser können sie so nass werden, dass sie sich überhaupt nicht bewegen.)

Wenn sie sich auf einem Ast versammeln, den Sie nicht abschneiden möchten, platzieren Sie Ihr Bodenbrett so nah wie möglich daran. Legen Sie zwei Stöcke mit einem Durchmesser von ungefähr einem Zoll und gleicher Länge darauf. Probieren Sie den Stock aus und prüfen Sie, ob alles in Ordnung ist. Drehen Sie ihn dann mit dem Boden nach oben, direkt unter den Hauptteil des Schwarms. Wenn Sie einen Helfer haben, lassen Sie ihn den Ast ausreichend schütteln, um die Bienen zu lösen. Die meisten von ihnen fallen direkt in den Stock. Wenn kein Helfer zur Hand ist, ist es unnötig zu warten (ich habe es hundertmal ohne Hilfe gemacht). Schlagen Sie mit dem Boden des Stocks fest genug auf die Unterseite des Astes, um die Bienen zu lösen, und drehen Sie ihn dann auf dem Brett. Die Stöcke verhindern, dass der Boden viele Bienen zerquetscht.

WENN AUSSERHALB DER REICHWEITE.

Ich bin eine fünf Meter lange Leiter hinaufgestiegen, habe die Bienen auf diese Weise in den Stock gebracht und bin ohne Schwierigkeiten wieder heruntergekommen. Nachdem man den Stock an seinen Platz gestellt hat, fällt manchmal ein Teil zurück. In diesem Fall sollte man einen kleinen Zweig voller Blätter direkt unter und in die Nähe der Bienen halten und so viele wie möglich darauf schütteln. Halten Sie diesen fest und schütteln Sie den anderen, um zu verhindern, dass sie sich dort versammeln. Bald haben Sie sie alle eingesammelt und können sie herunterholen und neben den Stock stellen. Ein Henkelkorb oder eine große Blechpfanne kann anstelle des Stocks die Leiter hinaufgetragen werden, wenn sie vorher leicht geleert werden können. Aber nur sehr wenige fliegen beim Herunterkommen heraus. Wenn es Ihnen gelingt, beim ersten Versuch fast alle Bienen zu erwischen und nur wenige übrig bleiben, genügt es, den Ast einfach zu schütteln, um zu verhindern, dass sie festhalten, und ihre Aufmerksamkeit auf die Bienen weiter unten zu lenken, wo diejenigen, die bereits einen Stock gefunden haben, ihr Bestes tun werden, um sie anzulocken. Wenn der Stock umgedreht wird, fallen die meisten Bienen auf das Brett und stürmen hinaus. Sobald man jedoch erkennt, dass ein Zuhause gefunden wurde, beginnt im Inneren ein Summen. Dadurch wird dies schnell den Bienen draußen mitgeteilt, die sich sofort umdrehen , dem Stock zugewandt sind und im Gleichklang summen, während sie hineinmarschieren.

Ein anderer Plan kann auch bei einer Höhe von fünfzehn Fuß angewendet werden, wenn der Ast nicht zu groß ist und nicht zu viel darunter im Weg ist. Halten Sie zwei oder drei leichte Stangen geeigneter Länge bereit; wählen Sie eine aus, die am oberen Ende einen Ast hat, der groß genug ist, um einen Korb mit zwei Scheffeln zu halten. Dieser wird direkt unter dem Schwarm aufgestellt; mit einer weiteren Stange werden alle Bienen herausgerissen, fallen in den Korb und werden schnell heruntergelassen. Wenn Sie nun fast alle erwischt haben, werfen Sie für einige Augenblicke ein Tuch darüber, um ihr Entkommen zu verhindern. Sie beruhigen sich bald und können eingesperrt werden, ohne dass viele zum Ast zurückkehren müssen, wie sie es tun, wenn man versucht, sie sofort einzusperren.

Bei mir beginnen sie sich oft in Bodennähe zu sammeln, was sehr praktisch für das Einsetzen eines Stocks ist. In einem solchen Fall warte ich nicht, bis alle sich versammelt haben, sondern mache das Brett und den Stock fertig, sobald ein solcher Ort angezeigt wird. Wenn etwa ein Liter gesammelt ist, schüttele ich sie in einem Stock und stelle ihn auf. Der Schwarm wird sich nun dorthin bewegen und nicht zum Ast, insbesondere wenn dieser ein wenig geschüttelt wird. Wenn viele Bestände gehalten werden, ist es ratsam, so schnell wie möglich vorzugehen. Ein Schwarm wird sich so viel früher selbst in einem Stock zusammenfinden, als wenn man ihn sich zusammenscharen lässt.

WENN SIE NICHT ABGESCHÜTTELT WERDEN KÖNNEN.

Manchmal geraten Schwärme an Stellen, wo man sie nicht losreißen oder einen Ast abschneiden kann, wie etwa einen Baumstamm oder einen großen Ast in der Nähe. In diesem Fall stellen Sie den Bienenstock in die Nähe der Stelle, an der Sie ihn zuerst anweisen. Nehmen Sie eine große Schöpfkelle aus Blech, ein für diesen Zweck am besten geeignetes Gefäß, und tauchen Sie sie mit Bienen voll. Drehen Sie den Bienenstock mit einer Hand zurück und werfen Sie die Bienen mit der anderen hinein. Einige von ihnen werden entdecken, dass ein Zuhause vorhanden ist, und den Ruf für die übrigen auslösen (durch das Vibrieren ihrer Flügel). Die übrigen können vor dem Bienenstock ausgeleert werden, während Sie sie aus dem Bienenstock schöpfen. Ich kenne einige Fälle, in denen die erste Schöpfkelle ganz leer war und sich den anderen anschloss, ohne zu entdecken, dass sie sich in einem Bienenstock befanden. Dies ist jedoch selten der Fall. Wenn Sie die Königin hineingebracht haben, gibt es mit den übrigen keine Probleme, selbst wenn viele übrig sind. Sobald sie feststellen, dass die Königin nicht mehr unter ihnen ist, können sie dies an ihren unruhigen Bewegungen erkennen und werden bald gehen und sich denen im Bienenstock anschließen. Befindet sich die Königin jedoch noch auf dem Baum und sind nur ein Dutzend mit ihr, verlassen sie den Stock und schwärmen erneut aus.

ALLE SOLLTEN ZUM EINTRITT GEZWUNGEN WERDEN.

Sorgen Sie in jedem Fall dafür, dass sie alle hineingehen. In einer Gruppe außerhalb des Nestes könnte sich die Königin befinden, die nicht weiß, dass ihr Zuhause so nahe ist. Die wahrscheinliche Folge könnte sein, dass sie in ein jämmerliches Zuhause im Wald aufbricht.

SOLLTE SOFORT IN DEN STAND GEBRACHT WERDEN.

Wenn alle Bienen bis auf einige wenige, die fliegen werden, drinnen sind, lassen Sie den Stock dicht an das Brett herunter; greifen Sie ihn und tragen Sie ihn sofort zu dem Stand, den die Bienen einnehmen sollen, und heben Sie die Vorderkante einen halben Zoll an; lassen Sie die Rückseite auf dem Brett ruhen; so haben sie die Möglichkeit, wieder aufzusteigen, falls sie zufällig herunterfallen, was bei großen Schwärmen bei heißem Wetter häufig vorkommt. Wenn der Boden beim Fallen einen Zoll oder mehr vom Brett entfernt ist, hindert nichts sie daran, nach allen Seiten hinauszustürmen – ihre Möglichkeiten, wieder aufzustehen, sind schlecht – wenn die Königin mit dem Ansturm herauskommt, haben sie eine gewisse Chance, zu entkommen.

SONNENSCHUTZ ERFORDERLICH.

Und noch etwas ist sehr wichtig: *Bei heißem Wetter sollten die Schwärme mehrere Tage lang* von neun bis drei oder vier Uhr vor der Sonne geschützt werden. Wenn die Hitze dann sehr drückend ist und sich die Bienen draußen versammeln, besprenkeln Sie sie mit Wasser und treiben Sie sie hinein. Wenn Sie den Stock gelegentlich befeuchten, wird ein großer Teil der Wärme abgeleitet, was für viel mehr Behaglichkeit sorgt.

Büschelbildung.

Wenn sich in der Nähe Ihres Bienenhauses keine großen Bäume befinden, ist das umso besser, da dann keine Gefahr besteht, dass Ihre Schwärme auf ihnen landen. Aber nicht alle Imker haben so viel Glück, und ich gehöre auch dazu. An einem solchen Ort muss man den Bienen etwas bieten, wo sie sich versammeln können. Besorgen Sie sich einige Büsche von 1,8 bis 2,4 Metern Höhe (Schierlingstanne ist vorzuziehen). Schneiden Sie die Enden der Zweige ab, bis auf einige in der Nähe der Spitze. Sichern Sie das Ganze mit Schnüren, damit es bei normalem Wind nicht schwankt. Machen Sie ein Loch in die Erde, das tief genug ist, um die Zweige aufzunehmen, und groß genug, damit sie leicht herausgehoben werden können. Die Bienen werden sich wahrscheinlich auf einigen dieser Zweige versammeln. Sie können dann herausgehoben und die Bienen ohne Schwierigkeiten in einen Stock gesetzt werden. Ein Bündel trockener Königskerzenspitzen, die am Ende einer Stange zusammengebunden sind, ist ein sehr guter Ort zum Versammeln. Es ähnelt einem Schwarm so sehr, dass die Bienen selbst manchmal getäuscht zu sein scheinen. Ich habe oft erlebt, dass sie einen Ast verlassen, auf dem sie begonnen hatten, sich zu versammeln, und sich auf diesem niederlassen, wenn sie in die Nähe gehalten werden.

Die Gründe für das sofortige Entfernen des Schwarms zum Stand sind, dass man ihn im Allgemeinen leichter beobachten kann, falls er zum Wegfliegen neigt; außerdem können viele Bienen gerettet werden. Alle, die den Stock verlassen, markieren den Standort auf die gleiche Weise wie im Frühjahr; mehrere Hundert werden wahrscheinlich am ersten Tag wegfliegen; einige wenige verlassen den Stock möglicherweise mehrmals; wenn sie nachts entfernt werden, kehren diese zum Stand des Vortages zurück und gehen im Allgemeinen verloren; wenn sie jedoch sofort zu einem dauerhaften Stand gebracht werden, wird dieser Verlust vermieden.

Diejenigen, die zu diesem Zeitpunkt noch fliegen, kehren zum alten Bestand zurück, was diejenigen, die am nächsten Tag vom Schwarm zurückkehren, nicht immer tun. Die Zeit, sie jetzt umzusiedeln, ist nicht länger als an einem anderen Tag. Es ist unnötig, Einwände zu erheben und zu sagen, dass „es zu lange dauern wird, bis die Bienen hineinkommen". Das geht nicht. Ich werde darauf bestehen, dass Sie alle Bienen hineinbringen, bevor sie auf irgendeine Weise wegfliegen. Ich halte dies für ein wesentliches Merkmal der Verwaltung. Ich werde nicht sagen, dass meine Anweisungen sie *immer* davon abhalten werden, in den Wald zu gehen, aber ich sage, dass von den Hunderten, die ich bevölkert habe , nicht eine jemals den Wald verlassen hat. Es ist möglich, dass eine ordnungsgemäße Verwaltung keinen Einfluss auf meinen Erfolg hatte, aber eine ähnliche Meinung wurde schon lange vertreten.

WIE SCHWÄRME IM ALLGEMEINEN BEHANDELT WERDEN, DIE IN DEN WALD ZIEHEN.

Einige meiner benachbarten Imker verlieren ein Viertel oder die Hälfte ihrer Schwärme durch Flucht, und wie kommen sie damit zurecht? Wenn das Wort „Bienen schwärmen" erklingt, wird in der Eile ein Blechhorn, eine Blechpfanne, Glocken oder irgendetwas, das „furchtbaren Lärm" macht, ergriffen und so viel Lärm wie möglich gemacht, um die Bienen zum Schwärmen *zu bringen* (was sie natürlich auch ohne Musik tun würden, zumindest haben alle meine Bienen eine. Dies hat wahrscheinlich die Meinung einer alten Dame hervorgerufen, die *wusste* , dass „das Trommeln auf einer Pfanne gut tut, denn sie hatte es ausprobiert.") Sehr oft muss ein Bienenstock gebaut werden, oder ein alter, der nicht mehr zu gebrauchen ist, braucht ein paar Stöcke oder etwas, das Zeit spart. Wenn der Bienenstock gekauft wird, muss er mit etwas Schönem gewaschen werden, damit die Bienen ihn mögen; ein wenig Honig muss auf die Innenseite geschmiert werden; Zucker und Wasser, Melasse und Wasser, Salz und Wasser oder Salz und Wasser, eingerieben mit Hickoryblättern, „ist das Beste auf der Welt"; Viele andere Dinge sind genauso gut, manche sogar besser. Sogar Whisky, dieser Fluch des Menschen, wurde ihnen als Bestechungsgeld angeboten, damit sie bleiben, und manchmal lassen sie sich überreden und gehen zur Arbeit.

IN EINEM BIENENSTOCK BENÖTIGT MAN NICHTS AUßER BIENEN.

Ich kann zwar nicht mit Sicherheit sagen, dass diese Dinge Schaden anrichten, aber ich bin mir ziemlich sicher, dass sie nichts nützen, da in einem Bienenstock nichts außer Bienen benötigt wird. Ist es vernünftig anzunehmen, dass sie all den „Schnickschnack", den man ihnen gibt, mögen? Ich habe nie welchen verwendet und hätte es auch nicht besser machen können. Ich achte darauf, dass der Bienenstock schön und sauber ist und innen nicht zu glatt; ein alter Bienenstock, der schon einmal benutzt wurde, wird abgebrüht und abgekratzt.

Aber nun zu der Art und Weise, wie die Bienen hineingelockt werden, nachdem der Stock fertig ist. Ein Tisch wird aufgestellt und ein Tuch darauf ausgebreitet; Stöcke werden darauf gelegt, um den Stock einen Zoll oder mehr anzuheben: Wenn es ihnen gelingt, den Schwarm auch außerhalb des Stocks zu bekommen, wird er verlassen; wenn sie hineingehen, ist alles in Ordnung; wenn sie weggehen, warum sollte man dann auf „mehr Glück beim nächsten Mal" hoffen? Der Stock wird ungeschützt in der heißen Sonne gelassen und wenn kein Wind weht, ist die Hitze bald unerträglich oder zumindest sehr drückend; die Bienen hängen in losen Fäden, statt in einem kompakten Körper, wie wenn sie kühl gehalten werden; sie neigen sehr dazu, zu fallen, und wenn das passiert, schießen sie von allen Seiten heraus: Wenn die Königin zufällig mit ihnen fällt, *können sie* „heraustreten". Zwei Drittel aller Bienen, die in den Wald gehen, werden auf diese oder eine ähnliche Weise behandelt, und kann man nicht sagen, dass sie ziemlich vertrieben werden?

GEHT SELTEN OHNE CLUSTERBILDUNG LOS.

Vielleicht verlässt einer von dreihundert Schwarm den Wald, ohne sich vorher zu sammeln. Ich habe dreimal so viele gehabt, und keiner hat mich je auf diese Weise verlassen. Doch ich habe unumstößliche Beweise dafür, dass es einige tun. In meiner Nähe haben sich drei Fälle ereignet, die mich davon überzeugt haben. Zwei gingen verloren, der andere wurde zu einem Baum verfolgt, der eine halbe Meile entfernt war. Ich half dabei, den Baum zu fällen und die Schwäne in einen Stock zu setzen. Die Höhle, in die sie hineingingen, war sehr klein und enthielt alte Waben, die ein Schwarm ein oder zwei Jahre zuvor gebaut hatte. Der Schwarm war wahrscheinlich verhungert, da zu wenig Platz vorhanden war, um genügend Honig für den Winter zu lagern. Dieser Schwarm war vollkommen zufrieden, als er in einen Stock gesetzt und nach Hause gebracht wurde.

WÄHLEN SCHWÄRME VOR DEM SCHWÄRMEN EINEN STANDORT?

Oft wird gefragt: „Haben alle Schwärme einen Platz, den sie suchen, bevor sie den Elternbestand verlassen?" Die Antwort darauf muss immer nur eine Vermutung sein. Ich könnte einige Umstände anführen, die sehr stark für die Bejahung sprechen, und ebenso viele für die Verneinung; dabei will ich es belassen. Doch ich glaube, dass bei richtiger Pflege der Bienen 99 von 100 Schwärmen einen guten, sauberen Bienenstock einem morschen Baum im Wald vorziehen werden.

Mittel zur Abwehr eines Schwarms.

Ich hatte drei Schwärme, die Ausnahmen von den allgemeinen Regeln waren und mir einige Schwierigkeiten bereiteten, indem sie nach dem Einsetzen ausschwärmten . Beim dritten und vierten Mal, als sie ausschwärmten, schüttete ich Wasser unter sie, was einen ziemlichen Regenschauer verursachte. Als mein Eimer voll leer war, benutzte ich Erde. Sie flogen nur eine kurze Strecke und sammelten sich auf die übliche Weise. Wollten diese Bienen nun ausschwärmen und wurden ihre Pläne durch das Wasser und die Erde vereitelt? Ich bin mir nicht ganz so sicher wie die alte Dame, die *wusste* , dass „Trommeln auf einer Blechpfanne gut tut", aber ich neige dazu zu glauben, dass es eine gewisse Wirkung hatte. Ich habe von mehreren Fällen gehört, in denen Schwärme anscheinend aufgehalten wurden, indem man Erde unter sie warf, während sie über ein Feld flogen, auf dem Männer arbeiteten. Wir wissen, dass sie es nicht mögen, nass zu sein, da wir sehen, wie sie bei einem nahenden Regenschauer nach Hause eilen. Oder wir können sie jederzeit in den Stock treiben, indem wir sie mit Wasser besprenkeln. Wasser in den Schwarm zu schütten ist eine Art nachgeahmter Regenschauer, und Erde ist so etwas Ähnliches. Ob nützlich oder nicht, das Verlassen des Bienenstocks durch diese Schwärme war ziemlich verdächtig und ich sollte es unter ähnlichen Umständen noch einmal versuchen.

EINIGE ZWANG.

Nachdem ich sie das vierte Mal in den Stock gebracht hatte, beschloss ich, mich nicht entmutigen zu lassen und mir noch viel mehr solcher Schwierigkeiten zu machen und vielleicht endlich in den Wald zu gehen und damit ein schlechtes Beispiel zu geben. Ich legte die Bodenplatte aus Drahtgewebe unter den Stock, öffnete oben zwei oder drei Löcher und bedeckte diese ebenfalls mit Drahtgewebe (damit die Luft zirkulieren konnte). Ich gab ihnen eine Menge Honig und Wasser und brachte sie dann in den Keller, wo ich sie vier Tage lang gefangen hielt, mit Ausnahme einer halben Stunde vor Sonnenuntergang. Als es zu spät war, um auf die Reise zu gehen, setzte ich sie hinaus, um ein paar notwendige Dinge zu besorgen, und brachte sie dann wieder in den Keller. In vier Tagen, wenn man ihnen *genug Honig* gibt, füllt ein guter Schwarm einen gewöhnlichen Stock zur Hälfte mit Waben. Aus einigen der ersten abgelegten Eier schlüpfen gerade Larven , und das scheint mir zu viel, um sie zurückzulassen. Ich setzte sie nun hinaus und ließ sie frei, beschattete den Stock usw., wie zuvor angegeben. Sie alle erwiesen sich als treu und fleißig und hatten wie andere Erfolg. Auch wenn ihr Plan für einen weit entfernten Ort war, machten sie am Ende gute Miene zum bösen Spiel.

WIE WEIT GEHEN SIE AUF DER SUCHE NACH EINEM ZUHAUSE?

Wie weit sie auf der Suche nach einem Zuhause reisen, ist ebenfalls ungewiss. Ich habe gehört, dass sie sieben Meilen weit reisen, konnte aber nicht herausfinden, wie dies bewiesen wurde. Ich habe keine eigenen Erfahrungen in dieser Angelegenheit, werde aber einen Vorfall schildern, der sich vor ein paar Jahren in meiner Nähe zugetragen hat. Ein Nachbar pflügte, als ein Schwarm über ihn hinwegzog; da er sich in der Nähe der Erde befand, „bewarf er sie kräftig" mit der losen Erde, die er umgepflügt hatte, was sie anscheinend hoch- oder eher herunterzog, da sie sich auf einem sehr niedrigen Busch versammelten; sie waren eingenistet und machten keine weiteren Probleme. Ein Mann, der etwa drei Meilen von diesem Nachbarn entfernt wohnte, trieb an diesem Tag gegen elf Uhr einen Schwarm ein und ließ sie in der Sonne aufwärmen, wie ein oder zwei Seiten zuvor beschrieben; gegen drei Uhr war ihre Geduld wahrscheinlich erschöpft, als sie beschlossen, einen besseren Unterschlupf zu suchen. Sie zogen in großer Eile los und warteten nicht einmal darauf, ihrem Besitzer für das Essen auf seinem Tisch und die süß duftenden „ Yarbs " und guten Sachen zu danken, mit denen er ihren Stock eingerieben hatte. Sie gaben ihm keinerlei Hinweis auf ihre Absicht, „aufzugeben", bis sie sich in Bewegung setzten! Mit all ihren fertig verpackten Waren waren sie bald unterwegs, begleitet von ihrem Besitzer mit Musik; aber ob sie mit kriegerischer Präzision marschierten und den Takt hielten, ist ungewiss. In diesem Fall übernahmen die Bienen die Führung; der Mann mit seiner Blechmusik bildete die Nachhut und befand sich bald in respektvollem Abstand. Entweder waren sie gerade nicht in der Stimmung, sich von melodischen Klängen verzaubern zu lassen, oder ihr Geschäft war zu dringend, um anzuhalten und zuzuhören! Da ihre Fortbewegungsmittel seinen überlegen waren, gab er verzweifelt und außer Atem auf, nachdem er ihnen etwa eine Meile gefolgt war. Eine andere Person sah etwa zur gleichen Tageszeit einen Schwarm in die gleiche Richtung wie der erste ziehen; auch er folgte ihnen, bis er gezwungen war, ihren größeren Fortbewegungsmöglichkeiten nachzugeben. Eine dritte Person entdeckte ihren Flug und versuchte ein Wettrennen, kam aber wie die anderen bald zurück. Der zuvor erwähnte Nachbar sah sie und dachte an die frische Erde, die er umgepflügt hatte, und warf sie unter sie, bis sie anhielten. Wie weit sie gegangen wären, wenn überhaupt, lässt sich nur raten. Dass es derselbe Schwarm war, der drei Meilen entfernt gestartet war, scheint fast sicher; die Richtung war dieselbe, wie sie von allen gesehen wurde, bis sie angehalten wurden; auch die Tageszeit stimmte genau überein.

Wir kehren nun zur Ausgabe der Schwärme zurück. Es gibt einige Notfälle, für die Vorsorge getroffen werden muss, und einige Ausnahmen, die beachtet werden müssen.

ZWEI ODER MEHR SCHWÄRME, DIE SICH VEREINIGEN KÖNNEN.

Wenn wir viele Aktien halten wollen, ist die Wahrscheinlichkeit groß, dass zwei oder mehr gleichzeitig ausgegeben werden; und wenn das passiert, dann sammeln sie sich fast immer zusammen (ich kenne einmal einen Fall, in dem nur drei Aktien gehalten wurden; sie wimmelten alle zusammen und sammelten sich). Es ist klar, dass diese Wahrscheinlichkeit umso größer ist, je größer die Anzahl der Aktien ist.

NACHTEIL.

Ein erster Schwarm, wenn er die übliche Größe hat, enthält genug Bienen für einen Gewinn, doch zwei von ihnen arbeiten ohne Streit zusammen und lagern ungefähr ein Drittel mehr ein, als jeder allein käme; das heißt, wenn jeder einzelne Schwarm 50 Pfund kriegt, würden die beiden zusammen nicht über 70 Pfund kriegen, vielleicht weniger. Das ist also ein Verlust von 30 Pfund, außerdem ist einer der Schwärme für ein weiteres Jahr verloren; denn solche Doppelschwärme sind im nächsten Frühjahr im Allgemeinen nicht besser als der Bestand und oft nicht so gut wie ein einzelner. Sie werden also den Vorteil erkennen, die ersten Schwärme getrennt zu halten.

KANN OFT VERHINDERT WERDEN.

„Vorbeugen ist besser als heilen." Wenn wir gut aufpassen, können wir oft verhindern, dass mehr als ein Bienenvolk gleichzeitig ausschwärmt. Dies hängt in hohem Maße von unserer Kenntnis der Anzeichen ab. Ich habe gesagt, dass sie sich vor dem Abflug in großer Zahl am Eingang befanden; es mag eine Ausnahme unter zwanzig geben, bei der die ersten Anzeichen eine Schar von Bienen sind, die aus dem Stock stürmen. Um diese Angelegenheit etwas weiter von der Oberfläche abzulenken, wollen wir einen Blick ins Innere werfen, das heißt, ob unsere Bienenstöcke Glaskästen enthalten, wie sie empfohlen wurden. Es ist von Vorteil, so lange wie möglich im Voraus zu wissen, welche Bienen im Begriff sind, ihre Schwärme auszustoßen.

ANZEICHEN FÜR EIN SCHWARMEN IM BIENENSTOCK.

Diese Glaskästen sind normalerweise mit Bienen gefüllt; bevor sie die Bienen verlassen, kann man sie in Aufruhr sehen, lange bevor draußen eine ungewöhnliche Bewegung sichtbar wird, manchmal fast eine Stunde lang. Dasselbe kann man in einem Glasstock beobachten. Nun, bei gutem Wetter, wenn wir Grund haben, viele Schwärme zu erwarten, ist es unsere Pflicht, genau zu beobachten, besonders wenn das Wetter mehrere Tage zuvor ungünstig war. Eine Anzahl von Stämmen kann ihre Weiselzellen während des schlechten Wetters fertiggestellt haben und bereit sein, innerhalb der ersten Sonnenstunde, die mitten am Tag auftritt, herauszukommen. Wir müssen mit solchen Vorkommnissen rechnen, und in großen Bienenhäusern kann es leicht zu Problemen kommen, wenn Sie nicht einige Vorsichtsmaßnahmen treffen. Wenn Sie nicht darauf geachtet haben (was nur wenige tun), durch vorherige Untersuchungen herauszufinden, welche bereit sind, sehen Sie sich alle anderen an, die in der Lage sind, zu schwärmen, sobald eine gestartet ist oder zu fliegen begonnen hat, oder, was viel besser ist, sehen Sie nach, bevor eine gestartet ist. Auch wenn am Eingang nichts Ungewöhnliches zu sehen ist, heben Sie die Abdeckung der Kästen an. Wenn sich alle Bienen darin wie üblich ruhig verhalten, muss kein Schwarm sofort aufgegriffen werden und Sie werden wahrscheinlich Zeit haben, zunächst ein oder zwei Bienenstöcke unterzubringen.

VERHINDERN SIE FÜR EINE ZEIT DAS AUSTRETEN EINES SCHWARMS.

Sollten Sie jedoch feststellen, dass die Bienen in großer Aufregung hin und her laufen, obwohl sich nur wenige in der Nähe des Eingangs befinden, sollten Sie keine Zeit verlieren und die Bienen draußen mit Wasser aus einer

Gießkanne oder auf andere Weise besprenkeln. Sie werden sofort in den Stock gehen, um dem vermeintlichen Regenschauer zu entgehen. In einer halben Stunde sind sie bereit, wieder loszufliegen, und in dieser Zeit können die anderen in Sicherheit gebracht werden. In einem meiner Bienenstöcke waren an einem Tag zwölf Stöcke fertig und es kam tatsächlich zum Schwärmen; mehrere von ihnen wären sofort losgeflogen, wenn man sie nicht mit Wasser zurückgehalten hätte, sodass immer nur einer auf einmal hineingelassen wurde, wodurch sie getrennt blieben. Sie wurden durch die Wolken zurückgehalten, die sich gegen Mittag auflösten.

UM ZU VERHINDERN, DASS SICH SCHWÄRME MIT BEREITS BESETZTEN SCHWÄRMEN VERBINDEN.

Wenn einer der nachfolgenden Schwärme dazu neigte, sich mit den bereits im Bienenstock sitzenden zu vereinigen, wurde ein Tuch darüber geworfen, um ihn fernzuhalten. Ich hatte gleich vier auf einmal damit abgedeckt. In solchen Fällen ist ein Assistent sehr wichtig; einer kann die Symptome beobachten und sie zurückhalten, während der andere die Schwärme einsetzt.

Gelegentlich, wenn man auf einen Schwarm wartet und darauf wartet, dass einer losfliegt, können zwei gleichzeitig losfliegen. Wenn ein Teil losfliegt, gelingt es mir nie, den Flug zu stoppen. Daher habe ich festgestellt, dass es in solchen Fällen sinnlos ist, sie zurückzutreiben oder zurückzulocken. Um erfolgreich zu sein, müssen die Mittel rechtzeitig eingesetzt werden, bevor ein Teil des Schwarms losfliegt.

WENN ZWEI VEREINIGT SIND, DIE METHODE DER TRENNUNG.

Zwei oder mehr Schwärme werden sich zusammendrängen und nicht streiten, wenn man sie in einen Stock setzt; die Nachteile habe ich Ihnen bereits genannt. Sofern nichts sehr Dringendes ansteht, können Sie Ihre Zeit nicht besser nutzen, als sie zu teilen. Zunächst müssen Sie viel Geduld aufbringen, da dies eine kurze oder lange Arbeit sein kann. Nehmen Sie zwei leere Stöcke und teilen Sie die Bienen so gleichmäßig wie möglich auf. Im Allgemeinen ist es am besten, ein Tuch auf dem Boden auszubreiten, die Bienen in der Mitte zu schütteln und die Stöcke auf beiden Seiten der Masse aufzustellen, wobei die Ränder angehoben werden, damit die Bienen hineingelangen können; wenn zu viele in einen Stock gehen wollen, stellen Sie ihn weiter weg auf. Wenn sie sich an einer Stelle zusammendrängen, wo sie nicht gemeinsam zur Erde gebracht werden können, müssen sie wie zuvor beschrieben ausgeschöpft werden, aber in diesem Fall muss abwechselnd eine Schöpfkelle voll in jeden Stock gegeben werden, bis alle drin sind. Einige sollten dazu gebracht werden, hineinzugehen; halten Sie den Eingang frei und rühren Sie sie oft um; oder besprenkeln Sie sie mit ganz wenig Wasser, denn sie sollten nicht aufhören zu summen, bis alle drinnen sind. Wir haben eine Chance von eins zu zwei, in jedem eine Königin zu bekommen. Die beiden Stöcke sollten nun zwanzig Fuß voneinander entfernt aufgestellt werden. Wenn sich in jedem eine Königin befindet, werden die Bienen in beiden ruhig bleiben und die Arbeit ist getan. Wenn jedoch nicht, werden die Bienen in dem einen Stock, in dem es keine Königin gibt, dies bald dadurch zeigen, dass sie in alle Richtungen herumrennen. Wenn die Königin nicht zu finden ist, werden sie in den anderen Stock aufbrechen, wo sich wahrscheinlich zwei befinden, wobei jeweils einige auf einmal gehen. Nun gibt es zwei oder drei Methoden, diese Königinnen zu trennen. Eine besteht darin, die Bienen auszuleeren und wie zuvor vorzugehen, eine Art Glücksspiel, das beim nächsten Versuch erfolgreich sein kann und wiederholt werden muss. Eine andere Methode besteht darin, dass man, sobald festgestellt wurde, welcher Stock keine Königin hat, bevor viele Bienen weggehen, ein Laken ausbreitet, diesen Stock darauf setzt und die Ecken oben festbindet, um die Bienen vorerst zu sichern. Dann den Stock vorerst auf die Seite dreht, um ihnen Luft zu geben. oder man kann ihn auf ein Bodenbrett aus Drahtgewebe herablassen und das Loch an der Seite verschließen. Dadurch ersticken die Bienen weniger wahrscheinlich, wenn man es am Boden befestigen und den Stock auf der Seite liegen lassen könnte. Wenn diese Teilung abgeschlossen ist, holt man sich einen anderen Stock und schüttelt die mit den Königinnen heraus. Man lässt sie wie zuvor hineingehen und stellt sie dann beiseite usw. und beobachtet das Ergebnis. Wenn die Königinnen noch nicht getrennt sind, erkennt man das an den gleichen Erscheinungen. Der Vorgang muss fortgesetzt werden, bis die Königinnen getrennt sind, oder man kann die Anzahl der Königinnen leicht überprüfen und eine von ihnen finden. Tatsächlich sollte man von Anfang an scharf Ausschau halten und die Königinnen, wenn möglich, fangen.

KEINE GEFAHR EINES STICHS DURCH DIE KÖNIGIN.

Man muss keine Gefahr durch ihren Stich befürchten, da sie sich nicht dazu herablassen wird, diesen für einen gemeinsamen Feind einzusetzen; sie muss einen *königlichen* Gegner haben. Wenn es Ihnen gelingt, einen zu finden, genügt es; setzen Sie sie in ein Glas oder an einen anderen sicheren Ort; setzen Sie dann Ihre Bienen in zwei Stöcke, platzieren Sie sie wie angegeben, und Sie werden bald erfahren, wo Ihre Königin benötigt wird. Nachdem alles erledigt ist, sollten die beiden Stöcke nicht näher als zwanzig Fuß voneinander entfernt sein, zumindest am ersten Tag; vielleicht wären vierzig noch besser. Wenn zwei Schwärme gemischt und dann getrennt werden, ist es offensichtlich, dass ein Teil jedes Schwarms in beiden Stöcken sein muss. Eine Königin in jedem muss natürlich für mindestens einen Teil der Bienen eine Fremde sein; diese könnten sie, wenn ihre eigene Mutter zu nahe wäre, entdecken und die Fremde für eine alte Bekannte zurücklassen und beim

Weggehen alle, einschließlich der Königin, mit sich rufen oder anlocken. Ich kenne einige Beispiele dieser Art.

EINIGE VORSICHTSMASSNAHMEN BEIM ZUSAMMENBAU ZWEIER SCHWÄRME.

Wenn Sie die Bienen trennen möchten, sich aber scheuen, mitten am Tag so viel unter ihnen zu arbeiten, oder wenn die Gefahr besteht, dass noch mehr Bienen herauskommen, sich unter sie mischen und Ihre Verwirrung, von der Sie bereits genug haben, noch vergrößern, können Sie sie als einen einzigen Schwarm unterbringen . Statt eines Bodenbretts drehen Sie jedoch einen leeren Stock um, stellen den mit dem Schwarm darauf und stecken einen Keil dazwischen, um für Belüftung zu sorgen. Da viele Bienen dazu neigen, herunterzufallen, fängt in diesem Fall der untere Stock sie auf, und es besteht weniger Gefahr, dass sie wegfliegen. Lassen Sie sie bis kurz vor Sonnenuntergang dort, dann kann ein anderer Weg eingeschlagen werden, um eine Königin zu finden, obwohl zu diesem Zeitpunkt manchmal eine getötet wird; es ist dennoch gut, dies zu wissen. Bringen Sie sie an einen Ort ohne Sonne, da während der Operation weniger Bienen wegfliegen werden.

SO FINDET MAN DIE KÖNIGIN, WENN ZWEI FREMDE ZUSAMMEN SIND.

Suchen Sie zunächst im unteren Stock nach einer toten Königin. Wenn Sie dort keine finden, suchen Sie gründlich nach einem kleinen, kompakten Bienenschwarm in der Größe eines Hühnereis, der herumgerollt werden kann, ohne sich zu trennen. Befestigen Sie diesen Schwarm in einem Tumbler. Es ist ganz sicher, dass eine der Königinnen in der Mitte gefangen ist . [16] sollten zwei zu sehen sein, nehmen Sie beide. Dann teilen Sie die Bienen auf und geben Sie der einen, die keine hat, eine Königin; oder, wenn Sie zwei haben, jeder eine, je nach Lage. Es wäre gut, zuerst zu sehen, ob die Königin noch lebt, indem Sie die Bienen von ihr entfernen. Sollten Sie jedoch nichts dergleichen finden, breiten Sie ein Tuch auf dem Boden aus, schütteln Sie die Bienen an einem Ende davon und stellen Sie den Stock auf das andere; sie werden sofort einen Marsch zum Stock antreten. Sie können jetzt den Schwarm sehen, müssen es aber nicht; aber sie werden sich beim Marschieren ausbreiten und eine gute Gelegenheit bieten, ihre Majestät zu sehen, wenn ein Glas das bequemste ist, das man über sie stellen kann. Ganz gleich, ob ein paar Bienen mit ihr eingesperrt sind, es besteht dann kein Risiko, in Ihrem Eifer, die Königin zu bekommen, eine oder zwei Arbeiterinnen zu erwischen. Sie können ein Stück Fensterglas darunter schieben, und Sie haben sie in Sicherheit, und zu diesem Zeitpunkt werden Sie wissen, was als nächstes zu tun ist. Dieser Vorgang kann nicht mitten am Tag oder in der Sonne durchgeführt werden, da zu viele Bienen herumfliegen und dies sehr stören würde.

Wenn Sie keine Königin finden und es Ihnen deshalb nicht gelingt, sie zu teilen, oder wenn Sie sich aus Zeit-, Geduls- oder Energiemangel dazu entschließen, sie zunächst zusammen zu lassen, ist es nicht nötig, einen größeren Stock als üblich für zwei Schwärme zu kaufen; bei kaltem Wetter finden sie sicher Platz; wenn es mehr als zwei sind, *sollten sie* auf jeden Fall geteilt werden; das wäre ein weiteres Jahr lang von Nachteil. In den ersten vier Tagen, wenn zwei große Schwärme zusammen sind, ist es notwendig, einen umgedrehten Stock unter ihnen zu halten, aber viel länger würde das nicht reichen, da sie ihre Waben in den unteren Stock hinein ausdehnen könnten.

SOFORT KÄSTEN FÜR DOPPELSCHWÄRME.

Dann sollte er herausgenommen und sofort Kisten aufgesetzt werden, die durch leere ersetzt werden sollten, sobald sie gefüllt sind. Dieser zusätzliche Honig ist jedoch nicht ganz so vorteilhaft wie eine Erhöhung der Vorräte; wenn dies ein Ziel ist, empfehle ich eine andere Vorgehensweise.

RÜCKGABE EINES TEILS IN DEN ALTEN LAGERBESTAND.

Trennen Sie ein Drittel oder mehr der beiden Schwärme, stellen Sie sicher, dass sich keine Königin in diesem Teil befindet (durch den Test, sie auf Distanz zu platzieren) und bringen Sie sie dann zu einem der alten Bestände zurück. Sie werden sofort ohne Streit eintreten und nach etwa neun Tagen wieder ausfliegen oder sobald eine junge Königin herangewachsen ist, um mit ihnen zu gehen. Es kann eine Ausnahme von einer von zwanzig geben. Ich hätte dieses Vorgehen in allen Fällen dieser Art empfohlen, aber es wird für die Bienen im alten Bestand Zeitverlust bedeuten, da sie dazu neigen, ziemlich untätig zu sein, selbst wenn sie in den Kästen arbeiten könnten; und hier geht etwa acht oder zehn Tage verloren. Die Erträge eines guten Schwarms können auf mindestens ein Pfund pro Tag geschätzt werden (oft zwei oder drei). Ein Schwarm, der den Stock gerade füllt, würde mindestens zehn Pfund Kastenhonig ergeben, wenn er zehn Tage früher gefunden werden könnte. Eine weitere Methode kann angewendet werden, wenn Sie einen sehr kleinen Schwarm haben, der den Stock wahrscheinlich nicht füllen wird und der nicht länger als zwei oder drei Tage im Stock war. Ein Drittel Ihrer beiden Schwärme kann dazugegeben werden. Achten Sie dabei wie zuvor darauf, dass Sie Ihre einzige Königin nicht mit ihnen verlieren.

METHODE DER VERBINDUNG.

Die Vorgehensweise ist ganz einfach: Setzen Sie sie wie zuvor beschrieben in einen Bienenstock und schütten Sie sie vor den Bienenstock, in den sie hinein sollen, oder drehen Sie ihn um, stellen Sie den anderen darüber und lassen Sie sie nach oben laufen.

WANN PFLEGE ERFORDERLICH IST.

Außer am Tag des Schwärmens ist Vorsicht geboten, wenn man nicht eine kleine Anzahl mit einem großen Schwarm zusammenbringt, denn sie laufen Gefahr, vernichtet zu werden. Die Gefahr ist viel größer, als wenn man ungefähr gleich viele zusammenbringt oder eine große Anzahl mit wenigen zusammenbringt. An dem Tag, an dem die Schwärme hervorkommen, mischen sie sich im Allgemeinen friedlich, aber je mehr Zeit zwischen den Schwärmen vergeht, desto größer ist die Gefahr von Streit. Dennoch habe ich im Herbst und im Frühjahr zwei Familien mit ungefähr gleicher Anzahl zusammengebracht und hatte, mit wenigen Ausnahmen, keine Schwierigkeiten.

SCHWARMFÄNGER.

Es gibt eine andere Methode, Schwärme getrennt zu halten, die von einem Herrn Loucks aus Herkimer Co., NY, erfunden und angewendet wird. Er nennt sie Schwarmfänger. Er besitzt ein halbes Dutzend davon und sagt, er würde für 50 Dollar keine Saison ohne auskommen, da er einen großen Bienenstand habe. Ich habe einen so genau wie möglich nach seinem Vorbild gebaut, ohne ihn genau zu vermessen. Ich holte vier lange Pfosten mit einem Quadratzoll Abstand; dann zwölf Stücke von einem Viertelzoll-Material und einer Breite von vier Zoll; die vier für die oberen waren zwölf Zoll lang, die unteren zwei waren vierzehn Zoll lang und zwei waren zwanzig Zoll lang. Diese wurden gründlich an die Enden der Pfosten genagelt, wodurch ein aufrechter Rahmen entstand; die anderen vier Stücke wurden in der Mitte festgenagelt, was den Rahmen stabiler machte. Ich baute einen Rahmen für die Oberseite aus vier Stücken, jedes anderthalb Zoll breit und einen halben Zoll dick, die an den Enden halbiert und zusammengenagelt und mit Scharnieren an einer Seite der Oberseite befestigt und mit einem Riegel geschlossen gehalten wurden. Das Ganze wurde nun mit einem sehr dünnen Tuch bedeckt, um Licht hereinzulassen, aber nicht so offen, dass die Bienen hindurchkamen (Mr. Loucks verwendete Tuch für Käsesiebe). Ich hatte nun einen überdachten Rahmen, viereinhalb Fuß hoch, oben 12 Zoll im Quadrat, unten 14 mal 20 Zoll, mit einer Tür oder einem Deckel oben, um die Bienen herauszulassen. Auf jeder Seite des Bodens heftete ich ein Stück gewöhnlichen Musselin an, ungefähr einen Yard lang. Wenn ein Schwarm ausfliegen will, wird der Boden dieses Rahmens vor dem Stock aufgestellt, eine Kante des Bodens ruht auf dem Bodenbrett, die andere an der Seite des Stocks; die Oberseite geht in einem Winkel von etwa 45 Grad vom Stock ab, darunter wird eine Strebe angebracht, um sie zu halten. Der Musselin am Boden soll seitlich um den Stock gewickelt werden, um das Entkommen der Bienen zu verhindern. Der Schwarm stürzt ohne Zögern hinein .

Wenn die Bienen fertig sind, wird der Musselin unten darüber gezogen, der Rahmen wird aufrecht hingestellt und einige Minuten stehengelassen, damit sich die Bienen oben beruhigen können. Dann wird er auf die Seite gelegt, die Tür geöffnet und die Bienen werden eingehaust. Bei den wenigen Versuchen, die ich gemacht habe, ist es mir ohne Schwierigkeiten gelungen. Ich möchte jedoch anmerken, dass Stöcke, aus denen auf diese Weise Schwärme gefangen werden, an der Rückseite nicht angehoben werden dürfen, da ein Teil des Schwarms dort herauskommen und nicht ins Netz gelangen würde. Mr. Loucks hatte seinen Stock direkt auf dem Brett und er erzählte mir, dass er sie die ganze Saison über so hielt: Die einzigen Eingangsstellen waren ein Spross unten an der Vorderseite, etwa drei Zoll breit und einen halben Zoll tief, und ein Loch an der Seite einige Zoll weiter oben. Sie werden also erkennen, dass Stöcke, aus denen auf diese Weise Schwärme gefangen werden, vorher dafür vorbereitet werden müssen. Auch für Bienenzüchter, die darauf angewiesen sind, ihre Schwärme in der Luft zu sehen, ist es nutzlos. Es ist nur in großen Bienenhäusern von Nutzen, wo mehrere Schwärme gleichzeitig ausschwärmen können, die Schwarmsignale gut verstanden werden und der Imker auf der Hut ist.

MANCHMAL KOMMEN SCHWÄRME ZURÜCK.

Gelegentlich kommt ein Schwarm heraus und kehrt nach wenigen Minuten zum alten Stamm zurück. Mr. Miner gibt dafür eine sehr raffinierte und romantische Ursache an, aber leider gibt es nur wenige Fakten, die diese Hypothese stützen (zumindest habe ich keine entdeckt). Es gibt andere Ursachen, die mir vernünftiger erscheinen; die häufigste ist die Flugunfähigkeit der alten Königin aufgrund ihrer Eierlast, ihres Alters oder aus anderen Gründen. Manchmal habe ich, nachdem der Schwarm zurückgekehrt war, die Königin in der Nähe des Stammes gefunden und sie wieder zurückgebracht, und am nächsten Tag kam sie wieder heraus und flog ohne Schwierigkeiten (vielleicht hatte sie einige ihrer Eier abgegeben).

Bei windigem Wetter oder wenn die Sonne teilweise von Wolken verdeckt ist, kehren sie häufiger zurück. Etwa drei Viertel von ihnen schlüpfen erst wieder, wenn eine junge Königin herangewachsen ist, also acht oder zehn Tage später; und einige wenige überhaupt nicht. Aber wenn die Königin mit dem Schwarm zurückkehrt, kommen sie normalerweise am nächsten oder übernächsten Tag wieder heraus, und manche erst am dritten oder vierten. Mir sind zwei Fälle bekannt, in denen sie am selben Tag wieder schlüpften.

WIEDERHOLUNG VERHINDERT.

Manchmal fliegt ein Schwarm drei oder vier Tage hintereinander los und kommt wieder zurück, aber das behebe ich normalerweise, da es oft auf eine Unfähigkeit der Königin zurückzuführen ist und sie häufig angetroffen wird, während der Schwarm den Stock verlässt und nicht fliegen kann. In solchen Fällen ist es nur notwendig, einen Tumbler bereitzuhalten und nach ihr Ausschau zu halten; und sobald sie erscheint, sichern Sie sie, holen Sie den leeren Stock für den Schwarm, ein Tuch und legen Sie ein paar Fuß vom

Stock entfernt ein Bodenbrett aus. Der Schwarm wird sicher zurückkommen; die ersten Bienen, die auf dem Stock landen, werden den Ruf ausstoßen; sobald dies bemerkt wird, verlieren Sie keine Zeit, stellen Sie den alten Stock auf das Brett und werfen Sie das Tuch darüber, um die Bienen fernzuhalten. Stellen Sie den neuen Stock an seinen Platz auf dem Ständer und setzen Sie die Königin hinein; in wenigen Minuten wird der Schwarm im *neuen* Stock sein, dann kann er entfernt und der alte ersetzt werden. Das habe ich oft gemacht. Sollte sich der Schwarm jedoch an einem geeigneten Ort versammeln, können Sie die Königin, nachdem Sie sie gefangen haben, durch schnelles Vorgehen zum Schwarm bringen, bevor dieser sie verpasst, und sie auf die übliche Weise in den Bienenstock einsetzen .

HAFTUNG FÜR DIE EINGABE FALSCHER AKTIEN.

Egal, ob Sie einen neuen Stock anstelle des alten aufstellen oder nicht, wenn ein Schwarm zurückkehrt, werden andere Stäbe, die dicht aneinander stehen, ganz sicher einen Teil der Bienen aufnehmen – wahrscheinlich ein paar Hundert ; diese werden mit Sicherheit abgeschlachtet. Um dies zu verhindern, ist es notwendig, Laken darüber zu werfen, bis sich der Schwarm in seinem eigenen Stock versammelt hat. Dies ist ein weiterer Grund für viel Platz zwischen den Stäben. Sollte während des Austriebs oder der Rückkehr keine Königin entdeckt werden, sollte man sie in der Nähe des Stocks suchen und, wenn man sie findet, wieder zurückbringen. Der Schwarm wird wahrscheinlich mehrere Tage früher austreiben, als wenn man auf eine junge Königin warten würde.

Wenn die alte Königin tatsächlich verloren ist und die Bienen zurückgekehrt sind, um auf eine junge zu warten, ist sie oft ein oder zwei Tage früher bereit, als es für einen zweiten Schwarm erforderlich wäre. Ob eine größere Anzahl von Bienen im alten Bestand, die mehr animalische Wärme erzeugen, die Puppe in kürzerer Zeit reifen lässt als ein Bestand, der durch das Auswerfen eines Schwarms ausgedünnt wurde, oder ob es eine andere Ursache gibt, kann ich nicht sagen. Ich erwähne es, weil ich weiß, dass es häufig vorkommt, aber nicht immer. Ein Schwarm, der ohne eine Königin fliegt, wird stärker zerstreut als gewöhnlich.

Bei den ersten Ausgaben wird im Allgemeinen schönes Wetter gewählt.

Erste Schwärme sind in der Regel wählerischer, was das Wetter angeht, als Nachschwärme. Sie haben mehrere Tage zur Auswahl, nachdem diese königlichen Zellen bereit sind und bevor die Königinnen herangereift sind; und sie wählen normalerweise einen guten Tag. Aber auch hier gibt es Ausnahmen. Ich hatte einmal zwei erste Schwärme, die bei einem Wind ausbrachen, der jeden Ast eines Baumes und Busches so in Bewegung hielt, dass es unmöglich war, einen solchen Platz zum Versammeln zu finden. Ich erwartete ihre Rückkehr zum alten Stock; aber es gab noch mehr Ausnahmen. Nachdem sie einen vergeblichen Versuch an den Ästen wiederholt hatten, gaben sie es auf und landeten im Gras auf „festem Boden". Dies geschah nach mehreren Tagen Regenwetter. Am nächsten Tag, wo es angenehm war, kamen zwölf Schwärme heraus; was beinahe beweist, dass der Wind am Vortag einen Teil zurückgehalten hatte. Ich kannte auch einen, der in einem Regenschauer ausbrach, der viele von ihnen zu Boden schlug, bevor sie sich versammeln konnten. In diesem Fall kam der Regen plötzlich; die Sonne schien fast bis zu dem Zeitpunkt, als es zu regnen begann. Ungefähr zu dieser Zeit brach der Schwarm auf, als es schien, als wollten sie nicht umkehren.

NACH SCHWÄRMEN.

Nachschwärme sind zweite und dritte Schwärme (oder alle nach dem ersten) aus einem Bestand und eine völlig andere Angelegenheit als die ersten, ebenso wie einige erste Schwärme, wenn die alte Königin verloren gegangen ist und von jungen Königinnen hinausgeführt werden.

IHRE GRÖSSE.

Zweite Schwärme sind normalerweise halb so groß wie die ersten, die dritten halb so groß wie die zweiten, die vierten noch kleiner; mit einigen Abweichungen. Ich gebe allgemeine Merkmale an und erwähne nur die Ausnahmen, die am häufigsten auftreten; andere kommen manchmal vor, aber so selten, dass ihre Erwähnung als unnötig erachtet wird.

ZEIT NACH DEM ERSTEN.

Wenn der erste Schwarm in einer guten Saison *nicht durch schlechtes Wetter zurückgehalten wurde* , ist die erste der jungen Königinnen im alten Bestand nach etwa acht Tagen bereit, zu schlüpfen. Wir gehen davon aus, dass der erste Schwarm am Sonntag ausschlüpft; eine Woche nach dem nächsten Dienstag ist der zweite Schwarm normalerweise so früh zu erwarten.

PFEIFENSPIEL DER KÖNIGIN.

Wenn Sie am vorherigen Montagabend oder Dienstagmorgen Ihr Ohr dicht an den Stock halten und fünf Minuten lang aufmerksam lauschen, werden Sie ein deutliches Piepsgeräusch hören, das wie das Wort „ *Piep, Piep* "aussieht und mehrere Male hintereinander ausgesprochen wird, worauf eine Pause einsetzt. Oft sind zwei oder mehr Geräusche gleichzeitig zu hören; das eine ist schrill und fein, das andere heiser, kurz und schnell. Dieses Piepsen kann jeder, der *nicht* wirklich taub ist, leicht hören und es besteht nicht die geringste Gefahr, dass es für ein Summen gehalten wird. Tatsächlich ist es mit nichts anderem *als einem Piepsen zu verwechseln* , selbst wenn Sie es zum ersten Mal hören. Diese Töne können wahrscheinlich nur gehört werden, wenn der Stock mehrere Königinnen enthält.

KANN IMMER VOR UND NACH DEM SCHWARM GEHÖRT WERDEN.

Ich *habe es immer gehört* , weder vor einem zweiten Schwarm noch nach dem ersten, wann immer ich gelauscht habe; und wann immer ich gelauscht habe und es nicht zur rechten Zeit gehört habe, habe ich nie gewusst, dass ein zweiter Schwarm kommen würde!

DIE DAUER DER FORTSETZUNG VARIIERT.

Bei manchen Beständen wird der Beginn später sein als diese Regel, wenn das Wetter kühl ist oder nicht viele Bienen übrig sind; es können zehn oder zwölf Tage vergehen. Einmal habe ich es vierzehn Tage vergehen lassen, bevor ich es hörte. Es kann auch sein, dass der Schwarm erst zwei oder drei Tage, nachdem Sie ihn gehört haben, ausschwärmt. Je länger der Schwarm zögert, desto lauter wird das Piepsen sein; ich habe es deutlich aus sechs Metern Entfernung gehört, als ich aufmerksam hinhörte und wusste, dass einer damit beschäftigt war; aber zuerst ist es ziemlich schwach. Wenn Sie Ihr Ohr an den Stock halten, können Sie es sogar mitten am Tag oder jederzeit vor dem Ausschwärmen hören. Die Zeitspanne, die Sie vorher hören können, scheint wiederum von der Honigertragsmenge abzuhängen ; bei reichlichem Honig schlüpfen die Bienen normalerweise am nächsten Tag; ist er aber etwas spärlich, dauert es viel länger – sehr oft drei oder vier Tage. In diesen Fällen kommen dritte Schwärme selten vor.

ZEIT ZWISCHEN DER ZWEITEN UND DRITTEN AUSGABE.

Das Pfeifen des dritten Schwarms (wenn dieser ausschwärmt) ist normalerweise am Abend nach dem Aufbruch des zweiten zu hören, obwohl zwischen ihren Ausschwärmen häufig ein Tag vergeht.

Hier steht meine Erfahrung im Widerspruch zu vielen Autoren, die mehrere Tage zwischen dem zweiten und dritten angeben. Ich kann mich an keinen Fall erinnern, in dem mehr als drei Tage dazwischen lagen, aber an viele, in denen es weniger waren, mehrere am nächsten und einen am selben Tag des zweiten! Ich habe einen Fall erlebt, in dem ein Schwarm seine Königin (die alte) bei seinem ersten Ausflug verlor und zurückkehrte, um auf die jungen zu warten; als sie bereit waren, waren ungewöhnlich viele Bienen da; drei Schwärme flogen innerhalb von drei Tagen aus! Am vierten kam ein weiterer heraus und kehrte zurück; am fünften Tag flog er weg; so entstanden vier reguläre Schwärme in fünf Tagen. Am achten flog der fünfte Schwarm weg! Obwohl ich noch nie fünf Schwärme aus einem Bestand hatte, erwartete ich dies, da ich am nächsten Abend das Piepsen hörte, nachdem der vierte weggeflogen war. Das Piepsen hatte in diesem Stock vom Abend vor dem ersten Schwarm angehalten, bis der letzte weggeflogen war.

NICHT IMMER VERLÄSSLICH.

Ein Stamm von fünfzehn kann mit dem Pfeifen beginnen, aber dennoch keinen Schwarm aussenden. Die Bienen werden es sich anders überlegen und ihre Königinnen töten oder der ältesten von ihnen erlauben, die anderen zu töten, oder es geschieht auf andere Weise, da sie unter solchen Umständen nicht immer schwärmen. Aber wenn das Pfeifen länger als 24 Stunden anhält, kenne ich *nur einen einzigen Fehlschlag* ! Ich kenne einige (zwei oder drei), die mit dem Pfeifen begannen, obwohl ich annahm, dass die alte Königin noch da war und den Stock wegen schlechten Wetters nicht verlassen hatte, aber bald darauf kam ein Schwarm heraus. Außerdem gab es drei Fälle, in denen ich annahm, dass die alte Königin aus einem anderen Grund als dem Herausführen eines Schwarms verloren ging und der Stamm einige junge Bienen aufzog, um ihren Platz einzunehmen. Dies geschah in oder kurz vor der Schwarmsaison und ein oder zwei Ausbrüche waren die Folge. Ein Fall ereignete sich drei Wochen vor der Saison und der Schwarm war etwa halb so groß wie üblich. Wenn ein Schwarm draußen war und am Ende der Schwarmsaison zurückgekehrt ist, ist es viel wahrscheinlicher, dass er erneut ausbrütet, als wenn er von einer alten Königin als Anführerin abhängig war, die nicht draußen gewesen war. Dies geschieht manchmal eine Woche oder zehn Tage später als andere. Einmal wurde der erste Schwarm durch nasses Wetter zurückgehalten, und der zweite kam am fünften Tag danach heraus; in mehreren anderen Fällen am siebten und achten; und einer erst am sechzehnten, nach dem ersten.

EINE REGEL FÜR DIE ZEIT DIESER PROBLEME.

Als Regel kann man sagen, dass alle Nachschwärme am 18. Tag nach dem ersten ausgezogen sein *müssen* . Ich habe nie eine Ausnahme gefunden, es sei denn, man kann Folgendes so betrachten: Wenn ein Schwarm Mitte Mai und ein anderer am 1. Juli, also sieben Wochen später, ausgezogen ist, sind zwei Fälle dieser Art aufgetreten, und diese betrachte ich eher als erste Schwärme, da sie unter denselben Umständen ausziehen und die Waben im alten Bestand mit Brut gefüllt, die Weiselzellen fertig usw. zurücklassen. Ein Bestand kann nach demselben Prinzip im Juni Schwärme ausziehen und ein Buchweizenschwarm im August.

WENN ES NUTZLOS IST, MIT WEITEREN SCHWÄRMEN ZU
rechnen.

Daher werden Imker mit nur wenigen Beständen es nicht nötig finden, ihre Bienen zu beobachten, wenn der letzte der ersten Schwärme sechzehn oder achtzehn Tage zuvor ausschwärmte. Durch das Verständnis dieser

Angelegenheit kann man sich viel Ärger ersparen. In meinen Anfangstagen als Imker wünschte ich mir eine möglichst große Vermehrung meiner Bienenbestände. Ich hatte einige, die den ersten Schwarm ausgeworfen hatten und sich bald darauf wieder zusammenrotteten. Ich beobachtete sie vergeblich wochen- und monatelang in der Erwartung eines weiteren Schwarms. Aber Hätte ich die *Vorgehensweise verstanden*, wie der Leser sie jetzt vielleicht versteht, hätte ich all meine Sorgen und meine Beobachtungsarbeit in vierzehn Tagen hinter mir. Tatsächlich dauerte es zwei Monate. Ich fand niemanden, der mir Aufklärung zu diesem Thema geben oder mir auch nur sagen konnte, wann die Schwarmsaison vorbei war, und ich hätte beinahe den ganzen Sommer lang beobachtet!

Die Mehrzahl der Königinnen wurde zerstört.

Wenn die Bienen, Königinnen oder alle zusammen beschließen, dass keine weiteren Schwärme mehr ausschwärmen sollen, wird die Mehrzahl der Königinnen vernichtet und nur eine bleibt übrig. Wahrscheinlich erledigt die älteste und stärkste Königin die anderen, normalerweise noch in den Zellen.

Ich habe einmal zu einem Experiment einige künstliche Königinnen aus gewöhnlichen Eiern auf einem Bienenstock in einer kleinen Glaskiste aufgezogen, in der nur Platz für eine Wabe war, so dass ich alle Einzelheiten sehen konnte.

DIE ART UND WEISE.

Nachdem die erste Königin herangewachsen war und ihre Zelle verlassen hatte, konnte ich sie innerhalb von sechs Stunden fangen, wobei ich ihre jüngeren Schwestern ausnutzte, die noch verschlossen waren und natürlich keinen Widerstand leisten konnten. Sie öffnete zunächst eine Öffnung, die es ihr ermöglichte, an den Hinterleib ihrer Konkurrentin zu gelangen (wahrscheinlich ist dieser am verwundbarsten). Sobald dieser groß genug war, um ihren Körper aufzunehmen, stieß sie ihn hinein und versetzte ihm den tödlichen Stich. Dieser wurde dann einer anderen überlassen, die bald das gleiche Schicksal teilte. Wenn schnelle und boshafte Bewegungen ein Anzeichen von Hass sind, dann zeigte er sich hier sehr deutlich. Die Bienen vergrößerten die Öffnung und zogen die nun toten Königinnen heraus.

Wenn ich nun sagen würde, dass alle Königinnen auf diese Weise verjagt wurden, nur weil ich es in diesem Fall bezeugt habe, dann würde ich damit das Prinzip anwenden, das ich zu vermeiden versuche: nämlich alle Fälle anhand von ein oder zwei einzelnen Tatsachen zu beurteilen. So wie es ist, bestätigt es in gewisser Weise, was andere gesagt haben. Ich werde also, bis weitere Beweise es widerlegen, annehmen, dass die erste perfekte Königin, die ihre Zelle verlässt, es sich zur Aufgabe macht, alle Rivalinnen in ihrer Wiege zu vernichten, sobald entschieden ist, dass keine weiteren Schwärme mehr schlüpfen sollen. Indem man Gras, Unkraut usw. von der Umgebung des Viehs fernhält, kann man diese toten Königinnen, wenn sie herausgebracht werden, häufig finden. Diejenigen, die während der Nacht entfernt werden, kann man morgens oft auf dem Dielenboden finden. Ich habe ein Dutzend pro Vieh gefunden. Sollte das Vieh nur einen Schwarm ausschicken, kann man sie ungefähr zur gleichen Zeit finden oder kurz bevor man auf das Piepsen hören würde. Sollten jedoch später Schwärme herauskommen, werden sie am nächsten Morgen gefunden oder können gefunden werden, nachdem entschieden wurde, dass keine weiteren Schwärme mehr herauskommen. Es kommt sehr selten vor, dass alle aufgezogenen Königinnen benötigt werden. Sie machen es sich zur Regel, soweit sie die Kontrolle haben, auf Nummer sicher zu gehen, indem sie etwas mehr als gerade genug haben. Wenn mehrere solcher Körper hinausgeworfen werden und kein Piepsen zu hören ist, muss kein weiteres Schwärmen erwartet werden. Sollten Sie jedoch ein oder zwei Tage nach dem Auffinden einer toten Königin das Piepsen hören, können Sie dennoch nach dem Schwarm suchen.

Theorie in Zweifel gezogen.

Es wird behauptet, dass, wenn die Bienen beschließen, einen Nachschwarm zu produzieren, die erste ausgewachsene Königin ihre Zelle nicht verlassen darf, sondern dort gefangen gehalten und gefüttert wird, bis sie mit dem Schwarm weiterziehen will. Dies mag in einigen Fällen zutreffen (obwohl es nicht zufriedenstellend bewiesen ist), aber ich bin ganz sicher, dass dies nicht in allen Fällen zutrifft.

Wie stellt sie fest, dass andere da sind, wenn sie in ihrer Zelle eingesperrt ist? Indem sie die Zelle verlässt, ist sie leicht dazu in der Lage. Huber sagt, sie tut das und ist „wütend über die Anwesenheit anderer und versucht, sie zu vernichten, während sie noch in der Zelle ist, was die Arbeiterinnen nicht zulassen; das reizt Ihre Majestät so sehr, dass sie dieses eigenartige Geräusch von sich gibt." Auch zweite und dritte Schwärme können mehrere Königinnen enthalten, häufig zwei, drei und vier; sogar sechs kommen gleichzeitig heraus. Wenn diese sich ihren Weg nach draußen freibeißen müssten, nachdem die Arbeiterinnen entschieden haben, dass es Zeit ist aufzubrechen (denn *sie müssen* es entscheiden, wenn die Königinnen eingesperrt sind), wären sie kaum in der Saison.

NACHHER, WENN DIE SCHWÄRME KURZ VOR DER AUSGABE STEHEN, SEHEN SIE EIN ANDERES AUSSEHEN ALS DIE ERSTEN.

Noch etwas: Wenn ein Schwarm nach dem Aufbruch beginnt, sieht es rund um den Eingang ganz anders aus als bei den ersten Schwärmen, es sei denn, es sind ungewöhnlich viele Bienen da. Ich habe gesagt, dass es kurz vorher in einem scheinbaren Tumult usw. war. Aber bei Nachschwärmen ist das selten zu bemerken. Manchmal sieht man eine oder mehrere der jungen Königinnen in völliger Raserei mehrere Male in wenigen Minuten hinaus- und wieder zurücklaufen; manchmal fliegen sie eine kurze Strecke und kehren zurück, bevor der Schwarm losfliegt (was sie nicht tun könnte, wenn sie eingesperrt wäre). Die Arbeiterinnen scheinen zögerlicher zu gehen als bei den ersten Schwärmen, wenn eine Mutter statt einer Schwester die Anführerin ist. Selbst wenn der Schwarm schon in Bewegung ist , kann sie zurückkehren und den Stock für einen Moment betreten. Zweifellos hält sie es für notwendig, so viele wie möglich zu animieren oder zu veranlassen, mit ihr zu gehen. Eine Person, die unter diesen Umständen zum ersten Mal den Ausgang eines zweiten Schwarms beobachtet und feststellt, dass die Königin zuerst geht, würde sehr wahrscheinlich *vermuten* , dass alle gleich sein müssen. Vielleicht wäre der nächste anders; das erste, was man sieht, könnte der Schwarm sein, der wegfliegt, und man kann gar keine Königin entdecken. Doch um auf die Gefangenschaft der Königinnen zurückzukommen, habe ich noch eine andere Tatsache, die dagegen spricht. Ich sah einmal eine Königin in einem Glasstock umherlaufen, während sie nach einem zweiten Schwarm piepten. Sie war in der Nähe des Glases, schien aufgeregt, hielt gelegentlich inne, um ihre Flügel zu bewegen, was gleichzeitig mit dem Piepsen geschah, und schien es zu schaffen. Die Arbeiterinnen schienen ihr kaum Beachtung zu schenken. Am nächsten Tag flog der Schwarm weg. Dies war zumindest ein Beispiel dafür, dass sie bis zum Zeitpunkt des Abflugs nicht eingesperrt war, was eine Ausnahme, wenn nicht eine Regel darstellte. Wie dem auch sei, ich gebe zu, dass es für den praktischen Imker in beiden Fällen kaum einen Unterschied macht; aber für den Leser, der sich für die Naturgeschichte der Biene interessiert, ist die Wahrheit wichtig.

TAGESZEIT, WETTER USW.

Diese Nachschwärme sind nicht sehr wählerisch, was das Wetter angeht; starker Wind, ein paar Wolken und manchmal ein leichter Nieselregen halten sie nicht *immer* ab. Auch die Tageszeit ist ihnen egal. Ich habe erlebt, dass sie an einem warmen Morgen vor sieben Uhr und nach fünf UHR NACHMITTAGS AUSSCHWÄRMTEN . Diese Dinge sollten verstanden werden, denn wenn Nachschwärme erwartet werden (wovor die Pieptöne warnen), ist es notwendig, sie bei dem Wetter zu beobachten, und zu Zeiten, wenn die ersten sich nicht trauen würden, wegzugehen.

SCHWÄRME MÜSSEN GESEHEN WERDEN.

Es ist wichtig, dass Sie sie sehen, damit Sie wissen, wo sie sich versammeln, sonst könnte es schwierig sein, sie zu finden. Sie entfernen sich oft weiter vom Elternbestand als andere; manchmal fünfzig Ruten, und lassen sich dann an zwei Stellen nieder, vielleicht in dieser Entfernung voneinander, an einem hohen oder ungünstigen Ort. (Um mich nicht misszuverstehen: Ich sage nicht, dass sie das alle tun oder auch nur die Mehrheit; aber ich möchte sagen, dass ein größerer Teil dieser Schwärme dies tut als der erste.) Wenn sie sich an zwei Stellen versammeln, kann sich an jeder eine Königin befinden, und sie werden bleiben, und wenn Sie einen Teil bevölkert haben, denken Sie vielleicht, Sie haben alle. Wenn ein Schwarm keine Königin hat, werden sie sich dem anderen anschließen, wenn er in der Nähe ist; aber wenn er weiter weg ist, werden sie sehr wahrscheinlich bald zum alten Bestand zurückkehren, wenn sie nicht zusammengeführt werden. Ich hatte einen Schwarm an zwei Stellen, in genau entgegengesetzter Richtung vom Bestand. An einer hatte sich ein guter Schwarm versammelt; an der anderen weniger als einen halben Liter. Der kleine Teil hatte eine oder mehrere Königinnen, der andere keine. Es wurde sofort an ihren Bewegungen wahrgenommen. Wenn wir nun einen Stock für einen Schwarm bereitstellen und einige dazu bringen, den Ruf oder das Summen auszulösen, werden sie nicht weggehen, bis das aufhört. Es ist im Allgemeinen nicht schwierig, ihn in Gang zu setzen. Am sichersten ist es, einen Teil oder alles direkt in den Stock zu schütten. Es dauert ein paar Minuten, bis man sich gefasst hat und die Königin verpasst. In meinem Fall habe ich sie in den Stock gebracht und bevor sie die Königin verpasst haben, habe ich sie zu dem kleinen Schwarm getragen, den ich in eine Schöpfkelle gesteckt und vor dem Stock geleert habe; sie sind hineingegangen und alle waren friedlich. Sie werden daher die Notwendigkeit erkennen, solche Schwärme zu beobachten, um zu sehen, ob es zu keiner Trennung kommt, wenn nicht aus anderen Gründen.

RÜCKKEHR NACH SCHWÄRMEN ZUM ALTEN BESTAND.

Es wurde viel darüber gesagt, alle Nachschwärme zum alten Bestand zurückzubringen; die Vorteile davon hängen vom Zeitpunkt der Auswilderung ab, also davon, ob sie spät oder früh erfolgt, vom Honigertrag usw. Es wäre ungewöhnlich, wenn viele Nachschwärme vorläufig keinen reichlichen Honigertrag hätten; aber die Frage, ob dies so bleibt, ist zu beantworten. Wenn es früh in der Saison geschieht und der Honig weiterhin reichlich vorhanden ist, können zweite und sogar dritte Schwärme ausgewildert werden, und diese werden zusammen mit dem alten Bestand gedeihen. Hier braucht der Imker ein wenig Urteilsvermögen und Erfahrung, um sich leiten zu lassen.

WANN SIE ZURÜCKGEGEBEN WERDEN MÜSSEN.

Es ist immer am besten, wenn möglich, gute, starke Familien zu haben. Wenn die Nachschwärme spät sind, ist es am sichersten, sie zurückzubringen, da der alte Bestand sie braucht, um den Stock aufzufüllen und sich auf den Winter vorzubereiten. Außerdem wird er von weniger Würmern befallen,

wenn er gut mit Bienen versorgt ist; und die Chancen auf Kastenhonig sind
größer.

Vorgehensweise.

Aber das Zurückbringen erfordert ein wenig Geduld und Ausdauer. Ich habe
gesagt, dass es im alten Bestand ein Dutzend junger Königinnen geben kann.
Nehmen wir nun an, eine, zwei oder mehr verlassen den Schwarm und Sie
bringen alle zusammen zurück, dann hindert sie nichts daran, den Schwarm
am nächsten Tag wieder hinauszuführen. Es ist daher ratsam, die
Königinnen zurückzuhalten. Am wenigsten Mühe macht es, die
Bienenstöcke auf die übliche Weise aufzustellen und sie bis zum nächsten
Morgen stehen zu lassen. So sparen Sie sich die Mühe, nach mehr als einer
zu suchen, falls es mehr geben sollte, denn bis dahin sind alle außer dieser
vernichtet. Es besteht auch die Möglichkeit, dass der alte Bestand beschließt,
dass keine weiteren Bienen mehr schlüpfen sollen, und zulässt, dass alle bis
auf eine getötet werden. Wenn dies der Fall ist und Sie die mit dem Schwarm
finden, werden Sie keine weiteren Mühe haben, sie erneut hinauszubringen.
Sie sollten gleich am nächsten Morgen zurückgebracht werden, sonst
könnten sie nicht einverstanden sein, selbst wenn sie in ihr altes Heim
gebracht werden. Um sie zurückzubringen und leicht eine Königin zu finden,
besorgen Sie sich ein breites, einige Fuß langes Brett; Lassen Sie ein Ende
auf dem Boden liegen, das andere in der Nähe des Eingangs, damit sie ohne
zu fliegen in den Stock gelangen können. Schütteln Sie dann den Schwarm
am unteren Ende des Bretts aus. Nur wenige werden fliegen, aber bald
beginnen sie, zum Stock zu rennen. Der erste, der den Eingang entdeckt,
wird den Ruf für die anderen auslösen. Wenn sie ihn nicht entdecken, was
manchmal der Fall ist, zerstreuen Sie einige von ihnen in der Nähe, und sie
werden bald beginnen, nach oben zu marschieren. Dann sollten Sie nach der
Königin Ausschau halten und sie sich sichern, da sie sich ausbreiten und eine
gute Chance bieten. Wenn Sie Ihr Ohr an den Stock halten, wird Ihnen das
Pfeifen verraten, ob sie wieder herauskommen. Wenn Sie diese Anweisungen
befolgen, ist es offensichtlich, dass der Schwarm nicht viele Male
herauskommen kann, bevor sein Bestand an Königinnen erschöpft ist. Wenn
nur noch eine Königin übrig ist, wird das Pfeifen aufhören und es wird keine
weiteren Probleme geben. Um diese Nachschwärme zu verhindern,
empfehlen einige Autoren, den Stock umzudrehen und alle Zellen für
Königinnen bis auf eine herauszuschneiden. Dies habe ich bei sehr vielen
Beständen als undurchführbar empfunden. Einige der Zellen liegen zu weit
oben, um gesehen zu werden, daher kann man sich nicht immer darauf
verlassen. Was die Rückgabe angeht, ist es etwas schwierig, eine Regel zu
geben. Wenn ich sagen würde, alle nach dem 20. Juni geborenen Exemplare
zurückzugeben, könnte die Abweichung innerhalb der Saison sogar auf
demselben Breitengrad zwei oder drei Wochen betragen; d. h., die Blütezeit,

die in einer Saison bis zu diesem Datum geblüht hat, könnte in einem anderen Jahr zwei Wochen länger dauern. Außerdem ist der 20. Juni auf dem Breitengrad von New York City an vielen Orten weiter nördlich so spät wie der 4. Juli. Ich hatte einmal am 11. Juli einen zweiten Schwarm, der den Winter gut überstand und den Stock fast gefüllt hatte. In manchen Saisons haben die ersten Schwärme Ende Juni jedoch nicht genug bekommen. In Gegenden, in denen viel Buchweizen angebaut wird, tragen späte Schwärme mehr zum Füllen der Stöcke bei als dort, wo es keinen gibt.

Nach dem Einsetzen eines Bienenvolks ist mehr Pflege bei Nachschwärmen erforderlich.

Wenn es für das Beste gehalten wird, nach dem Schwärmen Bienenstöcke zu bauen und das Risiko einzugehen, sollte man ihnen nach den ersten ein oder zwei Wochen etwas mehr Aufmerksamkeit schenken, um die Würmer zu vernichten. Ein wenig rechtzeitige Pflege kann erhebliche Schäden verhindern. Sie neigen dazu, im Verhältnis zur Anzahl der Bienen mehr Waben zu bauen als andere; daher können solche Waben nicht richtig abgedeckt und geschützt werden. Die Motte hat Gelegenheit, ihre Eier auf ihnen abzulegen und sie manchmal vollständig zu zerstören.

ZWEI KÖNNEN VEREINT SEIN.

Wenn diese Schwärme nahe genug beieinander ausfliegen, ist es am besten, sie zu vereinen. Ich habe gesagt, dass zweite Schwärme im Allgemeinen halb so groß sind wie die ersten. Nach dieser Regel würden zwei zweite Schwärme genauso viele Bienen enthalten wie ein erster und vier wie ein dritter oder eine wie ein zweiter und zwei wie ein dritter usw. Wenn der erste und der zweite von normaler Größe sind, halte ich es für ratsam, den dritten immer zurückzubringen. In großen Bienenhäusern kommt es jedoch häufig vor, dass sie ohne vorherige Ankündigung ausfliegen, gerade wenn ein erster wegfliegt, und sich in deren Gesellschaft drängen und so tun, als seien sie genauso zu Hause, als wären sie gleichermaßen respektabel.

Wenn die Bienenstöcke mit unseren Schwärmen voll sind oder es fast sind, sollten die Kästen ohne Verzögerung aufgestellt werden, es sei denn, die Honigsaison ist so nahe vorbei, dass dies nicht mehr nötig ist.

Ich habe festgestellt, dass es von Vorteil ist, einige dieser sehr kleinen Schwärme zu halten, um Königinnen zu erhalten und einige alte Bestände zu versorgen, die manchmal am Ende der Schwarmsaison ihre eigenen verlieren. Die Fälle werden am Ende des nächsten Kapitels erwähnt. Ich versuche, für etwa jeden zwanzigsten Schwarm einen zu retten.

KAPITEL XIV.

VERLUST VON KÖNIGINNEN.

VON SCHWÄRMEN, DIE IHRE KÖNIGIN VERLIEREN.

Schwärme, die ihre Königin in den ersten Stunden nach dem Einsetzen verlieren , kehren im Allgemeinen zum Elternbestand zurück; mit der Ausnahme, dass sie sich manchmal mit einem anderen zusammenschließen. Wenn vor dem Verlust viel Zeit vergangen ist, bleiben sie, es sei denn, sie stehen auf derselben Bank wie ein anderer. Auf einem separaten Ständer setzen sie ihre Arbeit fort, aber ein großer Schwarm schrumpft schnell und füllt selten einen Stock normaler Größe. Ein merkwürdiger Umstand tritt bei einem Schwarm auf, der Waben ohne Königin baut. Ich habe noch nie gesehen, dass dies jemandem aufgefallen wäre, und es ist vielleicht nicht immer der Fall, aber in *jedem* Fall, der mir aufgefallen ist, habe ich es so festgestellt. Nämlich, dass vier Fünftel der Waben Drohnenzellen sind; warum sie sie auf diese Weise bauen, ist ein weiteres Thema für Spekulationen, von denen ich mich in diesem Fall fernhalten werde.

EIN VORSCHLAG UND EINE ANTWORT.

Es wurde als gewinnbringende Spekulation vorgeschlagen, „einen großen Schwarm ohne Königin zu beherbergen und ihnen ein Stück Brutwabe mit Eiern zu geben, um eins aufzuziehen. Sobald es ausgewachsen ist, nimmt man es ihnen weg und gibt ihnen ein anderes Stück Wabe und setzt dies den ganzen Sommer über fort, wobei man Kästen für überschüssigen Honig aufstellt. Da die Bienen keine junge Brut haben, die Honig konsumieren kann, geht keine Zeit verloren oder wird für die Aufzucht benötigt, und infolgedessen können sie große Mengen überschüssigen Honigs lagern.“

Dies erscheint sehr plausibel und für einen Laien einigermaßen schlüssig. Wenn der Erfolg von einem Tier abhinge, dessen Lebenszeit etwas länger ist, wäre es besser, auf diese Weise zu rechnen. Da eine Biene jedoch selten ihren Geburtstag erlebt und die meisten von ihnen in den ersten Monaten ihres Lebens sterben, ist dies eine schlechte Sparmaßnahme. Es wird sich herausstellen, dass der größte Teil unseres überschüssigen Honigs aus unseren fruchtbaren Beständen stammt. Daher ist es äußerst wichtig, dass jeder Schwarm und jeder Bestand eine Königin hat, um diesen ständigen Verlust auszugleichen.

Eine umstrittene Frage.

Wir nähern uns nun einem weiteren umstrittenen Punkt in der Naturgeschichte, nämlich der Frage, ob die Königin den Stock jederzeit verlassen kann, außer wenn sie einen Schwarm herausführt. Die meisten Autoren sagen, dass die junge Königin den Stock verlässt und ihrem

Geliebten, der Drohne, im Flug begegnet. Andere bestreiten dies *entschieden*, da sie einen ganzen Sommer lang zugesehen haben, ohne dass ihre Hoheit den Stock verlassen hat. Folglich sind sie zu der sehr plausiblen und anscheinend konsequenten Schlussfolgerung gelangt, dass die Natur dies nie beabsichtigt hat, da es zu einem Zeitpunkt geschehen muss, an dem die Existenz der gesamten Familie vollständig vom Leben der Königin abhängt. Der Bestand enthält zu solchen Zeiten keine Eier oder Larven, aus denen ein neuer herangezogen werden könnte, falls sie verloren gehen sollte. „Die Wahrscheinlichkeit, zu solchen Zeiten von Vögeln gefressen oder vom Winde fortgeweht zu werden oder andere Unfälle zu erleiden, ist zu groß, und es ist unwahrscheinlich, dass der Schöpfer dies so eingerichtet hätte." Aber Tatsachen sind hartnäckige Dinge; sie geben nicht ein Jota nach, um die „feinst ausgearbeiteteste Hypothese" zu begünstigen; sie sind oft äußerst störrisch. Wenn der Mensch, ohne die notwendige Beobachtung, einen Blick in die belebte Natur wirft und fast ausnahmslos feststellt, dass Männchen und Weibchen etwa gleich viele sind, kommt er schnell zu dem Schluss, dass eine Biene unter Tausenden nicht die einzige sein kann, die sich fortpflanzen oder Eier legen kann, und tut das oft auch. Die Idee ist doch absurd! Und doch kann schon eine kleine Beobachtung diese sehr konsequente und analoge Schlussfolgerung in Frage stellen. So scheint es auch mit den Ausflügen der jungen Königinnen zu sein. Ich musste, wenn auch widerstrebend, zugeben, dass sie den Stock verlassen. Dass ihr Zweck darin besteht, die Drohnen zu treffen, kann ich derzeit nicht bestreiten. Auch dass die Königin, wenn sie einmal befruchtet ist, lebenslang aktiv ist (doch das ist eine weitere Anomalie), da ich nie bemerkt habe, dass sie zu diesem Zweck wieder herauskommt. Was nützen dann die zehntausend Drohnen, die diese wichtige Aufgabe nie erfüllen? Es scheint in der Tat eine nutzlose Verschwendung von Arbeit und Honig zu sein, wenn jeder Stamm etwa zwölf- oder fünfzehnhundert aufzieht, wenn vielleicht nur eine, manchmal gar keine der gesamten Zahl von Nutzen ist. Auch wenn das Risiko eines Weggangs der Königin sehr groß ist, haben wir festgestellt, dass dies durch eine nicht zu häufige Abreise der Königin hervorragend arrangiert wurde.

EINE VIELE DROHNEN WERDEN BENÖTIGT.

Der Instinkt lehrt die Biene, die ihnen anvertrauten Dinge so *sicher* wie möglich zu machen. Wenn sie eine Königin brauchen, ziehen sie ein halbes Dutzend auf. Wenn eine oder nur ein halbes Dutzend Drohnen aufgezogen würden, wäre die Wahrscheinlichkeit, dass die Königin einer in der Luft begegnet, sehr viel geringer. Aber wenn tausend statt einer in der Luft sind, ist die Wahrscheinlichkeit tausendfach höher. Wenn ein Bienenstock einen Schwarm ausstößt, muss eine junge Königin befruchtet und sicher zurückgebracht werden, sonst ist der Bienenstock verloren. Jedes Mal, wenn sie ausschwärmt, besteht die Wahrscheinlichkeit, dass sie verloren geht (eins zu fünfzehn). Wäre die Zahl der Drohnen geringer, müsste die Königin ihre Ausflüge entsprechend wiederholen, bevor sie Erfolg hätte. Tatsächlich müssen einige mehrmals ausschwärmen. Die Wahrscheinlichkeit und die Folgen sind so groß, dass es im Großen und Ganzen zweifellos besser ist, tausend Drohnen unnötig aufzuziehen, als in Zeiten der Not eine zu vermissen. Versuchen wir daher, mit der gegenwärtigen Regelung zufrieden zu sein, da wir sie nicht verbessern könnten. Wäre man uns konsultiert, hätten wir die Sache wahrscheinlich so geregelt, dass es überhaupt nicht klappen würde.

Doch welchen Nutzen haben die Drohnen in Bienenstöcken, die nicht schwärmen und dies auch nicht beabsichtigen und die in einem großen Raum oder in sehr großen Bienenstöcken stehen? Unter solchen Umständen kommt es selten zu Schwärmen, doch so regelmäßig wie der Sommer wiederkehrt, erscheint Drohnenbrut. Wozu sind sie da? Angenommen, die alte Königin in einem solchen Bienenstock stirbt und hinterlässt Eier oder junge Larven , und eine junge Königin wird aufgezogen, um ihren Platz einzunehmen. Wie soll sie ohne Drohnen befruchtet werden? Vielleicht wird den Bienen beigebracht, dass sie, wann immer sie es sich leisten können, welche zur Hand haben sollten, um für den Notfall gerüstet zu sein. Ich habe bereits gesagt, dass die Bienen, wenn es viele und Honig im Überfluss gibt, immer für Drohnen sorgen. Ich habe einmal einen Schwarm in einen Glasstock gesetzt. Die Königin war verkrüppelt und hatte eines ihrer Hinterbeine verloren; zwei Monate später wurde sie durch eine junge und vollkommene ersetzt. Dies war ein Beispiel dafür, dass Drohnen benötigt wurden, als keine Absicht zu schwärmen erkennbar war; der Bienenstock war kaum mehr als halb voll.

Die Königin könnte sich bei ihren Ausflügen verirren.

Dieser Ausflug der Königin fand, wann immer ich ihn beobachtet habe, immer kurz nach Mittag statt, wenn die Drohnen in größter Zahl unterwegs waren. Zu solchen Zeiten habe ich sie in etwas größerer Aufregung als sonst unter den Arbeiterinnen wegfliegen sehen. Ich habe ihre Rückkehr beobachtet, die zwischen drei Minuten und einer halben Stunde dauerte, und habe sie um ihren eigenen Stock herumschwirren sehen, anscheinend im Zweifel, ob sie in diesen oder den nächsten gehörten; in einigen Fällen haben sie sich tatsächlich im benachbarten Stock niedergelassen und wären dort umgekommen, wenn ich ihnen nicht geholfen hätte, sie wieder in Ordnung zu bringen.

DER ZEITPUNKT, ZU DEM ES PASSIERT.

Wir sehen also, dass Königinnen bei diesen Gelegenheiten aus irgendeinem Grund verloren gehen, und einige von ihnen, vielleicht sogar die meisten, weil sie den falschen Stock betreten; wenn das so ist, ist das ein weiterer guter

Grund, die Bestände nicht zu eng zu drängen. Die Stöcke sind sehr oft in Farbe und Aussehen nahezu gleich. Die Königin, die zum ersten Mal in ihrem Leben herauskommt, ist zweifellos durch diese Ähnlichkeit verwirrt.

Die Zahl solcher Verluste pro Saison ist unterschiedlich: In einem Jahr lag der Durchschnitt bei einem von neun, in einem anderen bei einem von dreizehn und wieder einem von zwanzig. Auch die Zeitspanne seit dem ersten Schwarm schwankt zwischen zwölf und zwanzig Tagen. Der unerfahrene Leser sollte nicht vergessen, dass diese Unfälle bei den alten Beständen passieren, die Schwärme gebildet haben; die alte Königin ist mit dem ersten Schwarm weggegangen. Auch alle nachfolgenden Schwärme sind dem gleichen Verlust ausgesetzt. Ich würde vorschlagen, dass zwischen den Stöcken reichlich Platz vorhanden ist; wenn es notwendig ist, dicht zusammenzudrängen, sollte es bei den ersten Schwärmen sein, da die alte Königin keinen Grund hat, wegzugehen. Da ich diese Angelegenheit noch nie ausführlich diskutiert gesehen habe, möchte ich etwas genauer sein und mir einbilden, dass ich dem sorgfältigen Imker anweisen kann, wie er jährlich einige Bestände und Schwärme retten kann, das heißt, wenn er viele hält. Vor einigen Jahren schrieb ich einen Artikel für den Albany Cultivator. Ein Abonnent dieser Zeitung erzählte mir ein Jahr später, dass er durch diese Informationen im darauf folgenden Sommer zwei Bestände gerettet habe; Sie waren jeweils mindestens fünf Dollar wert, genug, um seine Zeitung zehn Jahre oder länger zu bezahlen.

Wenn ein Bienenstock nur einen Schwarm bildet, wird die Königin, wenn das Wetter gut ist, in etwa vierzehn Tagen abziehen, da sie keine Konkurrenten hat, die ihre Bewegungen behindern könnten. Sollte jedoch ein Nachschwarm abziehen, wird die älteste der jungen Königinnen wahrscheinlich mitziehen : Dann muss es länger dauern, bis der nächste bereit ist: Es kann zwanzig Tage oder sogar mehr dauern; bei Nachschwärmen variiert die Anzahl zwischen einem und sechs. Dies *muss immer* dann geschehen, wenn keine Eier oder Larven vorhanden sind und keine Möglichkeit mehr besteht, diesen Verlust auszugleichen. Es ist ein Verlust, und zwar ein ernster. Die Bienen sind in ebenso großen Schwierigkeiten wie ihr Besitzer und in noch viel mehr. Sie scheinen die Folgen zu verstehen, und er hat, wenn er nichts von der Sache weiß, keine Probleme. Sollte er jetzt zum ersten Mal die Natur der Sache erfahren, wird er gleichzeitig das Heilmittel verstehen.

Hinweise zum Verlust.

Am nächsten Morgen nach einem solchen Verlust und manchmal auch abends sieht man die Bienen in größter Bestürzung draußen herumlaufen, hin und her. Einige fliegen ein kurzes Stück weg und kehren zurück; eine rennt zu einer anderen und dann zu einer weiteren, zweifellos immer noch in der Hoffnung, ihre verlorene Herrscherin zu finden! Ein benachbarter Stock in der Nähe, auf derselben Bank, wird wahrscheinlich einen Teil erhalten, der sich unter solchen Umständen selten einem Zuwachs widersetzt. All dies wird passieren, während die anderen Stöcke ruhig sind. Gegen Mittag wird diese Verwirrung weniger ausgeprägt sein; aber am nächsten Morgen wird sie wieder zu sehen sein, wenn auch nicht so deutlich, und nach dem dritten Morgen aufhören, wenn sie sich scheinbar mit ihrem Schicksal abgefunden haben.

Sie werden ihre Arbeit wie gewohnt fortsetzen und Pollen und Honig einbringen. Hier muss ich den Autoren widersprechen, die uns erzählen, dass jetzt alle Arbeit aufhören wird. Ich hoffe, der Leser wird sich nicht täuschen lassen und annehmen, dass die Bienen eine Königin haben *müssen , weil sie Pollen einbringen* ; ich kann Ihnen versichern, dass dies nicht immer der Fall ist.

DAS ERGEBNIS.

Die Zahl der Bienen wird allmählich abnehmen und im frühen Winter ganz verschwunden sein. Zurück bleibt ein guter Vorrat an Honig und, wie bereits erwähnt, eine zusätzliche Menge Bienenbrot, da es keine junge Brut gab, die es verzehren konnte. Dies ist der Fall, wenn zum Zeitpunkt des Verlusts eine große Familie übrig war. Wenn nur wenige Bienen übrig sind, ist es ganz anders; die Waben sind nicht durch eine Bienendecke geschützt; die Motte legt ihre Eier darauf ab und die Würmer machen bald alles fertig. Doch die Bienen aus den anderen Beständen werden in der Regel zuerst den Honig entfernen.

ALTER DER BIENEN ANGEGEBEN.

Hunderte von Imkern verlieren auf diese Weise einen Teil ihres Bestandes und können keinen vernünftigen Grund dafür nennen. „Warum", sagen sie, „es waren nicht zwanzig Bienen im Stock; er war voller Honig" oder Würmer, je nachdem. „Noch vor kurzer Zeit war er voller Bienen; ich habe drei gute Schwärme daraus bekommen, und er war immer erstklassig, aber auf einmal waren die Bienen weg. Ich verstehe das nicht!" Solche Imker können nicht verstehen, wie schnell eine Bienenfamilie schrumpft, wenn es keine Königin gibt, die diese Sterblichkeit der alten Bienen mit Jungen auffüllt. Ich bezweifle, dass die größte und beste Familie sechs Monate lang ohne eine Königin zur Erneuerung überleben könnte, außer vielleicht über den Winter.

Wenn sie dicht beieinander auf einer Bank stehen, sind sie schneller weg, als wenn sie auf getrennten Ständen stehen, da sie sich oft einem benachbarten Stock anschließen, wenn sie dorthin laufen können.

Pflegebedürftigkeit.

Da dieser Tumult höchstens ein paar Tage lang nicht zu sehen ist, ist es gut – ja, es ist notwendig –, es sich zur Pflicht zu machen, *jeden Morgen nach dem Schwärmen einen Blick auf die Bienenstöcke* zu werfen. Ein Blick genügt, um Ihnen davon zu erzählen. Denken Sie daran, vom Datum des ersten Ausschwärmens an zu rechnen. Dies geschieht, wenn die ersten Zellen der Königin verschlossen werden, und ist das beste Kriterium dafür, wann die Königin die Bienenstöcke verlassen wird. Wenn der erste Schwarm ausschwärmt und wieder zurückkehrt, kann das keinen Unterschied machen. Rechnen Sie vom ersten Ausschwärmen an.

ABHILFE.

Wenn Sie einen Verlust feststellen, prüfen Sie zunächst, ob ein Nachschwarm aus einem anderen Bestand zu erwarten ist (indem Sie auf das Piepsen achten). Wenn ja, warten Sie, bis er ausschwärmt, und holen Sie sich daraus eine Königin für Ihren Bestand. Selbst wenn es nur eine ist, nehmen Sie diese und lassen Sie die Bienen zurückkehren. Wahrscheinlich kommen sie am nächsten Tag wieder heraus. Wenn nicht, ist der Verlust sehr oft nicht groß.

Sollte kein solcher Schwarm erkennbar sein, gehen Sie zu einem Stock, der innerhalb einer Woche einen ersten Schwarm gebildet hat; räuchern Sie ihn aus und drehen Sie ihn um, wie zuvor beschrieben, suchen Sie eine Königinnenzelle und schneiden Sie sie mit einem breiten Messer heraus, wobei Sie darauf achten müssen, sie nicht zu verletzen. Diese muss nun in ihrer natürlichen Position im anderen Stock befestigt werden, wobei das untere Ende frei von Hindernissen sein muss, die die Königin daran hindern könnten, sie zu verlassen. Es macht kaum einen Unterschied, ob sie oben oder unten ist, vorausgesetzt, sie ist gegen Herunterfallen gesichert.

Ich führe es normalerweise durch ein Loch oben ein und achte darauf, eins zu finden, durch das die Zelle zwischen zwei Waben hindurchpasst. Da es am oberen Ende am größten ist, werden die Waben auf beiden Seiten es stützen und das untere Ende frei lassen. In ein paar Stunden werden die Bienen es mit Wachs dauerhaft an den Waben befestigen. Dieser Vorgang kann in einem Kammerstock nicht durchgeführt werden, da man die Anordnung der Waben durch die Löcher nicht sehen kann. Es unten einzuführen ist etwas mühsamer; die Schwierigkeit besteht darin, es zu befestigen und zu verhindern, dass es auf dem Ende aufliegt. Ich habe es folgendermaßen gemacht: Nehmen Sie ein *altes* dickes Stück trockener Wabe von etwa drei Quadratzoll; schneiden Sie einen Zoll in der Mitte heraus. Machen Sie im rechten Winkel dazu an einer Kante in der Mitte eine weitere, die es kreuzt, genau in der Größe der Zelle, und lassen Sie das untere Ende in die Öffnung hineinreichen. Diese Wabe hält es in der richtigen Position und kann auf dem Bodenbrett ruhen. Es kann jetzt in den Stock eingesetzt werden, wobei bei Bedarf ein Stück Wabe herausgeschnitten wird, um Platz dafür zu schaffen.

Bald nachdem eine solche Zelle eingeführt wurde, sind die Bienen ruhig. In ein paar Tagen schlüpft sie und sie haben eine Königin, die so perfekt ist, als ob sie sie selbst aufgezogen hätten. Diese Königin muss natürlich den Stock verlassen und kann genauso leicht verloren gehen, aber nicht mehr als andere, und muss genauso beobachtet werden. Es ist unnötig, in einem Stock nach einer Zelle zu suchen, der seinen ersten Schwarm vor mehr als einer Woche ausgesandt hat, da diese normalerweise zu diesem Zeitpunkt (manchmal auch früher) zerstört sind, es sei denn, sie beabsichtigen, einen Nachschwarm auszusenden.

MARKIEREN SIE DAS DATUM DER SCHWÄRME AUF DEM BIENENSTOCK.

Sollten Sie so viele Bestände haben, dass Sie sich das Datum jedes Schwarms nicht ohne weiteres merken können, empfiehlt es sich, das Datum an einer Seite oder Ecke des Bienenstocks zu markieren, wenn es ausgeht. Sie wissen dann sofort, wo Sie bei Bedarf nach einer Zelle suchen müssen.

Manchmal kommt es vor, dass eine Königin am Ende der Schwarmsaison verloren geht, wenn kein anderer Bestand solche Zellen enthält. Dann suche ich nach dem schwächsten Bestand oder Schwarm, den ich zur Hand habe, einen, den ich mir leisten kann zu opfern, wenn er eine Königin besitzt, um den zu retten, der diesen Verlust erlitten hat; das kommt nicht oft vor, aber manchmal. Ein paar Mal habe ich gerade genug Bienen zur Königin gegeben, um sie in einer Kiste zu halten, und sie zu diesem Zweck aufbewahrt, wie im letzten Kapitel erwähnt wurde. Wenn sie eingeführt werden, werden die Bienen normalerweise getötet, aber die Königin bleibt erhalten.

Eine Königin aus Arbeiterbrut gewinnen.

Es gibt noch eine andere Methode, die angewendet werden kann, nämlich ein Stück Brutwabe zu besorgen, das Eier von Arbeiterinnen oder sehr junge Larven enthält . Sie werden es im Allgemeinen ohne große Mühe in einem jungen Schwarm finden, der Waben baut; die unteren Enden enthalten normalerweise Eier; nehmen Sie ein Stück von einer der mittleren Platten, zwei oder drei Zoll lang (wahrscheinlich werden Sie zu diesem Zeitpunkt ohne Vorwarnung Rauch verwenden). Drehen Sie den Bienenstock, der es aufnehmen soll, um und legen Sie das Stück hochkant zwischen die Waben, wenn Sie sie für diesen Zweck weit genug auseinander spreizen können; sie werden es dort halten, und dann wird genügend Platz sein, um die Zellen zu bauen. Sie werden fast immer mehrere Königinnen aufziehen. Ich habe mehrmals neun gezählt, das war alles, wofür sie Platz hatten. Aber dennoch habe ich sehr wenig Vertrauen in solche Königinnen, sie gehen mit ziemlicher Sicherheit verloren.

SIE SIND ARME ABHÄNGIGKEIT.

Daher würde ich empfehlen, sich eine Königinnenzelle zu besorgen, wann immer es praktisch ist. Es gibt noch einen weiteren Vorteil: Sie werden eine Königin haben, die zwei oder drei Wochen früher Eier legen kann, als wenn sie gezwungen wären, mit dem Ei zu beginnen. Ich habe ein solches Stück Brutwabe in eine kleine Glasbox oben auf dem Stock statt unten gelegt , weil das weniger Mühe machte, aber in diesem Fall waren alle Eier in kurzer Zeit entfernt; ob eine Königin im Stock aufgezogen wurde oder nicht, kann ich nicht sagen; aber so viel weiß ich, dass ich nach wiederholten Experimenten auf diese Weise nie eine fruchtbare Königin erhalten habe.

Es scheint, dass ich mit Königinnen, die auf diese Weise gezüchtet wurden, mehr Pech hatte als die meisten Experimentatoren. Ich habe keine Schwierigkeiten, sie scheinbar perfekt zu entwickeln, verliere sie aber später. Ob dies nun auf eine mangelnde körperliche Entwicklung zurückzuführen ist, weil die Larven zu weit entwickelt waren, um eine perfekte Entwicklung zu bewirken, oder ob sie so spät in der Saison gezüchtet wurden, dass die meisten Drohnen zerstört wurden und die Königin, um eine zu treffen, ihre Ausflüge wiederholen musste, bis sie verloren war, kann ich noch nicht *vollständig* feststellen. Um die erste dieser Fragen zu prüfen, habe ich einige Male alle Larven aus der Wabe entfernt und nichts als Eier gelassen, damit die gesamte Nahrung, die sie bekamen, von Anfang an „königlicher Brei" war, und hatte bisher keinen besseren Erfolg. Gelegentlich wurden jedoch fruchtbare Königinnen gezüchtet, deren Ursprung ich mir nur aus Arbeiterinneneiern erklären konnte. Aber Sie werden feststellen, dass man sich im Allgemeinen nicht auf sie verlassen kann.

Manchmal bleiben trotz all unserer Bemühungen ein oder zwei Bienenstöcke ohne Königin. Wenn sie den Würmern entkommen, werden sie in diesem Abschnitt im Allgemeinen genug Honig lagern, um eine gute Familie über den Winter zu bringen. Dieser muss natürlich aus einem anderen Bienenstock mit einer Königin eingeführt werden; aber das gehört zur Herbstverwaltung.

Was die Zeit betrifft, die von der Befruchtung der Königin bis zum Beginn der Eiablage vergeht, kann ich es nicht sagen, aber ich schätze, es könnten etwa zwei oder drei Tage sein. Ich habe die Bienen einundzwanzig Tage nach dem ersten Schwarm ausgetrieben, als noch kein zweiter Schwarm herausgekommen war – die junge Königin kam am vierzehnten Tag heraus. Ich fand Eier und einige sehr junge Larven . Wenn man bedenkt, dass Eier drei Tage bleiben, bevor sie schlüpfen, zeigt dies, dass das erste davon etwa vier oder fünf Tage lang abgelegt worden sein muss. Wenn uns Autoren die genaue Zeit von der Befruchtung bis zur Eiablage auf eine Stunde genau (46 oder 48) mitteilen, bin ich bereit, dies in diesem Fall zuzugeben, aber ich möchte gern fragen, wie sie es geschafft haben, dies herauszufinden; an welchem Zeichen sie erkannten, wann eine Königin von einem Ausflug zurückkehrte, ob sie bei ihren Liebschaften erfolgreich war oder nicht; oder ob ein weiterer Versuch unternommen werden musste; und dann, wie sie es geschafft haben, genau zu wissen, wann das erste Ei abgelegt wurde.

Gelegentlich geht eine Königin außerhalb der Schwarmzeit verloren, im Durchschnitt etwa eine von vierzig. Am häufigsten kommt es im Frühjahr vor; zumindest wird es dann im Allgemeinen entdeckt. Die Königin kann im Winter sterben, und die Bienen geben uns keine Hinweise, bis sie im Frühjahr herauskommen. (Gelegentlich verlassen sie alle den Stock und schließen sich einem anderen an.) Wenn wir feststellen wollen, wann eine Königin zu dieser Jahreszeit verloren geht, müssen wir sie kurz vor Einbruch der Dunkelheit an den ersten warmen Tagen bemerken – denn die Morgen sind oft zu kühl, als dass Bienen draußen sein könnten – jede ungewöhnliche Bewegung oder Aufregung, ähnlich der beschriebenen, zeigt den Verlust an. Dies ist die schlechteste Zeit im Jahr, um Abhilfe zu schaffen, es sei denn, es gibt zufällig einen sehr schlechten Bestand mit einer Königin, den wir auf jeden Fall verlieren könnten – dann könnte es ratsam sein, diesen zu opfern, um den anderen zu retten, insbesondere wenn der letzte alle Voraussetzungen für einen guten Bestand außer einer Königin enthielt. Etwa acht oder zehn, die ich auf diese Weise geschafft habe, haben mich völlig zufriedengestellt. Ich habe sie zu anderen Zeiten bis zur Schwarmsaison laufen lassen und dann eine Königin angeschafft oder einen kleinen Schwarm eingeführt; zu diesem Zeitpunkt sind sie so dezimiert, dass sie nur noch wenig wert sind, selbst wenn sie nicht von den Würmern befallen sind. Um diesen Verlust auf diese Weise zu vermeiden, könnte es von Vorteil sein, die Bienen in den nächsten Bestand zu versetzen, wenn dieser nicht bereits zu voll ist, oder die Bienen des nächsten Bestands in diesen. Das Alter und der Zustand der Waben, die Menge der Vorräte usw. mögen ausschlaggebend sein.

Fünfzehntes Kapitel.

KÜNSTLICHE SCHWÄRME.

GRUNDSÄTZE MÜSSEN VERSTANDEN WERDEN.

Künstliche Schwärme können zur richtigen Jahreszeit sicher erzeugt werden. Für den Imker, der seinen Bestand vergrößern möchte, ist es von Vorteil, einige der Prinzipien zu verstehen. Ich habe einige wenige Erfahrungen gemacht, die zu anderen Schlussfolgerungen geführt haben als andere. Ich habe gehört und fast jeden Autor diese Behauptung wiederholt finden: „Wenn Bienen ihrer Königin beraubt werden, werden sie, wenn sie nur Eier oder junge Larven haben , sicher eine neue aufziehen" usw. Es gibt zahlreiche Beispiele dafür, dass sie dies tun, aber man kann sich nicht darauf verlassen, besonders wenn sie in einem Stock voller Waben gelassen werden, wie die folgenden Experimente zu beweisen scheinen.

EINIGE EXPERIMENTE.

Vor mehreren Jahren hatte ich einige gut mit Bienen versorgte Stämme und alle Anzeichen von Schwärmen vorhanden, wie z. B. Ausschwärmen usw., aber sie blieben die ganze Schwarmsaison über hartnäckig beim alten Stamm! Andere, die anscheinend nicht so gut mit Bienen versorgt waren, schwärmten aus. Ich hatte nur wenige Stämme und wollte deren Zahl unbedingt vermehren, aber diese waren meinen Wünschen gegenüber erschreckend gleichgültig. Ich nahm die Behauptungen dieser Autoren als Tatsachen an und folgerte folgendermaßen: Höchstwahrscheinlich gibt es in jedem dieser Stämme genug Eier. Warum vertreibt man nicht einen Teil der Bienen mit der alten Königin und lässt ungefähr so viele übrig, als ob ein Schwarm ausgeflogen wäre? Die Übriggebliebenen werden dann eine Königin aufziehen und den alten Stamm weiterführen, und ich werde sechs haben statt der drei, die so hartnäckig waren. Also teilte ich jeden, untersuchte ihn und fand Eier und Larven . Natürlich *muss alles in Ordnung sein* . Jetzt, dachte ich, können meine Stämme mindestens jährlich verdoppelt werden. Wenn sie nicht schwärmen, kann ich sie vertreiben.

Das Ergebnis ist unbefriedigend.

Meine Schwärme gediehen, die alten Bestände schienen fleißig zu sein und brachten reichlich Pollen ein, was für mich damals ein *eindeutiger* Beweis dafür war, dass sie eine Königin hatten oder bald haben würden. Ich beobachtete sie weiterhin mit großem Interesse, aber irgendwie schien es nach ein paar Wochen nicht mehr ganz so viele Bienen zu geben; ein paar Tage später war ich mir ganz *sicher*, dass es nicht mehr so viele waren. Ich untersuchte die Waben und siehe da, in keinem dieser alten Bestände befand sich eine Zelle mit einer jungen Biene irgendeines Alters, nicht einmal ein Ei. Meine visionären Erwartungen an zukünftigen Erfolg wurden zu diesem Zeitpunkt schnell wieder rückgängig gemacht.

Meine neuen Schwärme waren zwar in Winterkondition, wenn auch noch nicht ganz voll, aber die alten waren es nicht, und es war nichts gewonnen. Ich hatte etwas Honig, viel Bienenbrot und alte schwarze Waben. Hätte ich sie in Ruhe gelassen und Kisten aufgestellt, hätte ich wahrscheinlich von jedem 25 oder 30 Pfund reinen Honig bekommen, der fünfmal so viel wert war wie das, was ich bekam; außerdem wären die alten Bestände, selbst mit den alten Waben, besser mit Honig und Bienen versorgt gewesen; insgesamt viel besser als Vorräte für den Winter. Das war ein beträchtlicher Verlust, nur weil ich die Sache nicht verstand.

Ich habe mir die Bienen genau angesehen und konnte mit Sicherheit feststellen, dass keine von ihnen eine Königin hatte. Die wenigen, die noch übrig waren, habe ich im Herbst erstickt. Ich wusste damals keinen besseren Weg. Man hatte mir gesagt, dass der barbarische Einsatz von Feuer und Schwefel Teil des „Glücks" sei; dass ein milderes System dazu führen würde, dass die Bienen „ausgehen" usw.

WEITERE EXPERIMENTE.

Nach diesen Experimenten dachte ich, dass das Rütteln der Stöcke beim Austreiben vielleicht eine Wirkung auf die Bienen haben und sie daran hindern könnte, eine Königin aufzuziehen. Diese Idee brachte mich auf den Teilungsstock, bei dem die Teilung in aller Ruhe erfolgen konnte; doch der Erfolg war noch ungewiss. Man sagte mir, ich solle die Bienen nach dem Austreiben eines Schwarms 24 Stunden oder länger im alten Bestand einsperren; das versuchte ich, ohne bessere Ergebnisse zu erzielen. Wieder trieb ich den Schwarm aus, suchte die Königin heraus und brachte sie in den alten Bestand zurück, wodurch der neue Schwarm gezwungen wurde, eine Königin aufzuziehen. Um sicherzugehen, dass sie dies taten, baute ich eine kleine Kiste von etwa vier Quadratzoll und zwei Zoll Dicke; die Seitenwände waren aus Glas. Darin legte ich das Stück Brutwabe mit Eiern und Larven und legte es dann auf den Stock mit dem Schwarm, wobei ich Löcher zur Kommunikation, eine Abdeckung zur Dunkelheit usw. vorsah. Sie zogen mit großer Sicherheit Königinnen auf, doch aus irgendeinem Grund gingen sie verloren, nachdem sie ausgewachsen waren.

Wenn nun andere bei diesen Experimenten erfolgreicher waren als ich, dann zeigt das, dass sie von günstigen Umständen betroffen waren, die ich nicht hatte. Ich habe nicht den geringsten Zweifel, dass das Ergebnis manchmal günstig sein wird. Aus dem Vorstehenden bin ich jedoch überzeugt, dass keine dieser Methoden zuverlässig ist. Anstatt eine Königinnenzelle zu bauen und dann das Ei oder die Larve aus einer anderen Zelle dorthin zu bringen, stellte ich immer fest, dass die Zelle, die das Ei oder die Larve enthielt, von der Horizontale in die Vertikale wechselte; Zellen, die unten im Weg waren, wurden abgeschnitten, wobei das Material wahrscheinlich verwendet wurde, um eine Zelle für die Königin zu bauen, die, wenn sie fertig ist, so viel Material enthält wie fünfzig oder hundert andere.

Meine Experimente endeten hier nicht. Ich kann jetzt künstliche Schwärme erzeugen und habe beim ersten Versuch in neun von zehn Fällen Erfolg, und der Leser kann das genauso leicht tun. Es muss in der Schwarmsaison geschehen oder sobald der erste reguläre Schwarm auftaucht. Sie brauchen einige fertige Königszellen, die jeder Bestand, der einen Schwarm gebildet hat, liefern kann (außer in seltenen Fällen, in denen sie zu weit oben zwischen den Waben sind, um gesehen zu werden).

Eine erfolgreiche Methode.

Wenn Sie alles vorbereitet haben, nehmen Sie einen Stock, der einen Schwarm verschont. Wenn sich Bienen draußen befinden, stellen Sie den Stock auf Keile, treiben Sie sie mit etwas Wasser hinein und stören Sie sie vorsichtig mit einem Stock. Räuchern Sie nun, drehen Sie ihn um und stellen Sie den leeren Stock darüber. Wenn die beiden Stöcke gleich groß sind und von einem Handwerker gebaut wurden, haben die Bienen keine Chance zu entkommen, außer durch die Löcher an der Seite. Diese werden Sie verschließen (egal, ob Sie ein Tuch darum binden). Schlagen Sie mit einem leichten Hammer oder Stock ein paar Mal leicht auf den Stock und lassen Sie ihn dann fünf Minuten stehen. Das ist sehr wichtig, denn die meisten Bienen füllen sich nach einer solchen Störung mit Honig, wenn man ihnen die Gelegenheit dazu gibt.

Alle regulären Schwärme ziehen so beladen los. Ein Vorrat ist notwendig, wenn bald schlechtes Wetter folgt. Es wird auch zur Herstellung von Wachs verwendet, einem sehr notwendigen Artikel in einem neuen Bienenstock. Die Menge an Honig, die ein guter Schwarm aus einem Stock befördert, variiert zusammen mit dem Gewicht der Bienen (das nicht viel ist) zwischen fünf und acht Pfund.

Dies, indem den Bienen Zeit gegeben wird, ihre Säcke zu füllen und der alte Bestand mit einer königlichen Zelle ausgestattet wird, ist meiner Ansicht nach völlig originell; die Bedeutung davon kann der Leser beurteilen.

VORTEILE DIESER METHODE.

Es ist ganz klar, dass eine Königin aus einer solchen fertigen Zelle mehrere Tage früher bereit sein muss, Eier abzulegen, als mit jeder anderen Methode, die wir anwenden können. Es ist auch klar, dass unsere Bienen sich insgesamt schneller vermehren, wenn wir bis zum 10. Juni ein Dutzend Königinnen haben, die Eier ablegen, als wenn nur die Hälfte dieser Zahl einen Monat später damit beschäftigt wäre. Es gibt noch einen weiteren Vorteil. Je früher eine junge Königin die mütterlichen Pflichten der alten übernehmen kann, desto weniger Zeit geht mit der Zucht verloren, desto mehr Bienen werden da sein, um die Waben vor der Motte zu schützen, und desto sicherer ist die Gewähr für überschüssigen Honig.

Wenn die Bienen ihre Säcke gefüllt haben, treiben Sie sie in den oberen Stock, indem Sie fünf bis zehn Minuten lang schnell auf den unteren schlagen. Ein lautes Summen wird ihre erste Bewegung verkünden. Wenn Sie meinen, dass die Hälfte oder zwei Drittel draußen sind, heben Sie den Stock an und kontrollieren Sie den Fortschritt. In dieser Phase des Vorgangs sind sie überhaupt nicht geneigt zu stechen, selbst wenn sie nach draußen entkommen. Wenn sie voller Honig sind, reagieren sie selten empört. Sie müssen nur darauf achten, nicht zu viele Bienen zu zerquetschen, die zwischen die Ränder der Stöcke geraten. Das laute Summen ist kein Zeichen von Ärger. Wenn Ihr Schwarm nicht groß genug ist, treiben Sie weiter, bis er groß genug ist. Wenn Sie fertig sind, sollte der neue Stock auf den Ständer des alten gestellt werden. Ein paar Minuten werden entscheiden, ob Sie die Königin beim Schwarm haben, da sie ruhig bleiben; andernfalls werden sie unruhig und laufen herum, wenn es notwendig wird, erneut zu treiben.

Wenn beide Bienenstöcke gleichfarbig sind , stellen Sie den alten zwei Fuß weiter nach vorne; wenn sie jedoch unterschiedliche Farben haben, stellen Sie ihn etwas weiter nach vorne. Ich bevorzuge diese Position, anstatt den alten Bestand auf eine Seite zu stellen, selbst wenn Platz vorhanden ist; es kann jedoch kaum einen Unterschied machen. Sollten Sie ihn auf eine Seite stellen, lassen Sie den Abstand geringer sein. Wenn der alte Bestand viel weiter als diese Regel entfernt wird, werden alle Bienen, die den Standort markiert haben (und alle alten werden dies getan haben), zum alten Bestand zurückkehren, und nur junge Bienen, die ihr Zuhause nie verlassen haben, werden bleiben. Dasselbe wird mit dem neuen Schwarm der Fall sein, wenn er weggebracht wird. Es ist nicht gut, sich darauf zu verlassen, dass die alte Königin sie behält, wie sie es tut, wenn sie auf natürliche Weise ausschwärmen. Das ist meine Erfahrung. Probieren Sie es aus, lieber Leser, und seien Sie zufrieden, indem Sie einen der Bienenstöcke fünfzehn oder zwanzig Fuß voneinander entfernt aufstellen.

Bevor Sie den alten Bestand umdrehen, suchen Sie möglichst weit zwischen den Waben nach Königinnenzellen. Wenn welche Eier oder Larven enthalten , können Sie getrost riskieren, dass daraus eine Königin heranwächst. Andernfalls warten Sie aber bis zum nächsten Morgen oder wenigstens 24 Stunden, gehen Sie dann zu einem Bestand, der einen Schwarm gebildet hat, besorgen Sie sich eine fertige Königinnenzelle, wie zuvor beschrieben, und setzen Sie sie ein. Sie werden hier sofort eine Königin haben, als wäre sie im ursprünglichen Stock gelassen worden, und es besteht keine Gefahr eines Nachschwarms, weil es nur einen gibt. Wenn sich jedoch zum Zeitpunkt des Austreibens junge Königinnen in den Zellen befinden, können Nachschwärme hervorgehen. Wird eine Königinnenzelle sofort eingesetzt, besteht eine größere Gefahr der Zerstörung als nach 24 Stunden Wartezeit und ist dann nicht immer sicher. Nachdem sie Zeit hatte zum Schlüpfen (das ist ungefähr 8 Tage nach dem Verschließen der Fall), schneiden Sie sie heraus und untersuchen Sie sie. Wenn das untere Ende offen ist, zeigt dies an, dass eine perfekte Königin sie verlassen hat und alles sicher ist. Ist die Zelle jedoch verstümmelt oder an der Seite offen, wurde die Königin wahrscheinlich vor der Geschlechtsreife vernichtet. In diesem Fall muss ihr eine andere Zelle gegeben werden.

KÜNSTLICHE SCHWÄRME SIND NUR IN DER NÄHE DER SCHWARMZEIT SICHER.

Nach dem, was ich über künstliche Schwärme gesagt habe, scheint es, dass sie zu jeder Zeit außer während der Schwarmsaison unsicher sind; das ist meine Meinung. Es kann etwas früher oder etwas später geschehen, vorausgesetzt, es sind Königszellen verfügbar. Indem Sie gemäß den Anweisungen (in Kapitel IX) füttern, können Sie einen Bestand dazu bringen, einige Tage vor der regulären Saison einen Schwarm auszusenden, wodurch Sie etwas früher Gelegenheit für diese Zellen haben.

MANCHMAL GEFÄHRLICH.

Solche Schwärme zu bilden, wenn die Bienen Drohnen zerstören, wäre äußerst gefährlich, nicht nur, weil die junge Königin befruchtet wird, sondern auch, weil ihr Massaker auf Honigknappheit hindeutet. Deshalb rate ich, niemals Schwärme zu bilden oder Bienen zu solchen Zeiten zu vertreiben, wenn es vermieden werden kann, ohne dass überschüssiger Honig zur Verfügung steht, um sie zu füttern.

EINIGE EINSPRÜCHE.

Manche haben argumentiert, und das mit gutem Grund, dass „die Natur der beste Führer ist und es besser ist, den Bienen ihren eigenen Weg beim Schwärmen zu überlassen – wenn Honig im Überfluss vorhanden ist und der Bestand in der Lage ist, einen Schwarm zu überstehen, werden ihre eigenen Instinkte sie lehren, Zellen für die Bienen zu bauen; wenn dies nicht gelingt, bevor sie bereit sind, und die Brut für die Bienen vernichtet wird, liegt es daran, dass die Existenz des Schwarms gefährdet wäre und es besser ist, keine Bienen zu produzieren." Ich gebe zu, dass dies in vielen Fällen besser ist. Die Chancen auf überschüssigen Honig sind größer; der Bestand ist ganz sicher in der Lage, den Winter zu überstehen; und es bedarf einiger Urteilskraft, um zu erkennen, wann ein Bestand einen Schwarm überstehen kann.

Dennoch sind wir manchmal bestrebt, unsere Vorräte so weit wie möglich zu vergrößern, um die Sicherheit zu gewährleisten, und haben oft einige, die einen Schwarm genauso gut entbehren können wie nicht, sich aber weigern, zu gehen; vielleicht beginnen sie mit den Vorbereitungen und geben sie in ein paar Tagen auf. Nun ist es offensichtlich, dass, solange viele solche Vorbereitungen fortsetzen, der Honig ausreichend reichlich vorhanden ist, um die Sicherheit des Schwarms außer Gefahr zu bringen; einige Vorräte werden schwärmen, während andere genauso gut sind (die ihn vorher aufgegeben hatten) und jetzt nicht wieder begonnen haben, rechtzeitig vor einem teilweisen Honigausfall, und einige haben möglicherweise nicht zur richtigen Zeit begonnen.

NATÜRLICHE UND KÜNSTLICHE SCHWÄRME SIND GLEICHERMASSEN ERFOLGREICH.

Ich sehe keinen Unterschied zwischen künstlichen und natürlichen Schwärmen gleicher Größe zur gleichen Zeit. Wenn wir die Sache rechtzeitig selbst in die Hand nehmen und die vorgegebenen Regeln befolgen, können wir sicher sein, dass wir die Schwärme bekommen, während es bei den Bienen ungewiss wäre und wir hinterher kein größeres Risiko eingehen als bei natürlichen Schwärmen.

DIESE ANGELEGENHEIT WIRD ZU OFT VERZÖGERT.

Ich bin mir bewusst, dass diese Angelegenheit zu lange aufgeschoben werden kann. „Abwarten und sehen, ob sie nicht schwärmen", wird das Motto von zu vielen sein, und wenn die Saison vorbei ist, vertreibt man sie. Vielleicht hat sich während der besten Honigsaison ein guter Schwarm außerhalb des Stocks aufgehalten und nichts getan, obwohl er einen Stock zur Hälfte hätte füllen können . Aber das ist jetzt alles verloren, ebenso wie die besten Chancen, Zellen zu bekommen. Lassen Sie mich die Notwendigkeit betonen, es zur richtigen Zeit zu tun, wenn es sich auszahlt. Wenn Sie vorhaben, einen Schwarm aus jedem Bestand zu haben, der einen entbehren kann, beginnen Sie, wenn die Natur den richtigen Zeitpunkt anzeigt, d. h. wenn die regulären Schwarme anfangen zu schlüpfen. Es muss in der Tat eine schlechte Saison sein, wenn es keinen gibt.

IST DAS ALTER DER KÖNIGIN WICHTIG?

Auf diese Weise wird noch ein weiteres Ziel erreicht, das von einigen Imkern als sehr wichtig erachtet wird. Es geht um den Wechsel der Königinnen im alten Bestand. Eine junge Königin gilt als „viel fruchtbarer als eine alte". Es wird sogar empfohlen, keine „über zwei oder drei Jahre" zu behalten, und es werden Anweisungen gegeben, wie sie erneuert werden können. Da ich jedoch in dieser Hinsicht keinen Unterschied in Bezug auf das Alter feststellen konnte, werde ich mich im Moment nicht lange damit beschäftigen, dies zu erörtern. Wenn wir unsere Wahl ohne Probleme treffen können, reicht es aus, eine junge Königin zu behalten. Wenn wir bedenken, dass es nur wenige Königinnen gibt, die in einer Saison nicht dreimal so viele Eier ablegen wie herangewachsene, scheint es sich kaum zu lohnen, viel Mühe auf sich zu nehmen, um sie auszutauschen. Wann die Königin aufgrund ihres Alters unfruchtbar wird, ist, wie ich annehme, noch nie vollständig geklärt worden.

Ein Freund von mir hat seit acht Jahren einen Bestand in einem großen Raum, der nie geschwärmt hat und immer noch gedeiht! Ich halte es für sehr wahrscheinlich, dass diese Königin einige Wochen vor ihrem Tod allmählich verfällt und möglicherweise unfruchtbar wird; wenn das der Fall ist, wird dieser Bestand bald aussterben. Einige solcher Fälle werden wahrscheinlich in schwärmenden Bienenstöcken auftreten, vielleicht einer von fünfzig, aber im Allgemeinen gehen solche alten und schwachen Königinnen verloren, wenn sie mit dem Schwarm wegfliegen, insbesondere bei windigem Wetter. Solange sie in der Lage sind, mit dem Schwarm zu gehen, und manchmal auch, wenn sie es nicht können, habe ich festgestellt, dass sie für alle Zwecke ausreichend fruchtbar sind. Ich würde lieber ihre Fruchtbarkeit riskieren und den Schwarm einsperren, als die Bienen zum Elternbestand zurückkehren zu lassen und acht oder neun Tage zu warten, bis eine junge Königin herangewachsen ist. Sehr viele werden untätig bleiben, selbst wenn in den Kästen Platz zum Arbeiten ist.

KAPITEL XVI.

BESCHNEIDUNG.

Obwohl ich die Methode des Beschneidens im Kapitel über Bienenstöcke (Seite 23, Kapitel II) beschrieben habe, ist es notwendig, dem Anfänger in der Bienenzucht noch ein paar weitere Einzelheiten zu nennen. Die Jahreszeit dafür ist wichtig.

BEZÜGLICH DER ZEIT GIBT ES UNTERSCHIEDLICHE MEINUNGEN.

Der Monat März wurde von mehreren empfohlen; andere bevorzugen April, August oder September. Hier muss ich, wie üblich, von ihnen allen abweichen und einen weiteren Zeitraum bevorzugen, für den ich meine Gründe darlege, vorausgesetzt natürlich, dass der Leser sich des Privilegs eines freien Mannes bewusst ist, d. h., in diesem wie in jedem anderen Punkt die Methode anzuwenden, die er für angemessen hält.

EIN ANDERES MAL LIEBER.

Es gibt nur eine Zeit von Februar bis Oktober, in der sich in den Waben von gedeihenden Beständen keine junge Brut befindet. Wenn Waben entfernt werden, während sie besetzt sind, müssen alle darin enthaltenen jungen Bienen verloren gehen, was vermieden werden kann. Die alte Königin verlässt den Schwarm mit dem ersten Schwarm; alle Eier, die sie in den Arbeiterzellen hinterlässt, werden in etwa einundzwanzig Tagen reif sein, daher ist dies die Zeit, um die alten Waben mit dem geringsten Abfall zu entfernen. In den Zellen werden einige Drohnen gefunden, die ein paar Tage länger zum Schlüpfen benötigen würden, aber diese sind bedeutungslos. Manchmal werden auch einige sehr junge Larven und einige Eier gefunden, die von der jungen Königin stammen; diese wenigen müssen verschwendet werden, aber da die Bienen noch keine Arbeit darauf verwendet haben, ist es besser, diese zu opfern als die größere Anzahl, die ihre Mutter hinterlassen hat und die ihre Nahrungsration aufgezehrt hat; die Bienen haben sie verschlossen und benötigen jetzt nur noch die nötige Zeit zum Reifen, um eine wertvolle Ergänzung des Bestands zu sein.

SOLLTE NICHT VERZÖGERT WERDEN.

Sollte dieser Vorgang länger als drei Wochen aufgeschoben werden, wird die junge Königin die Waben wieder so füllen, dass es einen ernsthaften Verlust darstellt. Deshalb möchte ich dringend darauf hinweisen, dass diesem Punkt zur richtigen Jahreszeit Beachtung geschenkt werden muss. Wenn Sie es für unwichtig halten, das Datum Ihrer ersten Schwärme für die an anderer Stelle genannten Zwecke zu notieren, wird es hier für diejenigen, die beschnitten werden müssen, sehr praktisch sein.

Manche empfehlen auch, in einer Saison nur einen Teil, sagen wir ein Drittel oder die Hälfte, zu entnehmen und so zwei oder drei Jahre zu brauchen, um die Waben zu erneuern. Das ist nur ratsam, wenn die Familie sehr klein ist. Da dieser durch das Beschneiden entstandene Raum nicht ohne Wachs und Arbeit gefüllt werden kann, wird unser überschüssiger Honig im Verhältnis zu seiner Größe stehen. Nehmen wir nun an, wir entnehmen die Hälfte der alten Waben und erhalten dieses Jahr die Hälfte an Kastenhonig und nächstes Jahr die gleiche Menge, oder wir machen eine Vollausbeute und erhalten dieses Jahr keinen und nächstes Jahr eine volle Ausbeute. Was ist der Unterschied? Es gibt keinen Honig, aber einige sind in Schwierigkeiten, und das spricht für eine Vollausbeute auf einmal. Wir müssen uns ungefähr die gleiche Mühe machen, um ein Drittel oder die Hälfte zu erhalten, wie um das Ganze zu erhalten.

Einspruch gegen das Beschneiden.

Der Einwand gegen diese Methode der Wabenerneuerung ist im Allgemeinen die Angst vor Stichen. Aber ich kann Ihnen versichern, dass die Gefahr sehr gering ist, nicht so groß wie bei einem Spaziergang zwischen den Bienenstöcken an einem warmen Tag. Beginnen Sie einfach richtig, verwenden Sie den Rauch und arbeiten Sie vorsichtig, ohne die Bienen zu kneifen, und Sie werden im Allgemeinen unverletzt davonkommen.

JETZT BESCHNITTENER STOCK SIND BESSER FÜR DEN WINTER.

Abgesehen von dem Vorteil, dass man durch das Beschneiden zu dieser Jahreszeit eine große Brut erhält, füllen sich solche Vorräte normalerweise vor dem Herbst wieder auf und eignen sich viel besser zum Überwintern, was nicht der Fall ist, wenn man dies später tut. Wir müssen dann zwangsläufig die Brut verschwenden und haben den ganzen Winter über einen großen Raum, der nicht mit Waben belegt ist. Aber dann können nur wenige Waben hergestellt werden und diese wenigen müssen auf Kosten der Wintervorräte gehen, es sei denn, wir greifen auf Fütterung zurück.

Diese Einwände gelten in noch stärkerem Maße für das Beschneiden im März oder April. Der Verlust der Brut ist jetzt viel schwerwiegender als im Hochsommer oder sogar noch später, und ein mit Waben zu füllender Raum ist ein ernsthafter Nachteil. Es ist wichtig, dass die Bienen jetzt ihre ganze Aufmerksamkeit der Brutaufzucht widmen und bereit sind, ihre Schwärme so früh wie möglich auszuwerfen. Ein *früher* Schwarm ist zwei späte wert. Angenommen, ein Bienenvolk muss, anstatt Nahrung zu sammeln und seine Jungen zu säugen, Honig und Arbeit für die Absonderung von Wachs und den Bau von Waben aufwenden, bevor es mit der Zucht fortfahren kann, dann *muss dies zwangsläufig* einige Wochen später geschehen.

Außerdem habe ich immer festgestellt, dass es am besten ist, die Bienen während dieser Operation aus dem Weg zu haben. Es wird sich bei dem kühlen Wetter im März oder April als viel schwieriger erweisen, die Bienen aus einem Stock zu vertreiben als im Sommer, da sie anscheinend nicht gewillt sind, ihre warmen Quartiere zu verlassen und in einen kalten Stock zu gehen.

Es wird vorausgesetzt, dass der Leser sich der bereits genannten Nachteile bewusst ist, die mit einem zu häufigen Erneuern der Waben verbunden sind; des geringen Wertes der Waben zur Lagerung von Honig *für unseren Gebrauch* , nachdem sie einmal zur Zucht verwendet wurden; der Notwendigkeit, dass die Bienen sie so lange wie möglich verwenden; und dass sie nicht gezwungen werden, den Stock zu füllen, wenn sie Honig von reinster Qualität in Kisten lagern könnten, usw.

Siehe Anmerkungen zu diesem Thema auf Seite 22, Kapitel II.

KAPITEL XVII.

KRANKE BRUT.

Dieses Kapitel ist, wie viele andere in diesem Werk, wahrscheinlich neu, da ich noch nie eines mit dieser Überschrift gesehen habe. Zu diesem Thema sind bisher nur ein paar Zeitungsdiskussionen erschienen.

Wird allgemein nicht verstanden.

Diese Krankheit ist wahrscheinlich erst vor kurzem entstanden. Mr. Miner wusste anscheinend nichts davon, bis er von Long Island nach Oneida County in diesem Staat zog. Mr. Weeks schreibt in einer Mitteilung an den NE Farmer: „Seitdem die Kartoffelfäule begann, habe ich jedes Jahr ein Viertel meiner Vorräte durch diese Krankheit verloren." Gleichzeitig äußert er seine Befürchtungen, dass „diese Insektenrasse aus diesem Grund aussterben wird, wenn sie nicht aufgehalten wird." (Vielleicht sollte ich erwähnen, dass er davon spricht, dass die Krankheit die „Puppe" und nicht die Larve befällt; aber da alles andere genau übereinstimmt, besteht kaum Zweifel daran, dass es sich um ein und dasselbe handelt.)

MEINE EIGENE ERFAHRUNG.

Meine erste Erfahrung wird wahrscheinlich ein viel früheres Datum haben als viele andere; es ist fast zwanzig Jahre her, dass der erste Fall bemerkt wurde. Ich hatte erst vier oder fünf Jahre Bienen gehalten, als ich es in einem meiner besten Bestände entdeckte; tatsächlich war es im Mai und Anfang Juni Nummer 1. Er hatte den ganzen Sommer keinen Schwarm, und jetzt war er nicht mehr voller Bienen, sondern enthielt nur noch sehr wenige; so wenige, dass ich nicht wagte, ihn zu überwintern. Was war los? Ich hatte damals nie im Traum daran gedacht, den Zustand eines Bestandes zu ermitteln, während Bienen im Weg waren, sondern war wie der ungeschickte Arzt, der gezwungen ist, auf den Tod seines Patienten zu warten, damit er ihn sezieren und die Ursache herausfinden kann. Ich übergab die wenigen Bienen, die da waren, dementsprechend der „Schwefelgrube".

BESCHREIBUNG DER KRANKHEIT.

Eine *Obduktion* ergab folgendes: In neun Zehnteln der Brutzellen fanden sich junge Bienen im Larvenstadium, die sich in voller Länge ausgestreckt, verschlossen, tot, schwarz, faulig und einen unangenehmen Gestank ausströmend befanden. Dies war nun ein Glied in der Kette von Ursache und Wirkung. Ich erfuhr, warum es im Stock so wenige Bienen gab. Die Bienen, die eigentlich für deren Vermehrung verantwortlich sein sollten, waren in den Zellen gestorben; keine von ihnen wurde entfernt, und folglich blieben nur wenige Zellen übrig, in denen Bienen heranreifen konnten.

DIE URSACHE UNSICHER.

Aber als ich mich an das nächste Glied in der Kette machte (nämlich an die Frage: Was war die Ursache für den Tod dieser Brut in diesem Entwicklungsstadium?), musste ich aufhören. Es war nicht die geringste Genugtuung. Alle Fragen der mir bekannten Imker stießen auf tiefe Unwissenheit. Sie hatten „noch nie davon gehört!" In keinem Werk über Bienen, das ich konsultierte, wurde es jemals erwähnt.

Später hatte ich weitere Bestände in derselben Situation. Ich stellte fest, dass, wenn die Krankheit in einem gewissen Ausmaß vorhanden war, die wenigen herangewachsenen Bienen nicht ausreichten, um die verlorenen zu ersetzen; dass die Kolonie rasch abnahm und *danach nie wieder einen Schwarm bildete*!

Abhilfe-Experimente.

Als Gegenmaßnahme versuchte ich, alle Waben mit Brut zu entfernen, nur die mit Honig stehen zu lassen und die Bienen neue zum Brüten bauen zu lassen. Es war „sinnlos", denn diese neuen Waben waren ausnahmslos mit kranker Brut gefüllt! Das einzig Wirksame war, die Bienen in einen leeren Stock zu vertreiben. Auf diese Weise gelang es mir, wenn ich es zur richtigen Zeit tat, im Allgemeinen, einen gesunden Bestand aufzuziehen. Aber hier ging der gesamte überschüssige Honig verloren und ein oder zwei Schwärme, die man aus einem gesunden hätte gewinnen können.

ÖFFENTLICHE ANFRAGE UND ANTWORTEN.

Ich hatte so viele Fälle dieser Art, dass ich etwas beunruhigt war und mich im Cultivator (einer landwirtschaftlichen Zeitung) nach der Ursache und dem Gegenmittel erkundigte. Er bot eine „Belohnung für einen Fall, der bei gründlicher Prüfung nicht versagt" usw. an. Mr. Weeks antwortete, „dass kaltes Wetter im Frühling die Brut abkühlt, sei die Ursache." (Das war mehrere Jahre vor seinem Artikel im NE Farmer.) Ein anderer Herr sagte, „tote Bienen und Schmutz, der sich im Winter ansammelte und im Frühling liegen blieb, seien die Ursache." Einige Jahre später erschien ein anderer Korrespondent im Cultivator, der Einzelheiten seiner Erfahrung schilderte und sich und vielen anderen sehr schlüssig bewies, dass Kälte die Ursache war. Da ich die Zeitung mit seinem Artikel verlegt habe, werde ich versuchen, richtig aus dem Gedächtnis zu zitieren. Er hatte „drei Schwärme an einem Tag geschlüpft; das Wetter wechselte tagsüber von sehr heiß zu extrem, sodass es am nächsten Morgen vielerorts zu Frost kam. Diese Schwärme hatten nur wenige Bienen in den alten Beständen zurückgelassen, und die Kälte zwang sie, sich in den Waben zu wärmen; die Brut in Bodennähe, die somit ohne Bienen blieb, die sie mit tierischer Wärme schützen konnten, unterkühlte, und die Folge waren erkrankte Larven." Er folgerte daraus: „Wenn die Eier eines Vogels gegen Ende der Brutzeit aus irgendeinem Grund unterkühlt werden, stoppt dies jede weitere Entwicklung. Bienen entwickeln sich nach demselben Prinzip durch anhaltende Wärme, und Kälte erzeugt denselben Effekt usw.; später schlüpften andere Schwärme unter genau ähnlichen Umständen; aber diese alten Bestände waren die ganze Nacht über mit einer Decke bedeckt, was es den Bienen ermöglichte, am Boden des Stocks zu bleiben. In wenigen Tagen waren genug Bienen geschlüpft, um diese Mühe unnötig zu machen. Diese letzten blieben gesund." Er sagt weiter: „Im letzten Frühjahr erkrankten sie meines Wissens zum ersten Mal, bevor die Schwärme die Population dezimiert hatten. Das Wetter war den ganzen April über bemerkenswert angenehm. Die Bienen sammelten große Mengen Pollen und Honig und konnten so ihre Brut länger halten als zu dieser Jahreszeit üblich. Das anschließende kühle Wetter im Mai veranlasste die Bienen, einen Teil ihrer Brut im Stich zu lassen, die durch die Kälte vernichtet wurde."

Dies ist eine sehr konsequente Argumentation von Ursache zu Wirkung.

ANTWORTEN NICHT ZUFRIEDENSTELLEND.

Hätte ich keine weiteren Erfahrungen als diese, wäre ich vielleicht mit der Ursache zufrieden und würde versuchen, das Heilmittel anzuwenden. Mehrere andere Autoren haben in verschiedenen Zeitungen zu diesem Thema geschrieben, und fast alle, die eine Ursache angeben, haben diese als die wahrscheinlichste angegeben. Nun habe ich erlebt, dass die Puppen einiger Stöcke durch einen plötzlichen Kälteeinbruch erfroren und zerstört wurden, doch diese wurden bald darauf von den Bienen entfernt, und die Stöcke blieben gesund. Mir scheint die angegebene Ursache nicht ausreichend, um *alle* Ergebnisse mit den Larven zu erzielen . Nach genauer, geduldiger Beobachtung über fünfzehn Jahre hinweg war ich noch nie ganz davon überzeugt, dass dies bei einem einzigen meiner Bienen der Fall war.

Eine Ursache wurde vorgeschlagen.

Wir alle sind bis zu einem gewissen Grad mit den ansteckenden Krankheiten der Menschheit vertraut, wie Pocken, Keuchhusten und Masern und ihrer schnellen Ausbreitung von einem bestimmten Punkt aus usw. Wir müssen auch zugeben, dass eine oder mehrere Ursachen, die der Wirkung angemessen sind, den ersten Fall hervorgerufen haben müssen. Der Ansteckung würde ich also die Ausbreitung dieser Krankheit unserer Bienen zuschreiben, mindestens neunzehn von zwanzig Fällen. Ich gebe zu, wenn Sie so wollen, dass ein Stamm von zwanzig oder fünfzig in geringem Maße von einer Erkältung betroffen sein kann. Es ist nur ein Teil der Brut, der in Gefahr ist – nur solche, die verschlossen wurden und bevor sie sich zum Puppenstadium entwickelt haben, werden befallen. Wie viele können sich dann zu einem bestimmten Zeitpunkt in einem Bienenstock befinden, in genau dem richtigen Entwicklungsstadium, um die tödliche Erkältung zu bekommen? Natürlich wird es einige geben; aber sie sollten auf die Zellen in Bodennähe beschränkt bleiben, wo die Bienen sie ungeschützt gelassen haben. Das sollten alle sein; und diese wenigen würden den Bestand nie ernsthaft schädigen. Warum breitet sich diese Krankheit, wenn sie erst einmal richtig begonnen hat, so schnell in allen Waben des Bienenstocks aus? Kann man sagen, dass der Frost den ganzen Sommer über alle paar Tage wiederkehrt? Oder kann man zugeben, dass etwas anderes ihn weiterverbreiten kann?

Ich denke, dass es in den meisten Fällen neben dem Frösteln noch andere Ursachen geben muss, die es sogar auslösen. Da unsere Vorgehensweise mit unserer Sichtweise zu dieser Angelegenheit übereinstimmt und das Ergebnis unseres Vorgehens ziemlich wichtig sein wird, werde ich einige der Gründe nennen, die zu dieser Schlussfolgerung geführt haben.

GRÜNDE FÜR DIE STELLUNGNAHME.

So verließen beispielsweise alle Bienen eines guten Schwarms im März den Stock. Nach einer Zeit des Fliegens schlossen sie sich mit einem anderen guten Stamm zusammen, wodurch die zu dieser Jahreszeit übliche Bienenzahl verdoppelt wurde. Das war genug, um die Brut jederzeit ausreichend warm zu halten, wenn andere Stämme mit der Hälfte oder einem Viertel der Bienenzahl dazu in der Lage waren. Mitte Juni war die Zahl der Bienen stark zurückgegangen und sie hatten keinen Schwarm gebildet. Dieser wurde untersucht und die Brut war schwer erkrankt. Meine besten und bevölkerungsreichsten Stämme sind im Frühjahr genauso anfällig, und ich möchte hinzufügen, noch anfälliger, als kleinere oder schwächere Familien. Ich hatte zwei große Schwärme, die sich zusammenschlossen und zusammen gehalten wurden, die aber im nächsten Herbst erkrankten. Diese Fälle beweisen nachdrücklich, wenn auch nicht schlüssig, dass tierische Wärme nicht die einzige Voraussetzung ist. Die Tatsache, dass ich alle infizierten Waben aus einem kranken Bestand entfernt und Honig in den oberen und äußeren Teilen gelassen hatte und die Bienen neue zur Zucht bauten und die Brut in diesen ausnahmslos infiziert waren, obwohl es anfangs nur wenige waren und die Zahl mit der Vergrößerung der Waben zunahm, ließ mich annehmen, dass es sich um eine ansteckende Krankheit handelte und das Virus im Honig enthalten war. Ein Teil davon war in diesen Beständen zurückgeblieben und sehr wahrscheinlich hatten die Bienen es an die Brut verfüttert. Um diesen Grundsatz noch weiter zu testen, trieb ich alle Bienen aus solchen kranken Beständen, filterte den Honig und verfütterte ihn bald nach dem Einsetzen an mehrere junge, gesunde Schwärme . Bei einer Untersuchung einige Wochen später war ausnahmslos jeder einzelne Schwärm mit der Ansteckung infiziert.

Hier haben wir also einen Hinweis auf die Ursache der Ausbreitung dieser Krankheit, ob wir nun ihren Ursprung kennen oder nicht. Wir werden nun sehen, ob wir sie zurückverfolgen können und ob es irgendeine Konsistenz bei der Übertragung von einem Stamm auf einen anderen gibt.

URSACHE IHRER VERBREITUNG.

Nehmen wir an, ein Stamm hat sich mit der Infektion angesteckt, aber ein kleiner Teil der Brut ist tot. In der Hitze des Stocks verfault er bald; andere Zellen, die an Larven des richtigen Alters angrenzen, sind bald im gleichen Zustand. Alle Brutwaben im Stock werden zu einer fauligen Masse, mit Ausnahme vielleicht einer von zehn, zwanzig oder hundert, die eine Biene perfekt machen kann. Somit reicht die Vermehrung der Bienen nicht aus, um die alten zu ersetzen, die ständig absterben. Es ist daher klar, dass dieser Bestand bald auf eine sehr kleine Familie zusammenschrumpfen *muss*. Wenn nun auf den Feldern Honigmangel auftritt, kann dieser arme Bestand nicht richtig geschützt werden und wird leicht von den anderen seines Inhalts beraubt. Honig wird genommen, der sich in unmittelbarer Nähe von toten Körpern befindet, verdirbt zu Tausenden und erzeugt einen pestilenzialischen Dunst, von dem er wahrscheinlich einen Teil absorbiert hat. Die Saat der Zerstörung wird auf diese Weise in gesunde Bestände getragen. In kurzer Zeit fallen diese wiederum der Geißel zum Opfer; und verschwinden bald, wenn ein anderer starker Bestand in der Lage ist, *ihre Vorräte* wegzutragen ; und bleiben vielleicht nur beim letzten Bestand stehen! Die Motte ist immer bereit mit ihrer Ladung Eier, die sie nun ungehindert direkt auf den Waben ablegt. In kurzer Zeit erledigen die Würmer das ganze Geschäft und werden der gesamten Anklage für schuldig befunden; nur weil man feststellt, dass sie Wirkungen ausführen, die solchen Ursachen schnell folgen.

Der Leser, der an dieser Theorie zweifelt, soll einfach den auf diese Weise verdorbenen Honig aussieben und ihn an einige gesunde Stämme oder Schwärme verfüttern. Wenn sie entkommen, soll er dies der Öffentlichkeit mitteilen. Sollte er jedoch davon überzeugt sein, dass dieser Honig Gift für seine Bienen ist, wird er, wie ich und alle anderen Interessierten, diesem wachsenden Übel Einhalt gebieten wollen.

ZUERST NICHT LEICHT ZU ERKENNEN.

Es ist sehr schwierig, die ersten hundert oder zwei Bienen zu erkennen, die in einem Bestand sterben. Aber wenn neun Zehntel der Brutzellen faulige Larven enthalten , ist es sehr schwierig, eine korrekte Diagnose zu stellen. Es gibt nur wenige Bienen und sie sind inaktiv. Wenn wir am Stock vorbeigehen, werden unsere Geruchssinne von einem ekelerregenden Ausfluss begrüßt, der von dieser verderblichen Masse ausgeht. Wenn wir nun der schwersten Strafe entgehen wollen oder hoffen, dürfen wir diese Vernachlässigung niemals zulassen, bevor ein solcher Bestand entfernt wird. Daher müssen wir auf die Symptome achten und das Vorhandensein der Krankheit *so früh wie möglich feststellen* .

ZU BEACHTENDE SYMPTOME.

Da kein Teil der Brutsaison davon ausgenommen ist, sollten die Bestände im Frühjahr und im Vorsommer sorgfältig hinsichtlich der Zunahme der Bienen beobachtet werden. Wenn eine oder mehrere Bienen in dieser Hinsicht weit hinter den anderen zurückliegen, führen Sie sofort eine Untersuchung durch. (Ich möchte hier noch einmal die Bequemlichkeit des einfachen, gewöhnlichen Bienenstocks gegenüber den komplizierteren oder hängenden, schwer umzudrehenden Bienenstöcken betonen. In einem Fall könnten wir eine Untersuchung zur rechten Zeit durchführen; im anderen könnten zu viele Mühen und Schwierigkeiten dazu führen, dass sie zu lange hinausgezögert wird.) Der Bienenstock muss umgedreht und die Bienen aus dem Weg geräuchert werden. Unsere Aufmerksamkeit muss auf die Brutzellen gerichtet werden; schneiden Sie mit einem spitzen Messer die Enden einiger der ältesten ab; bedenken Sie dabei, dass junge Bienen immer weiß sind, bis sie sich einige Zeit nach der Verpuppung verpuppen. Wenn also eine Larve mit dunkler Farbe gefunden wird, ist sie tot! Sollten ein Dutzend solcher gefunden werden, sollte der Bestand sofort vernichtet und alle Bienen in einen leeren Bienenstock getrieben werden. (Anweisungen hierzu wurden bereits gegeben, siehe Seite 31.) Sollte zu diesem Zeitpunkt Honig knapp sein, sollten sie gefüttert werden.

Den Honig zum Füttern überbrühen, um das Gift zu zerstören.

Der Honig aus dem alten Bienenstock kann verwendet werden, wenn Sie zuerst das Virus vernichten. Ich habe festgestellt, dass dies durch Verbrühen möglich ist: Fügen Sie einen halben Liter Wasser zu etwa zehn Pfund hinzu, rühren Sie gut um, erhitzen Sie es bis zum Siedepunkt und entfernen Sie sorgfältig den gesamten Schaum.

In Beständen, in denen die Krankheit noch nicht zu weit fortgeschritten ist, kommt es in der Regel zu Schwärmen.

WANN SOLLTEN BESTANDTEILE, DIE SICH AUSGEWIRKT HABEN, UNTERSUCHT WERDEN?

Drei Wochen nach dem ersten Schwarm ist es Zeit, sie zu untersuchen. Ich mache es mir zur Regel, alle meine Bestände zu diesem Zeitpunkt zu untersuchen. Das ist jetzt leicht zu tun, da fast die gesamte gesunde Brut (außer Drohnen) in dieser Zeit ausgereift sein sollte. Indem ich diese Regeln beharrlich einhalte, lasse ich keinen Bestand schwinden, bis er von anderen geplündert wird. Wenn alle meine Nachbarn ebenso vorsichtig wären, würde diese Krankheit wahrscheinlich bald verschwinden. Das ist, als würde ein unvorsichtiger Bauer zulassen, dass ein schädliches Unkraut Samen reift, die vom Wind auf das Land eines vorsichtigen Nachbarn getragen werden, der sich zu ständiger Wachsamkeit anstrengen oder den Schaden eines üblen Schädlings ertragen muss. So ist es mit dem erfolgreichen Imker; in Gegenden, in denen die Krankheit aufgetreten ist (was nicht überall der Fall ist), muss er ständig auf der Hut sein; das ist der Preis des Erfolgs.

SORGFÄLTIGE AUSWAHL DER STOCKBEUTEN FÜR DEN WINTER.

Auch nach der Brutzeit im Herbst *sollte jeder Bestand gründlich untersucht und alle kranken Exemplare aus den Bienenstöcken entfernt werden* . Es ist besser, dies zu tun, auch wenn dadurch der letzte Vogel getötet wird. Es würde sich viel mehr lohnen, stattdessen andere zu beschaffen, die gesund sind.

Personen, die den Honig aus solchen Bienenstöcken essen möchten, werden keine negativen Auswirkungen davon haben, wenn sie beim Herausnehmen aus dem Bienenstock darauf achten, die gesamte tote Brut zu entfernen.

Die größte Distanz, die Bienen meines Wissens je zurücklegten und dabei einen wehrlosen Vorrat plünderten, betrug eine Dreiviertelmeile. Sehr wahrscheinlich flogen sie manchmal noch weiter, aber nicht oft.

VORWÜRFE SIND NICHT IMMER RECHT.

Wenn ihre Bienenstöcke auf diese Weise ausgeraubt werden, empfinden nachlässige Imker Bedauern oder sind häufiger verärgert über jemanden — über die Folgen ihrer Nachlässigkeit. Die Person, die die meisten Bienen in einer Nachbarschaft hält, muss damit rechnen, für alle Folgen ihrer Unwissenheit, ihres Missmanagements oder ihrer Nachlässigkeit und des daraus resultierenden „Pechs" verantwortlich gemacht zu werden; während der gesamte so gewonnene Honig wahrscheinlich mehr Schaden mit sich bringt, als in einem Jahr beseitigt werden kann, und damit der anderen Partei den eigentlichen Grund zur Beschwerde gibt.

KAPITEL XVIII.

REIZBARKEIT DER BIENEN.

Bienen gutmütig zu halten, ist ein ziemlicher Spottgrund: Es scheint einfach zu absurd, *einer Biene* etwas beizubringen! Trotzdem lohnt es sich, ein wenig darüber nachzudenken. Die meisten von uns wissen, dass Pferde, Rinder, Hunde usw. durch unüberlegtes Training extrem bösartig werden können. Wenn zwischen ihnen und Bienen keine erkennbare Analogie besteht, zeigt die Erfahrung, dass sie dadurch zehnmal reizbarer werden können, als sie es von Natur aus wären.

IHRE VERTEIDIGUNGSMITTEL.

Die Natur hat sie mit Mitteln ausgestattet, um ihre Vorräte zu verteidigen, und sie mit ausreichender Kampfkraft ausgestattet, um sie bei Bedarf einzusetzen. Das könnte nicht besser sein. Wenn sie nicht in der Lage wären, einen Feind abzuwehren, gäbe es tausende faule Räuber, den Menschen nicht ausgenommen, die die Früchte ihres Fleißes fressen und sie verhungern lassen würden. Wäre es so eingerichtet gewesen, wäre dieses fleißige Insekt wahrscheinlich schon längst ausgestorben.

ZEIT GRÖSSTER REIZBARKEIT.

Die Jahreszeit ihrer größten Vorsicht ist in diesem Abschnitt der August, während der Blütezeit des Buchweizens. Dann sind ihre Vorräte am größten. Sobald ein Bestand einigermaßen gut mit den Gütern dieser Welt versorgt ist, werden sie wie einige Zweibeiner sehr hochmütig, stolz, aristokratisch und unverschämt. Viele Dinge werden als Beleidigungen ausgelegt, die in ihren Tagen der Not unbemerkt geblieben wären; aber jetzt ist es schicklich und angemessen für ihre Ehre, einen „gerechten Groll" zu zeigen. Es obliegt uns daher, festzustellen, was als Beleidigungen angesehen wird.

RICHTIGES VERHALTEN.

Erstens werden alle schnellen Bewegungen wie Rennen, Schlagen usw. um sie herum bemerkt. Wenn wir uns langsam, vorsichtig, bescheiden und respektvoll unter ihnen bewegen, werden wir oft unbehelligt passieren gelassen, da wir ein angemessenes Verhalten an den Tag gelegt haben. Dennoch erscheinen die Ausdünstungen mancher Personen sehr anstößig, da sie sie viel früher angreifen als andere; obwohl ich befürchte, dass der Unterschied nicht so groß ist, wie viele annehmen. Immer wenn ein Angriff erfolgt und ein Stich folgt, wird das so in die Luft abgegebene Gift, wenn auch nur von einem, von anderen in einiger Entfernung wahrgenommen, die sich sofort dem Ort des Geschehens nähern, und es werden wahrscheinlich mehr Stiche folgen, als wenn es den ersten nicht gegeben hätte.

SO VERHALTEN SIE SICH BEI EINEM ANGRIFF.

Wenn man sie niederschlägt, werden sie zehnmal wütender. Sie lassen sich nicht im Geringsten entmutigen und greifen erneut an. Man kann nicht die geringste Furcht erkennen. Selbst nachdem sie ihren Stachel verloren haben, weigern sie sich hartnäckig, aufzuhören. Das Beste ist, so leise wie möglich in den Schutz eines Busches oder zum Haus zu gehen . Sie werden selten durch die Tür gehen.

STÖRENDE ATEMWEGE BEI EINER PERSON UND ANDERE URSACHEN.

Der Atem einer Person im Stock oder zwischen den Bienen, wenn sie sich draußen versammelt haben, wird in den Tribunalen der Insektenweisheit als die größte Demütigung angesehen. Ein plötzlicher Stoß, der manchmal durch unachtsames Umdrehen des Stocks verursacht wird, ist eine weitere. Wenn sie einmal auf diese Weise gründlich gereizt wurden, erinnern sie sich wochenlang daran und sind ständig in Alarmbereitschaft; sobald der Stock berührt wird, sind sie bereit, einer Person ins Gesicht zu grüßen. Wenn Blech- oder Zinkplatten verwendet werden, um die Verbindung zwischen den Stöcken und Kästen abzuschneiden, werden einige der Bienen leicht zerquetscht oder in zwei Hälften geschnitten. Das merken sie sich und schlagen bei Gelegenheit zurück; und das kann sein, wenn sie ruhig im Bienenhaus umhergehen.

IHRE ANGRIFFSART.

jedem widersprechen , der sagt, wir hätten immer eine Warnung, bevor wir gestochen werden. Ich bin selbst *ein paar Mal gestochen worden* . Zwei Drittel der Stiche wurden ohne die geringste Vorwarnung erhalten – die erste Vorwarnung war der „Schlag". In anderen Fällen, wenn sie fest entschlossen waren, Rache zu nehmen, haben sie mir auf den Hut geschlagen und einen Moment verharrt, um ihr Ziel zu erreichen . In diesem Fall habe ich eine Warnung, mein Gesicht nach unten zu halten, um es vor dem nächsten Versuch zu schützen, der ganz sicher folgen wird. Da sie horizontal fliegen, ist das Gesicht in dieser Position nicht so anfällig für Angriffe. Wenn sie nicht so sehr von Wut erfüllt sind, nähern sie sich oft nur in einer Drohhaltung und schwirren mehrere Minuten lang sehr provozierend in unmittelbarer Nähe unserer Ohren und unseres Gesichts herum, anscheinend um unsere Absichten herauszufinden. Wenn nichts Feindseliges oder Unangenehmes wahrgenommen wird, werden sie im Allgemeinen verschwinden; sollte sie jedoch durch eine schnelle Bewegung oder einen anstößigen Atem beleidigt werden, ist das gefürchtete Ergebnis fast sicher. Zu viele Menschen neigen dazu, diese Drohungen als konkrete Absichten zum Stechen zu interpretieren. Wenn diese Dinge ruhig ertragen werden können und man gleichzeitig ihre Umgebung verlässt, endet es im

Allgemeinen friedlich. Sie greifen nie an, wenn sie auf der Suche nach Honig von zu Hause weg sind oder wenn sie zurückkehren, bis sie den Stock betreten haben. Nur im Stock und in seiner Umgebung erwarten wir dieses aufbrausende Temperament, das nicht zugelassen werden sollte oder zumindest weitgehend, wenn nicht vollständig, durch ruhiges Verhalten und durch die Verwendung von Tabakrauch gedämpft werden kann. Jeder, der sich um Bienen kümmert, sollte mit dieser mächtigen Waffe bewaffnet sein. Da Bienen beim Fliegen in der Luft nicht sehr vom Rauch beeinflusst werden, sondern ihren eigenen Weg gehen, müssen wir sie in den Stock bringen, um *ihnen* ein angemessenes Verhalten beizubringen!

Wer ans Rauchen gewöhnt ist, wird eine Pfeife oder eine Zigarette hier sehr praktisch finden. Wer das aber nicht ist, sollte sich vielleicht besser keine schlechte Angewohnheit aneignen. Ich werde daher einen einfachen Ersatz anbieten.

RAUCHER BESCHREIBUNG.

Nehmen Sie eine Blechröhre mit einem Durchmesser von etwa 5/8 Zoll und einer Länge von 5 bis 6 Zoll. Machen Sie an beiden Enden passende Holzstopfen, zweieinhalb bis drei Zoll lang. Bohren Sie mit Ihrem Nagelbohrer der Länge nach ein Loch hinein. Zusammengesetzt sollte die Röhre etwa 15 Zoll lang sein. Die Enden können konisch zulaufen. Lassen Sie an einem Ende eine Kerbe, damit Sie sie mit den Zähnen festhalten können. Das ist die bequemste Methode, da Sie oft beide Hände verwenden müssen. Sie ist auch immer einsatzbereit, ohne dass Sie Mühe haben, durchzublasen, und hält den Tabak auch am Brennen. Wenn Sie einsatzbereit sind, füllen Sie die Röhre mit Tabak, zünden Sie ihn an und setzen Sie die Stopfen ein. Indem Sie durchblasen, halten Sie den Tabak am Brennen, während der Rauch am anderen Ende austritt.

WIRKUNG VON TABAKRAUCH.

Wir können diese kämpferischen Neigungen jetzt unterdrücken oder unschädlich machen; ihre Wut in Unterwerfung verwandeln und sie dazu bringen, ihre Schätze ohne Widerstand in die Hände des Plünderers zu legen! Wenn sie einmal überwältigt sind, scheinen sie jedes Bewusstsein ihrer Stärke zu verlieren, und kein Sklave könnte unterwürfiger sein! Nachdem die Wirkung des Rauchs nachgelassen hat, wird ihre frühere Feindseligkeit zurückkehren. Sollten sie beim Aufstellen eines Bienenstocks irgendeinen Groll zeigen, blasen Sie in den Rauch; sie ziehen sich sofort zurück und „bitten um Verzeihung". Nach ein paar Malen lernen sie, „es hat keinen Zweck", und lassen eine Inspektion zu. Wenn Sie eine Kiste abnehmen möchten, heben Sie sie gerade weit genug an, um in den Rauch zu blasen; es gibt keine Probleme; Sie können sie durch eine andere ersetzen; die Bienen werden mit etwas mehr Rauch aus dem Weg gehalten *und es entsteht kein Ärger darüber, an den man sich erinnern könnte* . Die in der Kiste sind alle unterwürfig; man kann sie wegtragen und nach Belieben behandeln, ohne dass man sie reizen könnte, bis sie wieder nach Hause kommen, und dann sind sie viel „lieberer" als wenn man die Kiste ohne den Rauch mitgenommen hätte. Sie scheinen die Transaktion zu vergessen oder gar nichts davon zu bemerken. Wenn Bienen in einen neuen Stock gebracht werden sollen, ist es nicht notwendig, so genau darauf zu achten, ob eine einzelne Biene entkommt; man muss keine Angst haben, dass eine entkommt. Beim Vertreiben zeigt das laute Summen ihre Unterwerfung an; der obere Stock kann dann jederzeit sicher angehoben werden. Nachdem sie auf diese Weise vertrieben wurden, können sie ungestraft herumgestoßen werden und sind trotzdem ruhig! Kurz gesagt, wenn man bei allen Gelegenheiten Rauch verwendet, bei denen sie ohne ihn wahrscheinlich durch unsere Einmischung gestört würden, hat dies die Tendenz, ihre Kampflust inaktiv zu halten. Wenn diese nie geweckt wurde, besteht viel weniger Gefahr durch ihre Angriffe, wenn man zwischen ihnen umhergeht oder sie beobachtet. Jedem, der weitere Beweise wünscht, würde ich das Experiment empfehlen, ein Jahr mit Rauch und das nächste ohne auszukommen.

Stich beschrieben.

Ihr Stachel ist, wie er mit bloßem Auge zu erkennen ist, nur ein winziges Kriegsinstrument; so klein, dass seine Wunde von allen größeren Tieren unbeachtet bleiben würde, wenn sie nicht gleichzeitig mit Gift infiziert würden. Es wird beschrieben, dass er „aus drei Teilen besteht, einer Hülle und zwei Pfeilen. Beide Pfeile sind mit kleinen Spitzen oder Widerhaken wie bei einem Angelhaken versehen", die ihn festhalten, wenn er ins Fleisch eingeführt wird; die Biene ist gezwungen, ihn zurückzulassen.

IST SEIN VERLUST TÖDLICH?

Es heißt, „für die Biene selbst erweist sich diese Verstümmelung als tödlich." Letzteres ist eine weitere Tatsachenbehauptung, die so oft wiederholt wird, dass wir sie vielleicht genauso gut zugeben sollten, da wir die Schwierigkeiten hätten, sie zu widerlegen. Denken Sie nur an die Unmöglichkeit, eine herumfliegende Biene fünf Minuten lang im Auge zu behalten, nachdem sie ihren Stachel verloren hat. Dennoch gibt es einige Personen, die so genau darauf achten, was sie als Tatsachen annehmen, dass sie das sehr unvernünftige Unterfangen verlangen würden, eine Biene bis zu ihrem Tod zu beobachten, bevor sie *absolut sicher sein können* , dass der Verlust ihres Stachels ihren Tod verursacht hat. (Es ist viel einfacher zu erraten.) Sie könnten sogar eine Analogie heranziehen und sagen, dass andere Insekten so wenig Sinnesempfindungen besitzen, dass sie sich nach viel umfangreicheren Verstümmelungen nachweislich erholt haben – dass Käfer monatelang unter Bedingungen gelebt haben, die einige der höheren Tiere sofort getötet hätten – dass Spinnen oft ein Bein nachwachsen lassen, sogar Hummer eine verlorene Klaue ersetzen können usw. Ich habe es aufgeschoben, einen Schutz gegen ihre Angriffe zu beschreiben, weil ich ihnen etwas mehr Mut für unser Vorgehen unter ihnen machen möchte. Doch es ist töricht zu erwarten, dass alles ohne etwas zur Verteidigung erfolgreich zurechtkommt .

SCHUTZMITTEL.

Das Gesicht und die Hände sind am meisten ungeschützt; für letztere eignen sich dicke Wollhandschuhe oder Fäustlinge am besten; der Stich bleibt normalerweise auch beim Hineinstecken in einen Lederhandschuh bestehen. Für das Gesicht besorgen Sie sich anderthalb Yards dünnen Musselin oder Kattun, nähen die Enden zusammen und fassen das obere Ende an einer Schnur zusammen, die klein genug ist, damit sie beim Anziehen nicht über den Kopf rutscht. Auf jeder Seite muss ein Armloch ausgeschnitten werden; darunter befindet sich eine weitere Schnur, um sie eng am Körper zusammenzufassen. Da ich nicht erwarte, dass Sie im Dunkeln arbeiten, werden wir vorne eine Stelle ausschneiden und ein Stück grobe Spitze einfügen; am besten ist es, wenn eine Biene gerade so davon abgehalten wird, durchzukommen, da wir dann besser sehen können. Damit sie nicht auf das Gesicht fällt, wird ein Draht darum gebogen und festgenäht. Jeder, der weiß, wie man ein Hemd anzieht, wird damit zurechtkommen. Mit dieser Ausrüstung und anderen Kleidungsstücken der richtigen Dicke sollten auch die Schüchternsten nicht zögern, sich bei Bedarf in sie hineinzuwagen. Ich kann nicht umhin, Sie erneut zu warnen, Ihre Bienen nicht zu reizen, bis dieser Schutz notwendig ist, da dies ein ziemlich schlechter Zustand ist. Wenn Sie ihn tragen, können Sie keinen Rauch verwenden. Das An- und Ausziehen ist sehr mühsam, und jedes Mal, wenn Sie zu ihnen gehen, fürchte ich, dass einige notwendige Pflichten vernachlässigt werden, wenn Sie darauf zurückgreifen müssen. Wann immer ein teilweiser Schutz ausreicht, würde ich ein Taschentuch empfehlen; es ist immer zur Hand und kann im Handumdrehen angelegt werden; werfen Sie es über den Kopf, lassen Sie die Enden um Hals und Schultern fallen und bedecken Sie alles außer dem Gesicht. Der Hut kann darüber gezogen werden. Was das Gesicht betrifft, halten Sie es fest, wenn eine Biene in bedrohlicher Haltung vorbeikommt – es sei denn, sie sticht beim ersten Anflug, dann besteht kein großes Risiko.

MITTEL GEGEN STICHE.

Was die Mittel gegen Stiche betrifft, ist es schwer zu sagen, welches das beste ist. Die Wirkung ist bei verschiedenen Personen und an verschiedenen Körperstellen sowie in der Tiefe, in der der Stich reicht, so unterschiedlich, dass eine große Vielfalt an Mitteln empfohlen wird.

Eine Person wird leicht gestochen und wendet etwas als Gegenmittel an. Die Wirkung des Stichs ist gering, wie sie es vielleicht auch ohne etwas gewesen wäre, und das Medikament wird sofort als unübertreffliches Heilmittel gepriesen. Ich habe mich in dieser Hinsicht getäuscht: Bei einem leichten Stich wendete ich in einem Fall das an, von dem ich dachte, es heile, während der Stich im nächsten Fall tiefer oder an einer anderen Stelle eingedrungen sein könnte und das Heilmittel scheinbar keine Wirkung zeigte. In den letzten Jahren habe ich überhaupt nichts mehr bei mir angewendet, und die Wirkung ist nicht schlechter oder sogar so schlimm wie früher. (Dies liegt, wie man mir sagte, daran, dass der Körper verhärtet ist und nun den Wirkungen widerstehen oder sie abwehren kann.) Zu den empfohlenen Heilmitteln gehören Salbei und Wasser, Salz und Wasser, Schmierseife mit Salz vermischt, eine rohe, in zwei Hälften geschnittene Zwiebel aufgetragen, Schlamm oder Ton ziemlich nass gemischt und oft gewechselt, Tabak nass gemacht und gründlich gerieben, um die Wirkung zu erzielen, und ständig kaltes Wasser aufgetragen. Zur Heilung der Schmerzen wird dringend zur Anwendung von Tabak geraten und ebenso positiv wird von kaltem Wasser gesprochen, um die Schwellung zu verhindern.

Bei Stichen im Hals soll das regelmäßige Trinken von Salz und Wasser ernsthafte Folgen verhindern.

Unabhängig davon, ob eines dieser Mittel angewendet wird oder nicht, muss meiner Ansicht nach nicht extra erwähnt werden, dass der Stachel so schnell wie möglich herausgezogen werden sollte.

Neunzehntes Kapitel.

FEINDE DER BIENEN.

Zu den Feinden der Bienen zählen Ratten, Mäuse, Vögel, Kröten und Insekten.

SIND SIE ALLE SCHULDIG?

Aber einige davon sind wahrscheinlich frei von tatsächlichem Schaden. Ich habe den starken Verdacht, dass der Geist der Zerstörungswut bei vielen Menschen allzu aktiv ist. Es gibt einige Bauern, bei denen dieses Prinzip vorherrschend ist, die so kurzsichtig sind, dass sie, wenn es in ihrer Macht stünde, eine ganze Vogelklasse töten würden, weil einige von ihnen ein paar Kirschen gepflückt oder ein paar Maishaufen ausgegraben haben, während sie gleichzeitig Würmer, Insekten usw. fressen, die sonst ganze Ernten vernichtet hätten! Es ist daher gut, vor der Verurteilung zu prüfen, ob wir durch ein wahlloses Abschlachten ohne Richter oder Geschworene insgesamt Gewinner oder Verlierer sind.

RATTEN UND MÄUSE.

Ratten und Mäuse sind nie lästig, außer bei kaltem Wetter. Die Eingänge aller Bienenstöcke sind zu klein, um eine Ratte hineinzulassen. Nur wenn sie im Haus sind, muss man mit größeren Schäden rechnen. Sie scheinen Honig zu mögen und fressen, wenn er verfügbar ist, in kurzer Zeit mehrere Pfund davon.

Mäuse dringen oft in den Stock ein, wenn sie auf der Bank stehen, und richten dort große Verwüstungen an. Manchmal bauen sie sich, nachdem sie sich in den Waben einen Platz gefressen haben, dort ihr Nest. Die von den Bienen erzeugte animalische Wärme schafft einen gemütlichen, warmen Ort für das Winterquartier. Es gibt zwei Arten: eine, die gewöhnliche Klasse, die zum Haus gehört, und die andere, die „Hirschmaus" genannt wird – die Unterseite ist vollkommen weiß, der Rücken viel heller als bei der anderen Art. Letztere scheint die Bienen besonders zu mögen, während die erste den Honig zu genießen scheint. Ob sie lebende Bienen fressen oder nur solche, die bereits tot sind, kann ich nicht sagen. Es wird nur ein Teil der Biene gefressen; und wenn wir die übrig gebliebenen Fragmente zur Beurteilung der Anzahl der verzehrten Bienen heranziehen, wird dies in gewisser Weise beweisen, dass eine ganze Menge geopfert wurde. Ob Bienen oder Honig verschwendet werden, ein wenig Sorgfalt zur Verhinderung ihrer Plünderungen ist durchaus angebracht. Da Ratten und Mäuse schon seit langem als universelle Plage und ohne jede erlösende Eigenschaft verurteilt werden, will ich nichts zu ihren Gunsten sagen und bin vollkommen damit einverstanden, dass sie bis zu ihrem Tod gehängt werden.

Doch zu einigen der Vögel, denen vorgeworfen wird, Bienen zu jagen, möchte ich ein paar Worte sagen.

KÖNIGVOGEL – EIN WORT ZU SEINEN GUNSTEN.

Der Königsvogel steht an der Spitze der Liste der Räuber! Bei einem fairen Prozess wird er für schuldig befunden, wenn auch nicht so abscheulich wie viele annehmen. Ich denke, wir werden ihn nur für den Raub der Drohnen schuldig sprechen. Am Nachmittag eines schönen Tages kann man ihn auf einem trockenen Ast eines Strauchs oder Baums in der Nähe des Bienenhauses sitzen sehen, wie er nach seinen Opfern Ausschau hält und gelegentlich losschießt, um sie zu schnappen. Ich habe ihn abgeschossen und seine Ernte untersucht, nachdem ich gesehen hatte, wie er eine ansehnliche Anzahl verschlang; aber in jedem Fall wurden die Bienen so zerquetscht, dass es unmöglich war, Arbeiterbienen von Drohnen zu unterscheiden. Uns wird gesagt, dass große Zahlen von Arbeiterbienen gezählt wurden. Das kann so sein, oder es kann durch eine Prise Vorurteil so dargestellt werden. Ich habe festgestellt, dass die brutale Befriedigung, Leben zu nehmen, bei manchen so stark ist, dass eine natürliche Abneigung an die Stelle der Gerechtigkeit tritt und eine angemessene Verteidigung in solchen Fällen nicht zugelassen wird, in denen die leidende Partei nicht die Macht hat, sie durchzusetzen. Wenn er mit Arbeiterbienen ebenso zufrieden wäre wie mit Drohnen, warum besucht er dann nicht lange vor Mittag den Bienenstand und füllt seinen Kropf mit ihnen? Stattdessen wartet er bis zum Nachmittag auf die Drohnen; und wenn keine fliegen, wartet er ruhig, bis eine auftaucht, obwohl die Arbeiterbienen ständig zu Hunderten unterwegs sein können. Wenn die Frage gestellt wird, wie sie den Unterschied zwischen den beiden Bienenarten erkennen, könnte ich vorschlagen, dass der *Instinkt* die meisten Tiere die richtige Art von Nahrung gelehrt hat und die Vögel in diesem Fall leiten könnte. Wenn dies nicht ausreicht, könnte ein wenig Erfahrung im Fangen von Bienen mit Stacheln den wichtigen Unterschied in ein oder zwei Lektionen vermitteln. Ich hatte einmal ein Huhn, das den Unterschied irgendwie kannte und neben dem Stock stand und jede Drohne verschlang, sobald sie das Brett berührte, während die Arbeiterbienen zu Scharen unberührt an ihm vorbeigingen!

Ob das Fangen der Drohnen nun ein Nachteil ist oder nicht, hängt ganz von den Umständen ab. Wenn Honig knapp wäre, wäre es besser, weniger davon zu haben; außerdem würde es den Bienen einige Mühe ersparen, sie zu vertreiben. Für unsere Bienen ist es wahrscheinlich so unbedeutend, dass es sich nicht lohnt, Pulver zu kaufen, um sie abzuschießen.

Von Martins und einer Schwalbenart heißt es, dass sie gelegentlich Bienen fangen . Da sie die Bienen aber im Flug verfolgen (falls sie das tun), gelten dieselben Bemerkungen wie für den Königsvogel.

CAT-BIRD FREIGESPROCHEN.

Auch der Katzenvogel muss sich Kritik gefallen lassen. Es heißt, „er würde direkt zum Stock kommen und hunderte Bienen auflesen". Doch angesichts dieser Anschuldigung bin ich geneigt, ihn freizusprechen. Bei genauer Beobachtung finde ich ihn im Stock, wo er *nur* junge und unreife Bienen aufliest, die aus den Waben entfernt und weggeworfen werden. Man kann sie sehen, sobald die ersten Lichtstrahlen Objekte rund um den Bienenstand sichtbar machen, die nach ihrem Morgenfutter suchen, und sie kommen auch tagsüber häufig vorbei. Sollte gerade dann ein unglücklicher Wurm in Sicht sein, während er nach einem Platz zum Spinnen eines Kokons sucht, oder eine Motte, die sich in einer Ecke des Stocks ausruht, ist ihr Schicksal sofort entschieden. Bevor man diesen Vogel tötet, wäre es gut, die Fakten anhand tatsächlicher Beobachtungen zu beurteilen; sonst könnten wir „einen Freund statt eines Feindes zerstören".

KRÖTE IST FREI.

In der Nähe der Bienenstöcke wird eine Kröte entdeckt und sofort als Bienenfresser hingerichtet. „Wenn schon nicht wegen seines Aussehens, dann sollte man ihn töten!" So wird er oft *tatsächlich* wegen seines Aussehens geopfert, während man vorgibt, er sei ein Schurke. Es stimmt, dass seine „Federn" nicht mit dem Gefieder des Kolibris mithalten können und nicht ideal sind – deshalb wird er getötet. In der nächsten Woche wird beklagt, dass die kleinen Käfer, die er hätte vernichten können, „alle kleinen Gurken und Kohlköpfe aufgefressen haben". Seine Nahrung sind wahrscheinlich kleine Insekten. Wer ihn Bienen verschlucken gesehen hat, muss genauer hingesehen haben als ich.

Wespen und Hornissen sind nicht erwünscht.

Was die häufigen Besuche der schwarzen Wespe an sonnigen Frühlingstagen angeht, kann man nur wenig zu ihren Gunsten sagen – sie scheinen kein anderes Ziel zu haben, als die Bienen zu ärgern und zu reizen. Ich konnte nie feststellen, dass sie den Stock betraten, um zu plündern. Sie liefern sich häufig Kämpfe mit den Bienen, aber ich habe nie gesehen, dass Bienen verschlungen oder weggetragen oder gar getötet wurden. Nach dem 1. Juni sind sie selten lästig. Die gelbe Wespe oder Hornisse, die im Herbst herumschwirrt, spielt kaum eine Rolle; ihr Ziel ist Honig, den sie nehmen, wenn sie ihn bekommen können, aber sie kommen nicht gern in den Stock zu den Bienen.

AMEISEN – EIN WORT ZU IHREN GUNSTEN.

Ameisen müssen einen Teil der Verurteilung einstecken. Diesem kleinen, fleißigen Insekt werde ich meine Bemühungen um eine faire Anhörung widmen. Ich glaube, ich kann verstehen, warum sie so häufig beschuldigt werden, Bienen zu stehlen. Viele Imker sind sich die meiste Zeit über den tatsächlichen Zustand ihrer Bestände überhaupt nicht bewusst. Viele Ursachen, die unabhängig von Ameisen sind, führen zu einer Verringerung der Population. Nehmen wir an, die Bienen sind so dezimiert, dass sie die Waben ungeschützt lassen, und die Ameisen dringen ein und bemächtigen sich eines Teils des Honigs. Und wenn der Besitzer gerade dann vorbeikommt und sieht, wie sie sich damit beschäftigen, sagt er: „Ha! Ihr seid die Schurken, die meine Bienen vernichtet haben", ohne auch nur daran zu denken, nach Ursachen jenseits des gegenwärtigen Anscheins zu suchen. Sie werden vom Bauern oft zu Unrecht beschuldigt, das Wachstum seiner kleinen Bäume zu schädigen, indem sie die zarten Blätter zum Einrollen und Verwelken bringen. In einigen landwirtschaftlichen Zeitungen wird oft nach Mitteln zu ihrer Vernichtung gefragt, nur weil man sie auf ihnen findet. wenn die wahre Ursache des Unheils die Blattlaus (Aphis) ist, die sich zu Hunderten auf den Blättern oder Stängeln befindet, ihnen ihre wichtigen Säfte raubt und eine Flüssigkeit absondert, die von den Ameisen sehr geschätzt wird. Indem Sie die Läuse vernichten, nehmen Sie den Ameisen jegliche Anziehungskraft. Die besonderen Gewohnheiten der kleinen schwarzen Ameisen geben wahrscheinlich Anlass zu dem Verdacht, dass sie auf diese Weise Unheil anrichten. Sie leben in Gemeinschaften von Tausenden – ihre Nester befinden sich normalerweise in alten Mauern, in altem Holz, unter Steinen und in der Erde. Von ihren Nestern aus kann manchmal eine Schnur für Ruten gezogen werden, die ihnen nachgehen und mit Nahrung beladen zurückkehren. Während einer Periode mit nassem Wetter, die die Erde und viele andere Orte zu feucht und kalt für ein Nest machen würde, suchen sie nach besseren Unterkünften. Die Spitze oder Kammer unserer Bienenstöcke bietet Schutz vor Regen. Die tierische Wärme der Bienen macht es vollkommen bequem. Wie können wir es ihnen dann verdenken, dass sie einen solchen Ort wählen, der all ihre Bedürfnisse erfüllt? Solange die Bienen nicht gestört werden, können wir es besser ertragen. Aber der unvorsichtige Beobachter, der ihren Schwarm hin und her von ihrem Nest auf dem Stock entdeckt, ruft aus: „Ich habe sie in einem ununterbrochenen Strom zum Stock fliegen sehen, um Honig zu holen." Wenn man die Sache genauer untersucht, stellt man fest, dass sich nur das Nest oben auf dem Stock befindet und sie woanders hinfliegen, um Nahrung zu holen. Man sieht keine, die in den Stock zu den Bienen geht, um Honig zu holen (zumindest konnte ich das nie feststellen).

Wenn die Bienen den Honig nicht schützen oder die Honigkästen so aufstellen, dass sie Zugang dazu haben, ist es eine natürliche Folge, dass sie einen Teil davon mitnehmen. Der Honig lässt sich jedoch leicht sichern.

SPINNE VERURTEILT.

Spinnen sind eine Quelle erheblicher Plage für den Imker und die Bienen; nicht so sehr wegen der Anzahl der Bienen, die sie verzehren, sondern wegen ihrer Angewohnheit, ein Netz um den Stock zu spinnen, das gelegentlich eine Motte schnappt und in dem sich wahrscheinlich fünfzig Bienen verfangen. Entweder haben sie Angst vor den Bienen oder sie mögen sie nicht als Nahrung; insbesondere, da eine am Morgen gefangene Biene tagsüber häufig unberührt bleibt. Dieses Netz befindet sich oft genau vor dem Eingang und verfängt die Bienen beim Aus- und Wiedereinfliegen, was sie erheblich irritiert und behindert. Oft entkommen sie nach wiederholten Kämpfen. Ich habe eine Woche lang jeden Morgen ein Netz von derselben Stelle entfernt, das nachts mit erstaunlicher Beharrlichkeit erneuert wurde! Normalerweise kann ich sein Versteck, das sich in einer Ecke in der Nähe befindet , aufspüren und es erledigen. Seine guten Eigenschaften sind rar und werden, soweit ich herausgefunden habe, durch die schlechten mehr als ausgeglichen. Ihre Scharfsinnigkeit wird in einigen Fällen ein Versteck finden, das nicht leicht zu entdecken ist. Wenn es kalt wird, ist es in der Kiste oder Kammer des Bienenstocks etwas wärmer als anderswo, und viele Bienen werden dorthin gezogen, um ihre Eier abzulegen. An der Oberseite des Bienenstocks oder an den Seiten der Kisten sind kleine Häufchen aus Gewebe oder Seide befestigt. Diese enthalten Eier für die Brut des nächsten Jahres. Jetzt ist es an der Zeit, sie zu vernichten und sich Ärger für die Zukunft zu ersparen.

Wenn wir alle bisher genannten Räuber zu einer Phalanx zusammenfassen und ihre Fähigkeiten, Unheil zu stiften, mit denen der Wachsmotte vergleichen, werden wir feststellen, dass ihre Zerstörungskraft nur gering ist! Von der Motte selbst hätten wir nichts zu befürchten, wenn es nicht ihre Nachkommen gäbe, die aus hundert oder tausend widerlichen Würmern bestehen, deren Nahrung hauptsächlich Wachs oder Waben sind.

So wie der Instinkt der Fleischfliege sie zu einem fauligen Kadaver führt, um ihre Eier abzulegen, damit ihre Nachkommen die richtige Nahrung bekommen, so sucht die Motte den Bienenstock auf, der Waben enthält und wo ihre natürliche Nahrung vorhanden ist, um Nachschub zu liefern. Tagsüber kann man oft einen rostbraunen Müller mit seinen Flügeln, die eng um den Körper gewickelt sind, vollkommen bewegungslos an einer Ecke des Bienenstocks oder an der unteren Kante der Oberseite liegen sehen, wo sie übersteht – sie sind häufiger an den Ecken als anderswo, ein Drittel ihrer Länge ragt darüber hinaus und sieht aus wie ein Splitter an der Kante eines etwas verwitterten Bretts. Ihre Farbe ähnelt so sehr altem Holz, dass ich keinen Zweifel daran habe, dass ihre Feinde oft getäuscht werden und sie mit dem Leben davonkommen lassen. Sobald das Tageslicht die Sicht versperrt und keine Gefahr besteht, dass ihre Bewegungen von ihren Feinden entdeckt werden, geben sie ihre Untätigkeit auf und beginnen mit der Suche nach einem Ort, an dem sie ihre Eier ablegen können, und wehe dem Bestand, der nicht genügend Bienen hat , um sie aus den Waben zu vertreiben. Obwohl ihre Larven eine Haut haben, die die Biene in den meisten Fällen mit ihrem Stachel nicht durchstechen kann, ist dies bei der Motte nicht der Fall, und sie scheinen sich dieser Tatsache bewusst zu sein, denn wenn sich eine Biene nähert, schießen sie mit zehnmal größerer Geschwindigkeit davon als jede andere Biene, bereit, ihr zu folgen! Sie betreten den Stock und verschwinden im Nu wieder, entweder nachdem sie einer Biene begegnet sind oder befürchten, einer Biene zu begegnen. Es bedarf keiner Diskussion um zu beweisen, dass es, wenn alle unsere Bestände gut geschützt sind, keine gute Chance gibt, Eier auf den Waben solcher Stöcke abzulegen, wo sie ihr Instinkt als den richtigen Ort gelehrt hat. Aber sie *müssen* sie irgendwo hinterlassen. Wenn sie aus allen Waben im Inneren vertrieben wurden, sind die Risse und Risse rund um den Stock der nächstbeste Ort, die mit Propolis ausgekleidet sind ; und der Staub und die Späne, die auf die Bodenbretter eines jungen, noch nicht vollen Schwarms fallen, werden verwendet. Dieses letzte Material besteht hauptsächlich aus Wachs und eignet sich sehr gut als Ersatz für Waben. Die Eier schlüpfen hier und die Würmer steigen manchmal zu den Waben auf; daher ist es notwendig, den Boden sauber zu halten. Dadurch wird verhindert, dass die Eier, die sich am Boden befinden, nach oben gelangen; außerdem können die Bienen keine Eier aufnehmen, falls dies die Methode sein sollte. Ich kann mir keinen anderen Weg vorstellen, auf dem sie in die Waben eines dicht besiedelten Bestandes gelangen, wo sie oft entdeckt werden, nachdem sie auf irgendeine Weise abgelegt wurden. Ein Wurm, der sich in der Wabe festsetzt, bahnt sich seinen Weg zur Mitte und frisst sich dann einen Gang, den er mit einem Seidentuch auskleidet und den er allmählich vergrößert, während er an Größe zunimmt. (Wenn Waben mit Honig gefüllt sind, arbeiten sie an der Oberfläche und fressen nur die Versiegelung.) In sehr schwachen Familien bleibt dieser seidene Gang unberührt – wird aber von allen stärkeren entfernt. Ich habe die Behauptung gefunden, dass „die Würmer alle sofort von den Bienen vernichtet würden, wenn sie nicht eine Art Scheu davor hätten, sie zu berühren, bis sie aus der Not heraus dazu gezwungen werden." Da die Fakten, die zu dieser Schlussfolgerung geführt haben, nicht angegeben sind und ich keine finden kann, die sie bestätigen, soll mir vielleicht verziehen werden, wenn ich keinen Glauben habe. Im Gegenteil, ich stelle allem Anschein nach eine instinktive Abneigung gegen alle derartigen Eindringlinge fest und werde sofort entfernt, wenn ich die Macht habe.

Wenn sich ein Wurm in einer mit Brut gefüllten Wabe befindet und sein Gang in der Mitte verläuft , wird er zunächst nicht entdeckt. Um ihn herauszubekommen, müssen die Bienen die Hälfte der Dicke wegbeißen und die Brut in einer oder zwei Reihen von Zellen entfernen, manchmal mehrere

Zentimeter. Dies erklärt, warum im Frühjahr so viele unreife Bienen morgens auf dem Bodenbrett gefunden werden; ebenso wie in Stöcken und Schwärmen, die nach der Schwarmsaison aber teilweise geschützt sind.

Hinweise auf ihre Anwesenheit.

Manchmal werden ein halbes Dutzend junger, fast ausgewachsener Bienen lebend entfernt, alle miteinander vernetzt, an Beinen, Flügeln usw. festgebunden. Alle ihre Versuche, sich zu befreien, sind vergebens. Auch andere, die getrennt leben, laufen mit verstümmelten Flügeln oder Beinteilen herum, die abgefressen oder zusammengebunden sind! Dies sind in der Regel die ersten Anzeichen für Würmer in unserem Bestand zu dieser Jahreszeit. Obwohl es ungünstig ist, könnte es schlimmer sein. Es zeigt, dass die Bienen noch nicht entmutigt sind – dass sie, wenn sie die Würmer entdecken, noch genügend Energie haben, um sich zu bemühen, die Plage loszuwerden.

MANAGEMENT.

Sollte der Imker ihnen jetzt ein paar Tage lang ein wenig helfen, werden sie bald in einem guten Zustand sein. Der Stock sollte häufig angehoben und alles sauber gebürstet werden. Wenn es sich um einen neuen, halbvollen Schwarm handelt, der diese Anzeichen aufweist, sollte er ein paar Mal umgedreht werden, vielleicht einmal pro Woche, bis die Würmer unter Kontrolle sind; und die Ecken unter den Bienen sollten auf Kokons untersucht werden, die sich dort sehr oft befinden und leicht abgelöst und zerstört werden können. Wenn Sie bei warmem Wetter einen halbvollen Stock umdrehen, sollten Sie zuerst die Position der Waben beobachten und die Kanten an der Seite des Stocks anliegen lassen, da sie sich sonst verbiegen und lösen könnten, wenn der Stock wieder aufgestellt wird (indem Sie einfach eine Bleistiftmarkierung in Richtung der Waben auf der Oberseite machen, können Sie es nach dem ersten Hinsehen jederzeit wissen).

VORSICHT BEIM UMDREHEN DER BIENENSTÖCKE.

Wenn ein Bienenstock voller Waben ist, sind die Ränder normalerweise ausreichend befestigt, um ihnen Stabilität zu verleihen und es ist weniger wichtig, in welche Richtung er gedreht wird. Bei sehr warmem Wetter läuft der Honig jedoch aus den Drohnenzellen, wenn er senkrecht steht.

In *sehr* kleinen Schwärmen sieht man oft Hunderte junger Brut, die mit dem Kopf aus den Zellen herausragen und versuchen zu entkommen, aber von diesen Netzen fest im Innern festgehalten werden. Ich kenne einige Fälle unter solchen Umständen, in denen es so aussah, als hätten die Bienen die ganze Wabenschicht abgeschnitten und fallen lassen , wodurch sie sich allen weiteren Ärger erspart hätten (oder ihn losgeworden wären, wenn ihr Besitzer nur seinen Teil dazu beigetragen und das, was heruntergefallen ist, herausgenommen hätte).

ANDERE SYMPTOME VON WÜRMERN.

Wenn die Bienen jedoch keine Anstrengungen unternehmen, den Feind oder seine Werke in alten Beständen zu entfernen, ist die Lage ziemlich hoffnungslos! Statt der genannten Symptome müssen wir nach etwas ganz anderem suchen. Doch man wird nur wenige junge Bienen finden. Stattdessen können wir den Kot der Würmer finden, der auf das Brett gefallen ist. Im Winter und Frühling beißen die Bienen die Zellhülle ab, um an den Honig zu gelangen, und lassen dabei Chips fallen, die diesem sehr ähnlich sind. Um den Unterschied zu erkennen und die Körner voneinander zu unterscheiden, ist eine genaue Untersuchung erforderlich. Die Farbe des Kots variiert je nach der Wabe, von der sie sich ernähren, von weiß über braun bis schwarz. Die Größe dieser Körner steht im Verhältnis zum Wurm – von einem bloßen Staubkorn bis fast so groß wie ein Stecknadelkopf: zylindrisch mit stumpfen Enden; Länge etwa doppelt so groß wie der Durchmesser. Anhand der Quantität können wir die Anzahl beurteilen. Wenn der Stock voller Waben ist, können die unteren Enden perfekt erscheinen, während der mittlere oder obere Teil manchmal aus einem Netzgewebe besteht!

Wenn unser Bestand durch Überschwärmen oder andere Ursachen dezimiert ist, ist dies die nächste Folge, mit der wir rechnen müssen. Ein weiterer wichtiger Grund ist, dass wir den *tatsächlichen* Zustand unserer Bienen jederzeit kennen; dann können wir die Würmer sehr bald nach ihrem Beginn erkennen. In einigen Fällen können wir den Bestand retten, indem wir die meisten Waben herausbrechen und nur so viele übrig lassen, dass sie von den Bienen bedeckt werden. Wenn diese Operation erfolgreich ist, *muss sie* durchgeführt werden, bevor die Würmer sich vollständig eingenistet haben. Wenn der Bestand schwach ist und der Anschein auf die Anwesenheit vieler Würmer hindeutet, ist es im Allgemeinen am sichersten und wird am wenigsten Mühe bereiten, die Bienen sofort auszutreiben und Honig und Wachs zu sichern. Wenn die Bienen in einen neuen Stock gesetzt werden, *können sie* ein wenig tun, aber wenn sie nichts tun, wäre das nicht schlimmer. Es kann auf keinen Fall so schlimm sein, als sie im alten Stock zu lassen, bis die Würmer alles vernichtet und zusätzlich zu den sonst produzierten noch tausend oder zwei Motten herangewachsen sind , wodurch sich die Gefahr einer Schädigung anderer Bestände vertausendfacht hat. Man erinnert sich wahrscheinlich noch, dass ich sagte, wenn Bienen bei warmem Wetter aus einem Stock entfernt werden, wäre dieser, wenn er zu diesem Zeitpunkt noch nicht von Würmern befallen war, bald befallen, es sei denn, man räuchert mit Schwefel .

WENN SIE GRÖSSER WERDEN ALS ÜBLICH.

In einem Bienenstock, der so ohne störende Bienen auskommt, werden die Würmer um die Hälfte oder zwei Drittel größer als dort, wo ihr Recht auf die Waben umstritten ist. In einem Fall wachsen sie oft und landen tatsächlich in ihrem Kokon, wenn sie weniger als einen Zoll lang sind; im anderen Fall werden sie ruhig fett, bis sie anderthalb Zoll lang und so groß wie ein Pfeifenstiel sind.

ZEIT DES WACHSTUMS.

Wenn sie gerade aus dem Ei geschlüpft sind, muss man sie mit bloßem Auge nur sehr genau untersuchen. Die Geschwindigkeit ihres Wachstums hängt genauso oder sogar mehr von der Temperatur ab, in der sie leben, als von ihrem guten Leben. Bei heißem Wetter können sich ein paar Tage bis zum ausgewachsenen Wurm entwickeln, während es bei niedrigeren Temperaturen Wochen und in manchen Fällen sogar Monate dauern kann, vielleicht vom Herbst bis zum Frühling.

ZEIT DER TRANSFORMATION.

Nachdem der Wurm seinen Kokon gesponnen hat, verwandelt er sich bald in eine Puppe und bleibt mehrere Tage inaktiv, bis er an einem Ende eine Öffnung macht und herauskriecht. Die für diese Umwandlung benötigte Zeit hängt auch von der Temperatur ab, obwohl ich glaube, dass nur wenige den Winter in diesem Zustand überstehen. Es ist selten, vor Ende Mai eine Motte zu finden, und bis Mitte Juni nicht viele; danach sind sie bis zum Ende der Saison jedoch zahlreicher.

DURCH EINFRIEREN WERDEN WÜRMER, KOKONS UND MOTTEN ZERSTÖRT.

Es ist ziemlich eindeutig erwiesen, dass die Motte, ihre Eier, Larven und Puppen den Winter nicht ohne Wärme irgendeiner Art überstehen können, die verhindert, dass sie erfrieren. Die folgenden Tatsachen weisen darauf hin. Ich habe im Herbst alle Bienen aus einem Stock genommen und sie, ohne die Waben oder den Honig zu beschädigen, in eine kalte Kammer gesetzt, wo sie gründlich gefrieren konnten. Im darauffolgenden März wurden die Bienen wieder eingesetzt, und wenn sie nicht auf einer Bank mit anderem Bestand mit Würmern standen, hat nicht ein einziger von vierzig Fällen vor Mitte Juni einen Wurm hervorgebracht, oder bis die Eier einer Motte, die in einem anderen Stock herangereift war, Zeit hatten, zu schlüpfen. Manchmal habe ich, anstatt im März Bienen in diese zu setzen, sie bis Juni für Schwärme aufbewahrt, die vollkommen frei von jeglichem Auftreten von Würmern waren!

WIE SIE DEN WINTER VERBRINGEN.

Bei unseren Bienenstöcken, in denen die Bienen überwintern, ist es jedoch etwas ganz anderes; sie sind selten oder nie ganz davon verschont! Vielleicht ist es unmöglich, Bienen zu überwintern, ohne gleichzeitig einige Eier der Motte oder einige Würmer aufzubewahren. Die perfekte Motte überlebt den Winter vielleicht nie; der einzige Ort, an dem die Puppe sicher wäre, muss meiner Meinung nach in der Nähe der Bienen sein – und ein guter Bestand wird sie dort niemals zulassen –, aber die Eier werden anscheinend dort gelassen. Im Herbst, wenn kaltes Wetter naht, neigen die Bienen dazu, die Enden der Waben frei zu lassen; die Motte kann nun hineingehen und ihre Eier direkt darauf ablegen; diese reichen zusammen mit den zuvor vorgeschlagenen Mitteln aus, um den Verlust der Brut zu verhindern. Die von den Bienen erzeugte Wärme verhindert das Einfrieren dieser Eier und bewahrt ihre Vitalität. Wenn im Frühjahr warmes Wetter naht, schlüpfen wahrscheinlich zuerst die Eier, die den Bienen am nächsten sind, und beginnen mit ihren Plünderungen und werden von den Bienen entfernt. Wenn die Bienen sich vermehren und mehr Waben besetzen, werden mehr aufgewärmt und schlüpfen. Auf diese Weise kann sogar eine kleine Bienenfamilie schlüpfen und alle Eier loswerden, die sich zufällig in ihren Waben befinden, ohne zerstört zu werden. Dies ist die Zeit, in der der Imker bei der Vernichtung der Würmer behilflich sein kann, wenn die Bienen sie auf den Boden bringen.

Im Spätsommer besteht die Gefahr einer Vernichtung der Vorräte.

Im Juli und August ist es in dieser Hinsicht anders; eine einzelne Motte kann in den Stock eindringen, wenn sie frei ist, und ihre gesamte Ladung von mehreren hundert Eiern ablegen, wie im anderen Fall, aber die Wärme der Bienen ist jetzt nicht mehr nötig, um sie auszubrüten. Das Wetter zu dieser Jahreszeit erwärmt jeden Teil des Stocks so sehr, dass die gesamte Brut auf einmal arbeiten kann, und in drei Wochen kann alles vernichtet sein! Dies und die Tatsache, dass es jetzt mehr Motten gibt als früher, könnten die Gründe dafür sein, dass zu dieser Jahreszeit mehr Bestände vernichtet werden. Es gilt jedoch als äußerst schlechtes Management, wenn man zulässt, dass Honig oder Waben von diesem widerlichen Geschöpf verschlungen werden. Ein wenig Sorgfalt *ist erforderlich*, um den Zustand der Bestände zu kennen und zu verhindern, dass sie sich entwickeln. Diese Pflichten sollten vollständig berücksichtigt werden, bevor wir die Verantwortung für die Pflege der Bienen übernehmen.

WENN BIENEN SICHER SIND.

Wir können uns nur dann ausruhen und sicher fühlen, wenn *wir wissen, dass alle unsere Bestände mit Bienen gefüllt sind* . Sogar der „mottensichere" Bienenstock mit Waben wird von der Motte aufgespürt, wenn keine Bienen da sind, die ihn bewachen. Ein Argument, das zeigt, dass eine Motte dorthin gelangen kann, wo eine Biene hingehen kann, ist unnötig, und ich denke, eine kleine Beobachtung wird beweisen, dass ihre Eier manchmal dorthin gelangen, wo sie nicht hingehen dürfen.

Mittel, sie zu zerstören.

Zu dieser Jahreszeit (Juli und August) ist es sinnvoll, ein paar Stücke alter trockener Waben in der Nähe der Bienenstöcke in einer Kiste oder an einem anderen Ort als Lockvogel auszulegen, wo die Motte Zugang hat. Sie wird viele ihrer Eier hier statt im Bienenstock ablegen und können leicht vernichtet werden. Da unsere Bienen sich nicht immer in einer sicheren Lage befinden können, ist es gut, einige der empfohlenen Maßnahmen zur Verringerung der Mottenzahl anzuwenden. Erstens: Vernichten Sie alle Würmer, die Sie jederzeit finden können, insbesondere im Frühjahr; zweitens: alle Kokons, die Sie erreichen können. Viele Würmer können dazu verleitet werden, sich in einem Netz unter einer Falle aus Holunder usw. einzuklinken, wo es leicht ist, sie zu töten. Drittens: Vernichten Sie alle Motten, die Sie um den Bienenstock herum sehen können. Sie sind dem Floh sehr ähnlich: „Wenn Sie Ihren Finger darauf legen, ist er nicht da." Sie müssen vorsichtig vorgehen, um ihn sofort zu zerquetschen, sonst schießt er bei der geringsten Störung davon. Der wahrscheinlich schnellste Weg ist, sie betrunken zu machen.

SIE BETRUNKEN MACHEN UND DURCH HÜHNER HINRICHTEN.

Mischen Sie gerade genug Melasse und Essig mit Wasser, um es schmackhaft zu machen; geben Sie es in weiße Untertassen oder andere Schalen und stellen Sie es nachts zwischen die Bienenstöcke. Wie edlere Wesen, wenn nicht sogar klügere, scheinen sie, sobald sie das tödliche Getränk gekostet haben, jede Kraft zu verlieren, den faszinierenden Kelch zu verlassen; sie geben jedoch ihrem Appetit und ihrer Aufregung nach, bis ein tödlicher Schritt sie ins Verderben stürzt! Am nächsten Morgen suhlen sie sich immer noch im Schmutz, schwach und gebrechlich. Ob sie sich von den Auswirkungen ihres Gelages erholen würden, wenn man sie aus dem Schlamm heben und wie andere Exemplare der Schöpfung sorgfältig pflegen würde, konnte ich nie feststellen. Mit nur wenig Mühe lernen ein oder zwei Hühner, zur Stelle zu sein und jedes einzelne gierig zu verschlingen. Auf diese Weise werden Hunderte gefangen, obwohl viele andere Arten außer der Bienenmotte mit ihnen vermischt werden. Dieses Getränk kann verwendet werden, bis es versiegt ist, wobei gelegentlich ein wenig Wasser hinzugefügt wird; vielleicht ist es nach der Gärung besser. Dieses Rezept erschien vor einigen Jahren in einer Zeitung; ich habe vergessen, wo. Salz wurde empfohlen, um den Schaden der Würmer zu verhindern und auch den Bienen zu helfen. Ich habe es mehrere Jahre lang ziemlich ausgiebig verwendet, da ich dachte, es nützte nicht viel, und dann wurde ich müde. Dann habe ich versucht, einen Teil zu salzen und den Rest ganz ohne Salz auszukommen, und habe keinen Unterschied in ihrem Gedeihen festgestellt. Seitdem, vor etwa zehn Jahren, habe ich es ganz aufgegeben und bin damit genauso erfolgreich.

KAPITEL XX.

Einschmelzen von Kämmen.

DIE URSACHE.

Wenn unmittelbar nachdem die Bienen zwei oder drei Wochen lang eine reichliche Ernte gesammelt haben oder sogar während der Erntezeit extreme Hitze auftritt, besteht eine hohe Wahrscheinlichkeit, dass das Wachs, aus dem neue Waben bestehen, weich wird, bis es sich aus seiner Befestigung löst und auf den Boden sinkt.

AUSWIRKUNGEN.

Manchmal handelt es sich nur um eine geringfügige Verletzung, und es rutschen nur ein oder zwei Stücke herunter. Ein anderes Mal fällt der gesamte Inhalt in einer wirren und zerbrochenen Masse herunter, wobei das Gewicht den Honig herausdrückt und die Bienen befleckt, die in dieser Situation in alle Richtungen aus dem Stock herauskriechen.

Auf diese Weise wurden mir einmal einige neue Bestände zerstört und mehrere andere durch heißes Wetter beschädigt, und zwar etwa am 1. September, gleich nach der Blüte des Buchweizens. Die Bienen, oder die meisten von ihnen, waren mit Honig und dem, was aus dem Stock lief, bedeckt und lockten sofort Bienen aus den anderen an die Stelle, die den gesamten Inhalt in wenigen Stunden wegtrugen. Dies war ein seltenes Ereignis; ich kenne nur eine Saison in 25 Jahren, in der es nach dem Versagen des Honigs in den Blüten geschah. Normalerweise geschieht es während einer reichen Ernte, und dann neigen andere Bestände nicht dazu, Probleme zu machen.

ERSTE HINWEISE.

Die ersten Anzeichen eines solchen Unfalls sind, dass sich die Bienen in Schwärmen draußen aufhalten, der Stock vielleicht nur zur Hälfte oder zu zwei Dritteln gefüllt ist und der Honig unten herausläuft (das ist der Fall, wenn ein Teil heruntergefallen ist).

VERHÜTUNG.

Um solche Vorfälle so weit wie möglich zu verhindern, lüften Sie die Bienenstöcke, indem Sie sie an den Ecken auf kleine Blöcke stellen und *sie wirksam vor der Sonne schützen* . Wenn nötig, befeuchten Sie die Außenseite mit *kaltem* Wasser. Als ich die zuvor erwähnten Bienenstöcke verlor, hielt ich alle übrigen jungen Schwärme den ganzen Tag über feucht und ich bin sicher, dass ich auf diese Weise mehrere gerettet habe. Ich hatte einige Probleme mit denen, bei denen nur ein oder zwei Stücke herunterfielen und gerade genug Honig ansetzten, um andere Bienen anzulocken. Es war nicht sicher, den Bienenstock zu schließen, um die Räuber fernzuhalten, da dies die Hitze noch verstärkt und die Zerstörung mit Sicherheit bedeutet hätte.

Der beste Schutz bestand meiner Meinung nach darin, unten am Stock ein paar Spargelstangen anzubringen. Dies sorgte für eine freie Luftzirkulation und erschwerte es den Räubern gleichzeitig sehr, sich dem Eingang zu nähern, ohne zuerst durch diese Hecke zu kriechen und auf einige Bienen zu treffen, die zum Stock gehörten. Mit dieser Hilfe konnten sich die Bienen verteidigen, bis der gesamte Honig aufgefressen war.

Wenn der Stock fast voll ist und nur ein oder zwei Platten herunterfallen, liegt die untere Kante auf dem Boden und die anderen Waben halten ihn aufrecht, bis die Bienen ihn wieder befestigen. Normalerweise ist es besser, solche Stücke so zu lassen, wie sie sind. Wenn der Stock nur halb voll oder etwas mehr ist und solche Stücke nicht durch die übrigen Waben senkrecht gehalten werden, können sie durch das Herunterfallen zerbrechen und stark zerdrückt werden; und der größte Teil des Honigs geht verloren. Um ihn zu retten, muss er entfernt werden (es sei denn, man kann eine Schale bauen, um ihn aufzufangen). Achten Sie darauf, den Stock nicht auf die Seite zu drehen und die übrigen Waben, falls noch welche übrig sind, zu zerbrechen. Waben, die Brut und nur wenig Honig enthalten, können stehengelassen werden, damit die Brut reifen kann. Wenn die Bienen den Honig aufnehmen können oder nicht viel verschwenden, ist es ratsam, ihn stehenzulassen, bis der Inhalt aufgenommen wurde; das würde das Auffüllen erheblich erleichtern. Diese zerbrochenen Stücke sollten jedoch entfernt werden, bevor sie die bis zum Boden reichenden Waben beeinträchtigen. Ein Teil der Bienen wird im Allgemeinen vernichtet, aber die Mehrheit wird entkommen; selbst solche, die mit Honig bedeckt sind (wenn sie nicht zerquetscht werden), werden ihn abwaschen und bald wieder einsatzbereit sein, wenn nicht andere eifrig eingreifen und beim Entfernen helfen. Eine gute Honigausbeute ist der beste Schutz gegen diese Plünderungsneigung. Nach dem ersten Jahr werden die Waben dicker und neigen nicht mehr so sehr dazu, nachzugeben.

KAPITEL XXI.

STURZMANAGEMENT.

ERSTE PFLEGE.

Wenn die Blüten am Ende der Saison ausbleiben, muss man als Erstes feststellen, welche die schwächsten Bestände sind, und alle, die sich nicht selbst verteidigen können, müssen entweder entfernt oder verstärkt werden. Die Stärke aller Bestände wird innerhalb weniger Tage nach einem Honigausfall ziemlich gründlich getestet. Sollte sich ein Bestand finden, der zu wenige Bienen zur Verteidigung hat, wird er ganz sicher geplündert. Daher ist es notwendig, rechtzeitig Maßnahmen zu ergreifen, damit wir den Inhalt vor den Räubern sichern können.

STARKE VORRÄTE, DIE ZUR PLÜNDERUNG EINLADEN.

Starke Bestände, die während einer Ernte jede Zelle mit Brut und Honig gefüllt haben, werden bei einem Ernteausfall bald leere Zellen haben, die von den schlüpfenden jungen Bienen hinterlassen werden. Diese leeren Zellen ohne Honig, um sie zu füllen, scheinen eine Quelle großer Unruhe zu sein. Obwohl solche Beuten und Deckel gut gelagert werden können, habe ich sie immer als die schlechtesten im Bienenhaus erlebt, viel anfälliger für Plünderungen als schwächere mit nur halb so viel Honig. Da schwache Bestände jetzt nicht verbessert werden können, ist es am besten, sie sofort zu entfernen und der Versuchung aus dem Weg zu gehen. Nachlässigkeit ist nur eine armselige Entschuldigung dafür, Bienen diese Angewohnheit der Unehrlichkeit entwickeln zu lassen. Sollten Bestände durch Krankheit geschwächt sein, wären die Folgen noch verheerender als schlechte Gewohnheiten; die Gründe, warum solch unreiner Honig nicht in sparsame Bestände gelangen sollte, wurden bereits genannt. Wenn wir mit unseren Bienen so wenig Ärger wie möglich haben wollen, sollten nur die besten für den Winter ausgewählt werden. Aber was einen guten Bestand ausmacht, scheint nur teilweise verstanden zu sein; wenn wir nach der Zahl der jährlichen Verluste urteilen, sind zu viele bei der Auswahl nachlässig oder unwissend. Vielleicht wird angenommen, dass ein Bestand, der einen Winter lang gut war und gut geschwärmt hat, natürlich der richtige sein muss. Der Fehler ist jedoch oft tödlich.

BIENEN VERÄNDERBAR.

Bienen sind so veränderlich, besonders im Sommer und in der Schwarmzeit, dass wir anhand ihrer Vergangenheit nur selten sicher sein können, was sie sind. Am sichersten ist es daher, *zu wissen, was sie jetzt sind* .

VORAUSSETZUNGEN FÜR GUTE LAGERBESTAND.

Die richtigen Voraussetzungen für einen guten Bestand sind ein voller Bienenstock mit der richtigen Form und Größe (nämlich 2.000 Zoll), der gut mit Honig gefüllt ist, eine große Bienenfamilie und ein gesunder Zustand, der durch eine tatsächliche Inspektion festgestellt werden muss. Das Alter ist erst ab einem Alter von acht Jahren wichtig. Bestände, die diese Punkte erfüllen, können ohne große Probleme überwintern. Es kann jedoch nicht erwartet werden, dass alle in diesem Zustand sind. Viele Imker werden ihren Bestand vergrößern und alles behalten wollen, was praktisch möglich ist, indem sie etwaige Mängel ausgleichen. Ich werde mich bemühen, dies rentabel erscheinen zu lassen , bis genügend Bienen im Land gehalten werden, um den gesamten Honig zu erhalten, der derzeit verschwendet wird.

Jeder kann verstehen, warum es ein Verlust ist, wenn Bienen einen Teil des Winters Honig fressen und dann sterben – dass der konsumierte Honig hätte gerettet werden können – dass es für die Bienen keinen großen Unterschied macht, ob sie im Herbst getötet oder im Winter geopfert werden. Ich bin kein Befürworter von Feuer und Schwefel als Belohnung für alle unglücklichen Bienen und werde es nur empfehlen, wenn seine Verwendung es nicht schlimmer macht. Wir werden sehen, inwieweit darauf verzichtet werden kann.

GROSSER NACHTEIL DES BIENENTÖTENS.

Die ländlichen Imker, die ihre Bienenstöcke normalerweise sehr groß bauen, so dass sie 100 bis 140 Pfund fassen, die Bienen im Herbst töten und den Honig auf den Markt bringen, werden wahrscheinlich weiterhin Schwefel verwenden , es sei denn, wir können sie davon überzeugen, dass es vorteilhafter ist, den Stock kleiner zu bauen und 50 oder 80 Pfund dieses Honigs in Kisten zu lagern, die sich für mehr verkaufen lassen, als sie für ihren größeren Stock erzielen können, und gleichzeitig ihre Bienen für einen Stock zu schonen, was auf lange Sicht einen besseren Ertrag bringt als 100 Dollar Zinsen. Wenn die Bienenstöcke die richtige Größe haben, wird der Honig kein ausreichender Ertrag sein, um die Tötung der Bienen zu bezahlen.

DIE TEILUNG DES LANDES KANN EINEN UNTERSCHIED DARIN AUSMACHEN, WAS SCHLECHTE BESTÄNDE BEDÜRFEN.

Die Art der Versorgung unserer mangelhaften Vorräte hängt wahrscheinlich von der jeweiligen Region ab. Wo Klee und Lindenholz die Hauptquelle sind, wird es vor dem Ende der warmen Jahreszeit zumindest teilweise nicht mehr genügend Nahrung geben.

Einige arme oder mittelmäßige Bestände werden weiterhin zu viel Brut züchten und infolgedessen ihre Wintervorräte aufbrauchen; sie werden

Honigvorräte brauchen. Aber wo große Mengen Buchweizen gesät werden, folgt fast unmittelbar auf diese Ernte kaltes Wetter und stoppt die Brut. Folglich kommt es häufiger zu Bienenmangel als zu Honigmangel. Natürlich gibt es Ausnahmen; ich spreche von diesen Fällen im Allgemeinen. Meine Erfahrung habe ich hauptsächlich in Gegenden gemacht, in denen diese Ernte angebaut wird, und ich kann sagen, dass es nicht mehr als eine von zehn Saisons gibt, in der der Honig nicht am 1. September im Verhältnis zu den Bienen steht; das heißt, wenn es genug Bienen gibt, wird es auch genug Honig geben.

WENN BIENEN BENÖTIGT WERDEN.

Ich hatte oft Vorräte, die ausreichten, um eine gute Familie durch den Winter zu bringen, aber dennoch zu wenig Bienen, um bis Januar durchzuhalten oder sich vor Räubern zu schützen. Daher liefere ich regelmäßig Bienen als Honig.

Normalerweise habe ich einige wenige Bienenstöcke mit zu wenig Honig und zu wenig Bienen. Es ist ganz klar, dass wir eine ansehnliche Familie hätten, wenn wir eine oder mehrere Bienen dieser Klasse erfolgreich mit der ersten vereinen würden. Ich habe auf diese Weise Bestände ergänzt, die sich als erstklassig erwiesen haben.

VORSICHT.

Wenn wir auf diese Weise Zuwachs bekommen, sollten wir zunächst die Ursache für den Bienenmangel ermitteln. Wenn es sich um übermäßiges Schwärmen oder den Verlust der Königin handelt, ist das in Ordnung. Wenn es sich jedoch um eine Krankheit handelt, sollten wir die Bienen aussortieren, es sei denn, sie sollen im nächsten Frühjahr umgesiedelt werden. Und dann, wenn zu viele Zellen mit toter Brut belegt sind, können die Bienen den Winter nicht erfolgreich überstehen.

HAUPTSÄCHLICHE SCHWIERIGKEIT.

Die größte Schwierigkeit bei der Vereinigung zweier oder mehrerer Familien auf diese Weise besteht darin, dass sie von verschiedenen Stellen im selben Bienenstand genommen werden müssen, sofern die Standorte markiert wurden. Es ist hinlänglich belegt, dass die Bienen zum alten Bestand zurückkehren.

Um diese Folgen zu vermeiden, wird empfohlen, „einen leeren Stock mit einigen Wabenstücken oben an der Stelle des entfernten aufzustellen, um die Bienen zu fangen, die zum alten Bestand zurückkehren, und sie nachts ein paar Mal zu entfernen, wenn sie bleiben." Dies sollte nur getan werden, wenn wir es nicht besser machen können; es ist mit erheblichem Aufwand verbunden; außerdem gelingt es uns nicht immer zu unserer Zufriedenheit.

WIE VERMEIDET.

Mir gefällt der Plan, sie zu diesem Zweck eine Meile oder mehr weit zu bringen, und ich habe keine weiteren Probleme damit. Zwei Nachbarn, die so weit voneinander entfernt sind und deren Bienenstöcke in diesem Zustand sind, könnten Bienen austauschen, sodass beide Seiten davon profitieren. Ich habe das getan und fand, dass ich für die Mühe gut entlohnt wurde. Aber in letzter Zeit hatte ich mehrere Bienenstöcke außerhalb meines Zuhauses und komme jetzt ohne Probleme zurecht.

VORTEILE, WENN MAN AUS ZWEI SCHLECHTEN AKTIEN EINE GUTE MACHT.

Es kann nicht genug empfohlen werden, aus zwei schlechten eine gute Aktie zu machen. Abgesehen von den Vorteilen befreit es uns von allen unangenehmen Gefühlen beim Nehmen von Leben, das wir mit wenig Mühe bewahren können.

ZWEI FAMILIEN KONSUMIEREN ZUSAMMEN NICHT SO VIEL, ALS GETRENNT.

Selbst wenn ein Bestand bereits genügend Bienen enthält, um ihn winterfest zu machen, kann ein weiterer Bienenstock mit der gleichen Anzahl hinzugefügt werden, und *der Honigverbrauch wird nicht fünf Pfund mehr betragen, als ein Schwarm allein verbrauchen würde* . Wenn sie in der Kälte überwintern müssten, wäre der Unterschied vielleicht nicht einmal ein Pfund. Warum nicht mehr Bienen eine entsprechende Menge Honig verbrauchen (was die Erfahrung anderer und meiner eigenen gründlich bewiesen hat), ist ein Rätsel, es sei denn, die größere Anzahl Bienen erzeugt mehr Wärme und weniger Nahrungsaufnahme ist eine Lösung (was, wenn es so ist, ein guter Grund dafür ist, die Bienen im Winter warm zu halten).

EIN EXPERIMENT.

Ungeachtet alledem kann ich nicht empfehlen, einen *guten* Bestand zu verbessern, indem man aus Profitgründen Bienen aus einem anderen guten Bestand hinzufügt. Ich habe es ein paar Mal versucht. Ich hatte einige große Bienenstöcke für den Markt gekauft und wollte die Bienen ohne Schwefel loswerden und das Experiment versuchen, zwei oder mehr zu vereinen. Im nächsten Frühjahr, als sie mit der Arbeit begannen, versprachen solche Doppelbestände viel; aber als die Schwarmsaison kam, waren die einzelnen Schwärme, die gut waren und gerade genug Bienen hatten, in der besten Verfassung, in normalen Saisons. Ob dies daran lag, dass es bereits genug Bienen gab, die anfingen, sich gegenseitig zu bedrängen und bei der Arbeit zu behindern, und infolgedessen weniger Brut aufgezogen wurde, oder an einem anderen Grund, kann ich nicht sagen. Ich habe oft (wie andere auch) bemerkt, dass Bestände, die keine Schwärme gebildet haben, im nächsten Frühjahr nicht besser sind als andere. In beiden Fällen könnte derselbe Grund vorliegen. Daher erscheint es unnötig, zwei oder mehr *gute Schwärme zu vereinen* , es sei denn, wir wollen damit unsere Gefühle beim Bienensterben schonen. Die beiden Extreme sollten im Allgemeinen vermieden werden, und es sollten weder zu viele noch zu wenige Bienen gehalten werden.

BETRIEBSSAISON.

Die beste Zeit für den Betrieb ist im Allgemeinen, wenn die gesamte Brut ausgereift ist und die Zellen verlassen hat. Ausnahmen sind, wenn nicht genügend Bienen vorhanden sind, um die Vorräte zu schützen. In diesem Fall kann es unmittelbar nach dem Ausfall der Honigproduktion notwendig sein.

Col. HK Oliver aus Salem, Mass., soll der Erfinder des Fumigators sein, eines Geräts zum Verbrennen von Pilzen (*Puffbällen*). Mit seiner Hilfe wird Rauch in den Stock geblasen, der die Bienen innerhalb weniger Minuten lähmt. Sie fallen dann scheinbar tot auf den Boden, erholen sich aber innerhalb weniger Minuten, wenn sie frische Luft bekommen.

DER RÄUCHER.

Diese Methode verdanke ich einer Mitteilung von JM Weeks, die auf Seite 151 des Cultivator von 1841 veröffentlicht wurde. Die Beschreibung des von mir konstruierten Räucherapparats weicht ein wenig von seiner ab, behält aber das Prinzip bei. Ich besorgte mir ein vier Zoll langes und zwei Zoll dickes Blechrohr. Als nächstes fertigte ich einen drei Zoll langen Stopfen aus Weichholz an, der genau auf ein Ende des Rohrs passte, wenn man ihn einen halben Zoll hineintrieb, und befestigte ihn mit kleinen Nägeln, die ich durch das Blech trieb. Durch die Mitte dieses Stopfens bohrte ich ein Loch mit einem Durchmesser von einem Viertelzoll. Um zu verhindern, dass sich dieses Loch füllt, wurde das Ende des Rohrs mit Drahtgewebe abgedeckt, das ein wenig konvex geformt war. Das Ende dieses Stopfens wurde auf etwa einen halben Zoll gekürzt, sodass es sich vom Blech aus verjüngte. Für das andere Ende wurde ein ähnliches Stück Holz angebracht, das allerdings etwas länger ist und nicht befestigt werden darf, da es für jeden Vorgang herausgenommen werden muss. Das äußere Ende wird so zugeschnitten, dass es in den Mund genommen oder an das Rohr eines Blasebalgs angeschlossen werden kann. (Ich habe sie in die Drehbank eingebaut, aber ich habe auch schon gesehen, dass sie ohne sehr gut befestigt sind.) Es

könnte alles aus Zinn hergestellt werden, aber dann muss Lötzinn verwendet
werden, das leicht schmilzt und Lecks verursacht.

RÄUCHER.

„Die Puffbällchen dürfen nicht zu sehr beschädigt werden, wenn sie dem
Wetter ausgesetzt sind, und sollten, wenn möglich, geerntet werden, kurz
bevor sie reif sind und aufplatzen. Wenn sie nicht völlig trocken sind, geben
Sie sie in den Ofen, nachdem das Brot fertig ist." Bei der Verwendung muss
die Haut oder Rinde sorgfältig entfernt werden; entzünden Sie sie mit einer
Lampe oder Kohle (sie flammt beim Verbrennen nicht auf), blasen Sie sie
aus und bringen Sie sie gründlich zum Brennen, bevor Sie sie in die Röhre
geben. Setzen Sie den Stopfen ein und blasen Sie durch; wenn sie gut raucht,
können Sie fortfahren. Wenn sie nicht frei brennt, öffnen Sie den Stopfen
und schütteln Sie sie aus. Die trockene Luft ist zu Beginn viel besser als
feuchter Atem.

ANWEISUNGEN ZUR VEREINIGUNG ZWEIER FAMILIEN.

Der Bienenstock, in den die Bienen hinein sollen, wird umgedreht, der
andere mit dem rechten Ende nach oben darübergesetzt und alle Spalten
verschlossen, damit kein Rauch entweichen kann. Stecken Sie nun das Ende
des Räucherapparats in ein Loch an der Seite des Bienenstocks (das Sie jetzt
machen müssen, falls es noch nicht gemacht wurde); blasen Sie in das andere
Ende, damit der Rauch in den Bienenstock gelangt; nach zwei Minuten hören
Sie vielleicht, wie die Bienen zu fallen beginnen. Beide Bienenstöcke sollten
geräuchert werden; der obere am meisten, da wir alle Bienen aus ihm
heraushaben wollen. Der andere braucht nur genug, damit der Geruch der
Bienen dem der eingeführten ähnelt. Nach acht oder zehn Minuten kann der
obere Bienenstock angehoben und alle Bienen, die zwischen den Waben
stecken, mit einer Feder weggebürstet werden. Die beiden Königinnen sind
in diesem Fall natürlich zusammen; eine wird vernichtet und es treten keine
Schwierigkeiten auf. Handelt es sich jedoch bei einer der Bienen um ein
junges Exemplar, und Sie wurden von einem „Biendoktor" davon überzeugt,
dass diese Bienen viel fruchtbarer sind, und wissen zufällig, in welchem Stock
sie sich befinden, und möchten, dass dieser erhalten bleibt, können Sie das
erreichen, indem Sie das Verfahren ein wenig variieren. Anstatt einen Stock
umzudrehen, stellen Sie beide aufrecht auf ein Tuch und räuchern Sie die
Bienen aus. Die Königinnen sind leicht zu finden, während sie alle gelähmt

sind. Setzen Sie dann alle Bienen zusammen. Der Stock sollte jetzt mit einem dünnen Tuch am Boden befestigt werden, um das Entkommen der Bienen zu verhindern. Bevor sie sich vollständig erholt haben, scheinen sie ziemlich verwirrt zu sein, und einige von ihnen entkommen. Stellen Sie den Stock aufrecht hin und heben Sie ihn einen Zoll an. Die Bienen fallen auf das Tuch, und die darunter strömende Frischluft belebt sie bald wieder. Nach zwölf bis vierundzwanzig Stunden können sie herausgelassen werden.

Auf diese Weise zusammengeschlossene Familien streiten selten (höchstens eine von zwanzig), sondern bleiben zusammen und verteidigen sich als geschlossener Schwarm gegen Eindringlinge.

Ich hatte einmal einen Bienenstock, der fast keine Bienen hatte, aber reichlich Vorräte, um eine große Familie überwintern zu lassen. Ich hatte ihn auf dem Bodenbrett abgestellt und hielt Ausschau nach einem Angriff. Die anderen Bienen entdeckten diese Schwäche bald und begannen, den Honig zu stehlen. Ich hatte erst am Tag zuvor einen Schwarm zur Verstärkung nach Hause gebracht und sie sofort mit Hilfe des Begasers zusammengeführt. Am nächsten Morgen ließ ich sie hinaus und erlaubte ihnen nur, durch das Loch an der Seite des Stocks herauszukommen. Es war amüsant, die offensichtliche Bestürzung der Räuber zu beobachten, die auf weitere Beute aus waren; sie waren erst am Tag zuvor dort gewesen und hatten ohne Befragung ein- und ausgehen dürfen. Aber siehe da! Die Sache hatte sich geändert. Statt offener Türen und eines freien Durchgangs wurde die erste Biene, die den Stock berührte, ergriffen und sehr grob behandelt und schließlich mit einem Stich getötet. Einige andere, die ähnliche Behandlung erfuhren, begannen, etwas vorsichtiger zu werden und versuchten dann, auf der Rückseite und an anderen Stellen Einlass zu finden; und versuchten es mit ein oder zwei anderen auf beiden Seiten, vielleicht weil sie dachten, sie hätten sich im Stock geirrt; aber diese waren stark und schlugen sie zurück, und sie gaben schließlich auf. Ich erwähne dies, um zu zeigen, wie einfach es ist, mit ein wenig Sorgfalt Raubüberfälle in dieser Jahreszeit zu verhindern. Es werden zu viele Beschwerden über Bienenraub erhoben; das ist sehr unangenehm. Angenommen, es *würde keine aus Unachtsamkeit geplündert werden* ; diese Beschwerde würde bald selten vorkommen.

VEREINIGUNG MIT TABAKRAUCH.

Durch die Verwendung von Tabakrauch können Bienen mit nahezu demselben Erfolg vereint werden. Zuerst räuchern Sie die beiden zu vereinigenden Bienen gründlich aus; stören Sie sie und räuchern Sie erneut, damit alle teilweise betrunken werden und denselben Geruch annehmen. Dann drehen Sie beide Bienenstöcke um und schneiden mit Ihren Schnittwerkzeugen die Waben an den Seiten des Stocks und oben ab. Nehmen Sie jeweils eine Wabe mit den Bienen darauf heraus und kehren Sie

sie mit einer Feder in den anderen Stock. Sie gehen sofort zwischen die Waben, ohne es auch nur einmal für nötig zu halten, Sie zu stechen. Wenn Sie fertig sind, müssen die Bienen eingesperrt werden, genauso wie bei der anderen Methode. Ich mag diese Methode nicht so sehr wie die erste und greife nicht darauf zurück, wenn ich den Bovist bekommen kann. Die Bienen sind eher geneigt, sich zu widersetzen, und es zwingt mich, die Wabe herauszunehmen, was ich nicht immer gerne sofort tue. Um dies zu vermeiden, habe ich versucht, sie zu vertreiben, aber wenn der Stock nur teilweise mit Waben gefüllt ist oder nur wenige Bienen enthält, ist dies eine langwierige Arbeit. und noch mehr bei kühlem Wetter.

Lagerbestandszustand im Jahr 1851.

Der Spätsommer 1851 war sehr trocken und kalt; die Ausbeute an Buchweizenhonig betrug nicht einmal ein Zehntel der üblichen Menge; die Folge war, dass nur die frühen Schwärme genügend Honig für den Winter hatten; 25 Pfund sind in dieser Gegend erforderlich, um ihn *sicher zu überstehen* . Ich hatte über dreißig junge Schwärme mit weniger als dieser Menge. Ich vermeide die Fütterung für den Winter, wenn ich kann; sie würden den Winter nicht so überstehen, wie sie waren; und dennoch habe ich mit dem folgenden Plan das Beste aus ihnen gemacht und gute Vorräte für den nächsten Sommer geschaffen.

WIE SIE VERWALTET WURDEN.

Ich hatte etwa zwanzig alte Bienenstöcke mit kranker Brut und nur wenige Bienen, aber dennoch *genug Honig* . Nun scheint dieser Honig für die alten Bienen gesund genug und nur für die junge Brut tödlich zu sein.

Ich habe die Bienen dieser neuen Schwärme in die alten Bestände mit schwarzen Waben und kranker Brut umgesiedelt. Die Bienen überwinterten also mit Honig, der ohnehin kaum von Bedeutung war, und alles, was in den anderen, neuen und gesunden Bienenstöcken war, wurde gerettet. Diese neuen Bienenstöcke wurden für den Winter an einen kalten, trockenen Ort gestellt; mit der *rechten Seite nach oben* , um zu verhindern, dass zu viel Honig aus den Zellen tropft. Dann tropft etwas Honig, aber nicht so viel, wie wenn der Stock mit dem Boden nach oben steht. Honig, der herausläuft, wenn der Stock mit dem Boden nach oben steht, sickert in das Holz an der Basis der Waben ein; dies führt dazu, dass sich die Befestigungen lösen und sie herunterfallen können usw.

Im darauffolgenden März wurden die Bienen wieder von den alten in die neuen Stöcke umgesiedelt. Meine Methode ist folgende: Da die Waben im Stock, in dem die Bienen untergebracht werden sollen, ziemlich kalt sind, stelle ich sie vorher mehrere Stunden lang ans Feuer oder in einen warmen Raum. Ich nehme einen warmen Raum vor einem Fenster, und wenn ein paar Bienen wegfliegen, sammeln sie sich dort. Der neue Stock wird mit dem Boden nach oben auf den Boden gestellt, der alte auf eine Bank daneben, nachdem die Bienen beräuchert wurden, um sie ruhig zu halten. Eine Wabe nach der anderen wird herausgenommen und die Bienen in den neuen Stock gebürstet (ein wenig Rauch hält sie dort). Wenn ich fertig bin, stelle ich die paar Waben ans Fenster, binde ein Tuch darüber, um sie einzuschließen, und halte sie noch ein paar Stunden warm. Lähmung mit Bovist wird die Lösung sein , aber sie fallen nicht immer alle aus den Waben, wenn der Stock bis zum Boden gefüllt ist, und es ist möglich, dass, wenn ein paar übrig bleiben, die Königin eine sein könnte. Außerdem lohnt es sich zu dieser Jahreszeit nur sehr wenige Bienen zu retten und zu diesem Zweck müssen die Waben vielleicht endlich ausgebrochen werden.

Wenn man eine größere Familie in einen Bienenstock setzt, der 15 oder 20 Pfund Honig enthält und fast zur Hälfte mit sauberen, neuen Waben gefüllt ist, ist die Wahrscheinlichkeit, dass sie sich füllt und einen Schwarm bildet, ungefähr so hoch wie bei einem anderen Bienenstock, der voll ist und als Schwarm überwintert hat.

URSACHE IHRER ÜBERLEGENEN SPARSAMKEIT.

Ein Grund für die höhere Sparsamkeit kann darin liegen, dass alle Motteneier und Würmer erfrieren und die Bienen vor Juni nicht von einem einzigen Wurm belästigt werden. Es müssen keine jungen Bienen entfernt werden, um sie auszubeuten. Fast jede junge Biene, die gefüttert und versiegelt wird, schlüpft perfekt und trägt natürlich erheblich zum Wachstum bei.

Teilweise gefüllte Schwärme zahlen sich besser aus, als auf den Honig zu verzichten.

Jeder, der seinen Bestand maximal vergrößern möchte, wird diesen Plan, alle teilweise gefüllten Bienenstöcke aufzubewahren, viel vorteilhafter finden, als sie für den Verkauf auszuschlachten. Angenommen, Sie haben einen alten Bestand, der beschnitten werden muss, und haben ihn vernachlässigt, oder er hat sich geweigert zu schwärmen und Ihnen eine Chance zu geben, ohne zu viel Brut zu zerstören. Sie können ihn stehen lassen und in die Kästen setzen; vielleicht 25 Pfund Huthonig bekommen; und dann die Bienen wie beschrieben überwintern und sie im Frühjahr in die neuen Waben umsetzen. Wenn im Frühjahr keine Bestände umgesetzt werden müssen, behalten Sie sie bis zur Schwarmsaison. Wenn ein Schwarm in einen leeren Bienenstock diesen gerade füllen würde, würde derselbe Schwarm in einem Bienenstock mit 15 Pfund Honig offensichtlich dieselbe Anzahl Pfund in Kästen ergeben. Der Vorteil liegt im relativen Wert des Kasten- oder Huthonigs gegenüber dem im Bienenstock gelagerten; der Unterschied beträgt dreißig bis hundert Prozent.

VORTEILE BEIM ÜBERTRAGEN.

Ich möchte nun die Vorteile aufzeigen, die ich durch die Übertragung der oben erwähnten zwanzig Schwärme erlangt habe. Nehmen wir an, dass jede Familie vom 1. Oktober bis April zwanzig Pfund Honig verbraucht hat. Die Waben in der Mitte , wo sich das meiste Bienenbrot usw. befindet, werden zuerst aufgefressen; wenn noch etwas übrig bleibt, dann oben und außen. Wenn ich versucht hätte, diese zwanzig Pfund im Herbst herauszunehmen und zu filtern, wären sie so mit toter Brut und Bienenbrot vermischt gewesen, dass ich wahrscheinlich das meiste davon verworfen hätte. Der Rest hätte nach dem Filtern fünf Pfund betragen können, nicht mehr. Der Marktpreis dafür beträgt etwa zehn Cent pro Pfund; der Betrag beträgt fünfzig Cent. Nehmen wir an, der neue Bienenstock, der den Winter über aufbewahrt wurde, um im Frühjahr die Bienen aufzunehmen, enthielt fünfzehn Pfund; dies hätte ebenfalls durchschnittlich etwa zehn Cent pro Pfund gekostet, also 1,50 $. Alles, was mich ein Vorrat dieser Art kostet, scheint mir nur 2,00 $ zu sein und ist mindestens 5,00 $ wert. Der Vorteil beim Wechseln von zwanzig läge bei 60,00 USD. Der Arbeitsaufwand beim Umfüllen wird durch den Aufwand beim Sieben, Vorbereiten und die Kosten für den Transport des Honigs zum Markt ausgeglichen.

EINE ANDERE METHODE, ZWEI FAMILIEN ZU VERBINDEN.

Ich habe gelegentlich noch eine andere Methode angewandt, um aus zwei schlechten einen guten Bestand zu machen, die dem Leser vielleicht besser gefällt. Wenn alle Ihre alten Bestände, die es brauchen, verstärkt wurden und Sie immer noch einige Schwärme mit zu wenigen Bienen und zu wenig Honig haben, um sie sicher zu halten, können zwei oder mehr zusammengelegt werden. Die Tatsache, die gründlich getestet wurde, dass zwei Bienenfamilien, wenn sie zusammengelegt und in einem Stock überwintert werden, nur wenig oder gar nicht mehr verbrauchen, als jede von ihnen einzeln, ist ein sehr wichtiger Grundsatz in dieser Angelegenheit. Wenn jede Familie fünfzehn Pfund Honig hätte, würden sie alles verbrauchen und wahrscheinlich schließlich verhungern, nachdem sie dreißig Pfund gegessen haben. Aber wenn der Inhalt beider in einem Stock wäre, würde er völlig ausreichen und im Frühjahr noch etwas übrig bleiben.

Die Verbindung von Waben, Honig und Bienen.

Der Vorgang der Vereinigung ist einfach. Räuchern Sie beide Stöcke oder Schwärme gründlich aus und drehen Sie sie um. Wählen Sie den mit den geradesten Waben oder den, der am nächsten am vollsten ist, um den Inhalt des anderen aufzunehmen; schneiden Sie die Spitzen der Waben ab, damit sie quadratisch sind, und dieser ist fertig; entfernen Sie die Stöcke vom anderen und nehmen Sie mit Ihren Werkzeugen die Waben mit den Bienen darauf wie zuvor beschrieben heraus, einen nach dem anderen, und setzen Sie sie vorsichtig an die Ränder des anderen; wenn die Form es zulässt, lassen Sie die Ränder übereinstimmen; wenn nicht, lassen Sie sie sich kreuzen. Kleine Holzstücke oder Papierrollen werden zwischen ihnen benötigt, um den richtigen Abstand einzuhalten. Wenn beide Bienenstöcke gleich groß sind, werden die übertragenen Waben genau passen, wenn Sie darauf achten, sie so zu platzieren, wie sie vorher waren. Sie werden jetzt wissen wollen: „Was verhindert, dass diese Waben herausfallen, wenn der Bienenstock umgedreht wird?" Dieser Bienenstock muss einige Zeit oder bis zum Frühjahr mit dem Boden nach oben an einem dunklen Ort stehen. (Siehe Methode zum Überwintern von Bienen.) Die Bienen werden diese Waben sofort fest verbinden; Wenn der Stock umgedreht wird, wird der Honig in diesen Waben zuerst verbraucht; und wenn der Stock im Frühjahr wieder aufgestellt wird, wird es nur selten vorkommen, dass Teile herausfallen. Sollten Teile über den Boden des Stocks hinausragen, können sie auch nach der Befestigung jederzeit vor dem Aufstellen abgeschnitten werden. Wenn Sie möchten, können Sie einen zusätzlichen Querstab unter den Boden der Waben führen, um sie festzuhalten. Sie werden wahrscheinlich nie einen Unterschied in der späteren Blüte feststellen, wenn Sie die Waben in der Mitte verbinden oder kreuzen. Ich habe sie auf diese Weise gehalten, als sie zu den erfolgreichsten meiner Bestände gehörten. Da diese Operation bis November verschoben werden muss, wird sie auch in anderer Hinsicht von Vorteil sein; das heißt, Familien desselben Bienenhauses können zusammengeführt werden und werden den alten Standort bis zum Frühjahr größtenteils vergessen, und es entstehen keine Schwierigkeiten, zum alten Standort zurückzukehren usw.

WANN SOLLTE DIE FÜTTERUNG VON BIENENSTÖCKEN ERFOLGEN?

In manchen Gegenden des Landes fehlt es häufiger an *Honig* als an Bienen oder Waben, und das zu manchen Jahreszeiten. In solchen Fällen ist es von Vorteil, die Bienen zu füttern, bis genug für den Winter gelagert ist. Dies sollte im September oder Oktober geschehen. Wenn den Bienen jedoch sowohl Waben als auch Honig fehlen und Sie es mit Füttern versuchen möchten (was ich in letzter Zeit selten tue), sollte dies nach Möglichkeit bei warmem Wetter geschehen, da die Bienen die Waben in der Kälte nicht optimal nutzen können. Beim Füttern der Bienen ist große Vorsicht geboten, damit andere den Honig nicht riechen und sich darüber streiten. Der sicherste Platz ist oben auf dem Stock, mit einer guten Kappe darüber; aber sie arbeiten dann nicht ganz so schnell, besonders bei kühlem Wetter. Der nächstbeste Platz ist unter dem Boden, wie in Kapitel IX beschrieben.

Ich verurteile es absolut, alle auf einmal mit Honig zu füttern. Dies bringt folgende Nachteile mit sich: Starke Bienen, die keine Unze brauchen, bekommen zwei oder drei Pfund, während schwächere, die mehr Honig brauchen, keins bekommen. Fast alle Bienen werden in kurzer Zeit in Kämpfe verfallen. Wahrscheinlich wird die erste Biene, die mit einer Ladung nach Hause kommt, eine Reihe ihrer Artgenossen informieren, dass ein Schatz in der Nähe ist. Einige werden sofort losziehen, ohne auf besondere Anweisungen zum Auffinden zu warten, und weil sie andere Bienenstöcke mit dem Ort verwechseln, dort landen, ergriffen und wahrscheinlich getötet werden. Sobald der ihnen gegebene Honig weg ist, wird der Tumult enorm gesteigert und viele Bienen werden getötet. Wenn einer Ihrer Nachbarn Bienen hat, müssen Sie damit rechnen, dass Sie mit ihnen teilen müssen.

Wenn sich der zu fütternde Honig in der Wabe befindet und Ihre Bienenstöcke nicht voll sind und sie mit dem Boden nach oben im Haus überwintern sollen, kann dies jederzeit im Winter erfolgen, indem Sie einfach Stücke mit Honig auf die im Stock befindlichen legen. Die Bienen nehmen den Inhalt bereitwillig in ihre eigenen Waben; wenn diese leer sind, nehmen Sie sie heraus und legen Sie mehr hinein, bis sie einen vollen Vorrat haben. Sie werden solche Wabenstücke mit ihren eigenen verbinden; es kann jedoch nicht schaden, sie loszureißen. Der Haupteinwand gegen das Füttern auf diese Weise besteht darin, dass sie dadurch unruhig werden und den Stock verlassen, wenn wir sie so ruhig wie möglich haben möchten. Ein dünnes Musselintuch oder ein anderes Mittel wird erforderlich sein, um sie im Stock zu halten.

Ich habe jetzt Anweisungen gegeben, wie wir, wenn wir uns dafür entscheiden, das Töten aller Bienenfamilien vermeiden können, die es wert sind, gerettet zu werden.

Wenn die bedürftigen Bienen gefüttert wurden und alle schwachen Familien durch Zuwachs usw. gestärkt wurden, ist im Herbst im Bienenhaus nur noch wenig Arbeit nötig. Nur wenn Sie schwache Bestände haben, die nicht winterfest sind, müssen Sie an jedem warmen Tag auf der Hut sein, um Plünderungen vorzubeugen.

KAPITEL XXII.

Überwinternde Bienen.

Über die Überwinterung der Bienen gehen die Meinungen fast ebenso weit auseinander wie über den Bau von Bienenstöcken, und sie sind ebenso schwer miteinander zu vereinbaren.

ES WURDEN VERSCHIEDENE METHODEN ANGEWANDT.

Einer wird Ihnen sagen, Sie sollen sie warm halten, ein anderer, Sie sollen sie kalt halten; Sie sollen sie in der Sonne halten, sie vor der Sonne schützen, sie in der Erde vergraben, sie in den Keller, in die Kammer, ins Holzhaus oder an andere Orte bringen oder an gar keine Orte; das heißt, Sie sollen sie so lassen, wie sie sind, ohne jegliche Aufmerksamkeit. Das sind genug Pläne, um den Unerfahrenen in die Verzweiflung zu treiben. Dennoch habe ich keinen Zweifel daran, dass Bienen mit all diesen widersprüchlichen Methoden manchmal erfolgreich überwintert haben. Dass einige dieser Methoden anderen überlegen sind, muss nicht weiter erläutert werden. Aber welche Methode die *beste ist* , müssen wir untersuchen. Lassen Sie uns versuchen, das Thema zu untersuchen, ohne unser Urteil durch Vorurteile beeinflussen zu lassen.

Die Vorstellung, dass Bienen nicht einfrieren, hat in der Praxis zu Fehlern geführt.

Bei genauer Beobachtung werden wir wahrscheinlich feststellen, dass die so oft wiederholte Behauptung, Bienen hätten nie gefroren, außer wenn sie keinen Honig hätten, zu einer falschen Praxis geführt hat.

AUFTRETEN VON BIENEN BEI KALTER WETTER.

Wir werden zunächst versuchen, den Zustand eines der Natur überlassenen Bestandes ohne jegliche Pflege zu untersuchen und zu sehen, ob er uns Hinweise darauf gibt, wann wir mit künstlichen Mitteln helfen und schützen müssen.

Da Wärme die erste Voraussetzung ist, drängt sich eine Bienenfamilie bei Einbruch der Kälte in einer kugelförmigen Form zusammen, in einem Umfang, der dem Kältegrad entspricht; bei Null ist es viel weniger als bei über dreißig Grad. Die Bienen am Rande dieses Schwarms sind etwas steif vor Kälte, während die Bienen im Inneren so munter und lebhaft sind wie im Sommer. Bei strengem Wetter ist jeder mögliche Platz innerhalb ihres Kreises besetzt; sogar jede Zelle, die weder Pollen noch Honig enthält, bietet Platz für eine Biene. Angenommen, dieser Schwarm ist bei 40 Grad Quecksilber kompakt genug für gegenseitige Wärme und eine plötzliche Veränderung bringt ihn auf Null Grad, dann zieht sich dieser

Bienenschwarm, wie die meisten anderen Dinge, in wenigen Stunden durch die Kälte schnell zusammen. Die Bienen am Rande sind bereits unterkühlt, und ein Teil von ihnen, der mit der schrumpfenden Masse nicht Schritt halten kann, bleibt ungeschützt in einiger Entfernung von ihren Artgenossen und profitiert nur wenig von der dort erzeugten Wärme; sie verlieren ihre Vitalität und sind verloren.

WIE EIN TEIL DES SCHWARMS EINGEFRORENEN WIRD.

Eine gute Familie bildet eine Kugel oder einen Kreis mit einem Durchmesser von etwa 20 cm, der in der Regel in jeder Richtung etwa gleich groß ist, und muss die Räume zwischen vier oder fünf Waben einnehmen. Da die Waben sie in Abteilungen unterteilen müssen, sind die beiden äußeren die kleinsten und am stärksten exponierten von allen; diese erfrieren bei strengem Wetter häufig. Sollte es an Beweisen aus anderen Quellen fehlen, die zeigen, dass Bienen erfrieren, so scheinen die obigen Beweise sie zu liefern. Es wird gesagt, „dass Bienen in Polen aufgrund der extremen Kälte in einem halbstarren Zustand überwintern." Wir müssen entweder die Richtigkeit dieser Aussage anzweifeln oder annehmen, dass die Biene dieses Landes ein anderes Insekt ist als unsere – eine Art Halbwespe, die den Winter überlebt und wenig oder nichts frisst. Der Leser wird keine Schwierigkeiten haben zu entscheiden, was wahrscheinlicher ist, ob *Bienen überall auf der Welt Bienen sind*, die mit denselben Fähigkeiten und Instinkten ausgestattet sind, oder ob die Fakten, wie sie sind, nicht genau gegeben sind, insbesondere wenn wir sehen, was unsere eigenen Imker uns darüber erzählen, dass sie nie erfrieren.

Hier könnte ich eine starke Sprache verwenden, um zu widersprechen; aber da ich mir bewusst bin, dass ein solcher Weg nicht immer der überzeugendste ist, ziehe ich den Test durch genaue Beobachtung vor. Es ist wichtig zu wissen, ob Bienen erfrieren und unter welchen Umständen.

WIE EINE KLEINE FAMILIE KOMMT UND ALLE ERFRIEREN KANN.

Angenommen, ein Liter Bienen würde in eine Kiste oder einen Bienenstock gegeben, in dem alle Zellen mit Honig gefüllt und verlängert wären; die Abstände zwischen den Waben wären etwa ein Viertel Zoll groß – gerade genug Platz für eine Bienenreihe, um sich auszubreiten. Die Waben wären vielleicht eineinhalb oder zwei Zoll dick. Die gesamte Wärme, die dann erzeugt werden könnte, käme von einer Reihe oder Schicht Bienen, eineinhalb Zoll voneinander entfernt. Obwohl jede Biene ohne Veränderung ihrer Position reichlich Nahrung hätte, würde der erste Wettereinbruch wahrscheinlich das Ganze zerstören. Man könnte sagen, dies sei „eine unnatürliche Situation". Ich gebe zu, dass es so ist; der Fall wurde nur zur

Veranschaulichung angenommen. Ich weiß, dass ihre Winterquartiere zwischen den Brutwaben liegen, wo das Schlüpfen der Brut die meisten Zellen leer lässt; und der Abstand zwischen den Waben beträgt einen halben Zoll; eine weise und schöne Anordnung; denn die zehnfache Anzahl von Bienen kann sich in einem Kreis von sechs Zoll zusammendrängen, wie im anderen Fall; und infolgedessen kann die gleiche Anzahl Bienen viel mehr Wärme für die Tiere bereitstellen und die Kälte viel besser ertragen; doch wird man selbst hier eine *kleine* Familie häufig erfrierend und verhungernd vorfinden.

Frost und Eis ersticken manchmal die Bienen.

Außer dem Gefrieren sind bei Beständen, die in der Kälte stehen, noch andere Dinge zu beobachten. Wenn wir das Innere eines Bienenstocks mit einem mittelgroßen Schwarm untersuchen, werden wir am ersten sehr kalten Morgen feststellen, dass die Waben und Seiten des Stocks, außer in der unmittelbaren Nähe der Bienen, mit weißem Frost bedeckt sind . Im Laufe des Tages oder sobald die Temperatur leicht ansteigt, beginnt dieser zu schmelzen – zuerst neben den Bienen, dann an den Seiten. Eine Abfolge kalter Nächte verhindert das Verdunsten dieser Feuchtigkeit; und dieser Prozess des Gefrierens und Auftauens bildet nach ein oder zwei Wochen manchmal fingergroße Eiszapfen, die an den Waben und den Seiten des Stocks haften. Wenn der Boden des Stocks dicht am Boden ist, bildet er an den Rändern eine vollkommen luftdichte Abdichtung, und Ihre Bienen sind erstickt. Ich habe in solchen Fällen oft Imker sagen hören: „Der Sturm zog herein und bildete Eis rund um den Boden und ließ meine Bienen erfrieren." Andere, die ihre Bienen in einem kalten Raum hielten und sie so vorfanden, „konnten nicht sehen, wie das Wasser und das Eis irgendwie dorthin gelangen konnten; waren ganz sicher, dass es nicht da war, als es hineingetragen wurde" usw. Wahrscheinlich haben sie nie daran gedacht, dass man das philosophisch erklären könnte, und irgendetwas zu analysieren, das Bienen betrifft, wäre eine ziemlich nebensächliche Angelegenheit. Aber wie kann man das erklären?

Frost und Eis in einem Bienenstock werden berücksichtigt.

Physiologen sagen uns, „dass unzählige Poren in der Kutikula des menschlichen Körpers ständig Abfall oder abgenutzte Stoffe ausstoßen; dass jede Ausatmung eine Portion Wasser aus dem Körper mit sich bringt, die bei warmem Wetter unbemerkt bleibt, sich aber zu Partikeln verdichtet, die groß genug sind, um in kalter Atmosphäre sichtbar zu sein." Wenn wir hier eine Analogie zulassen, sagen wir, dass die Biene Abfallstoffe und Wasser auf die gleiche Weise ausstößt. Da ihre Nahrung flüssig ist, wird fast alles ausgeatmet – bei gemäßigtem Wetter geht es ab, aber bei Kälte kondensiert es – die Partikel bleiben in Form von Frost auf den Waben haften und sammeln sich an, solange das Wetter sehr rau ist, wobei ein Teil tagsüber schmilzt und nachts wieder gefriert.

DIE AUSWIRKUNGEN VON EIS ODER FROST AUF BIENEN UND WABEN.

Wenn die Bienen nicht erstickt werden, ist dieses Wasser im Stock die Quelle anderer Schäden. Die Waben schimmeln mit Sicherheit . Der Wasserschimmel oder die Feuchtigkeit auf dem Honig macht ihn dünn und ungesund für die Bienen, was zu Ruhr oder zur Ansammlung von Kot führt , den sie nicht behalten können. Wenn der Stock eine sehr große oder eine sehr kleine Familie enthält, gibt es weniger Frost auf den Waben – die tierische Wärme der ersten wird ihn vertreiben; bei den letzteren wird nur wenig ausgeatmet.

FROST KANN ZUM HUNGERN FÜHREN.

Dieser Frost ist häufig die Ursache dafür, dass mittlere oder kleine Familien bei kaltem Wetter verhungern, selbst wenn im Stock reichlich Honig vorhanden ist. Angenommen, der gesamte Honig in der unmittelbaren Umgebung der Bienenschwarm ist aufgebraucht und die Waben in allen Richtungen sind mit Frost bedeckt; wenn eine Biene die Schwarmschwarm verlässt und sich auf der Suche nach Nahrung in sie wagt, ist ihr Schicksal so sicher wie der Hungertod. Und ohne rechtzeitiges Eingreifen wärmeren Wetters *müssen* sie umkommen!

ANDERE SCHWIERIGKEITEN.

Sollten sie dem Verhungern entgehen, gibt es bei anhaltend kaltem Wetter oft noch eine andere Schwierigkeit. Ich sagte, dass kleine Familien nur wenig ausatmeten. Lassen Sie uns sehen, ob wir die Wirkung erklären können.

Es wird nicht genügend animalische Wärme erzeugt, um den wässrigen Teil ihrer Nahrung auszuatmen. Die Philosophie, die erklärt, warum ein Mensch in warmem Blut und bei starkem Schwitzen mehr Feuchtigkeit ausscheidet oder ausatmet als in einem ruhigen Zustand, wird dies veranschaulichen. Die Bienen müssen unter diesen Umständen das Wasser mit dem Kotanteil zurückhalten , was ihren Körper bald bis zum Äußersten ausdehnt und sie unfähig macht, es lange auszuhalten. Ihre Sauberkeit, die die Waben normalerweise vor Verschmutzung bewahrt, ist jetzt kein sicherer Schutz mehr, und sie sind gezwungen, die Masse bei schlechtestem Wetter sehr oft zu verlassen, um diese unnatürliche Ansammlung von Kot auszuscheiden . Er wird häufig schon vor dem Verlassen der Wabe ausgeschieden, aber der größte Teil davon am Eingang; auch etwas verstreut auf der Vorderseite des Stocks und in kurzer Entfernung davon. An einem mäßig warmen Tag verlassen mehr Bienen einen Stock in diesem Zustand als aus anderen; es scheint, dass ein Teil von ihnen nicht in der Lage ist, ihre Last auszuscheiden

– ihr Gewicht verhindert ihr Fliegen – sie fallen herunter und sind verloren. Wenn kaltes Wetter zu lange anhält, können sie nicht auf warme Tage warten, um zu verschwinden, sondern kommen jederzeit wieder heraus, und keiner von ihnen kann dann zurückkehren. Die Anzahl der Schwarms im Stock wird dadurch verringert, bis sie nicht mehr genug Wärme erzeugen können, um nicht zu frieren. Mit den Anzeichen, die solche Verluste begleiten, bin ich durch meine eigene Beobachtung einigermaßen vertraut geworden, wie das folgende Gespräch verdeutlichen wird.

WEITERE ABBILDUNGEN.

Ein Nachbar, der im Herbst einige Stockbeuten kaufen wollte, bat mich um Hilfe bei der Auswahl. Wir wandten uns an einen völlig Fremden; seine Bienen hatten den vergangenen Winter im Freien verbracht. Als ich sie untersuchte, stellte ich fest, dass er einige davon aus diesem Grund verloren hatte, da sich noch Kot am Eingang eines alten, verwitterten Stocks befand, der jetzt von einem jungen Schwarm bewohnt wurde und etwa zur Hälfte mit Waben gefüllt war.

Ich sah sofort, was los war, und war ziemlich zuversichtlich, dass ich dem Besitzer eine genaue Geschichte darüber erzählen konnte. „Sir", sagte ich, „Sie hatten Pech mit den Bienen, die letzten Winter in diesem Stock waren; ich denke, ich kann Ihnen einige Einzelheiten darüber geben."

„Ah, wie kommen Sie darauf? Ich würde gern Ihre Vermutung hören. Um Sie zu ermutigen, gebe ich zu, dass die Sache etwas ganz Merkwürdiges hatte."

„Vor einem Jahr hielten Sie das für einen guten Stock; er war gut gefüllt mit Honig, hatte eine gute Bienenfamilie und war zwei oder drei Jahre alt oder älter. Sie vertrauten darauf, dass er den Winter überstehen würde, wie jeder andere Stock auch; aber während des kalten Wetters verschwanden die Bienen auf unerklärliche Weise und ließen nur einige wenige zurück, die erfroren aufgefunden wurden. Sie entdeckten ihn gegen Frühling an einem warmen Tag. Als Sie die Waben entfernten, bemerkten Sie wahrscheinlich viele Kotflecken darauf und auch an den Seiten des Stocks, besonders in der Nähe des Eingangs. Außerdem enthielt die Hälfte oder mehr der Brutzellen tote Brut in einem verfaulten Zustand; und in diesem Sommer haben Sie den alten Stock für einen neuen Schwarm verwendet."

„Sie haben in jeder Hinsicht recht, Sir. Nun möchte ich wissen, wie Sie auf die Idee gekommen sind, dass ich die Bienen in diesem Stock verloren habe? Ich kann an diesem alten Stock nichts Besonderes erkennen, außer an diesem hier", und er deutete auf einen anderen, der ebenfalls einen neuen Schwarm enthielt. „Sie wären mir sehr verbunden, wenn Sie mir die Anzeichen genau aufzeigen würden."

„Das werde ich gern tun" (und ich war durchaus bereit, ihm den Eindruck zu vermitteln, dass ich in dieser Angelegenheit „auf dem Laufenden" sei, auch wenn es stark nach Prahlerei schmeckte).

Dann lenkte ich seine Aufmerksamkeit auf den Eingang an der Seite des Stocks, wo die Bienen beim Herauskommen ihren Kot abgegeben hatten , bis er etwa einen Achtel Zoll dick und zwei bis drei Zoll breit war; das war noch da und begann sich gerade abzuspalten. „Sehen Sie diese braune Substanz um dieses Loch im Stock?"

„Ja, es handelt sich um Bienenleim (*Propolis*); er kommt sehr häufig bei alten Bienenstöcken vor."

„Ich glaube nicht. Wenn Sie es näher betrachten, werden Sie feststellen, dass es nicht mehr so hart und glänzend ist. Es beginnt bereits zu bröckeln. Bienenleim wird jahrelang nicht durch die Witterung beeinträchtigt."

„Genau, aber was ist es, und was hat das mit Ihrer Vermutung zu tun?"

"Es sind die Exkremente der Bienen. Da die Bienen viele Zellen mit toter Brut hatten, die sie nicht betreten konnten, konnten sie sich nicht dicht genug zusammendrängen, um genügend Wärme zu gewinnen, um auszuatmen oder das Wasser in ihrer Nahrung auszutreiben. Die Exkremente blieben daher in ihren Körpern, bis sie über ihre Ausdauer hinaus aufgebläht waren. Sie konnten nicht auf einen warmen Tag warten. Die Notwendigkeit zwang sie, täglich bei kältestem Wetter die Bienenstöcke zu verlassen und ihre Exkremente gleich nach dem Passieren des Eingangs und teilweise auch schon vorher auszuscheiden. Sie waren sofort unterkühlt und konnten nicht zurückkehren. Die Menge, die um diesen Eingang herum zurückblieb, zeigt, dass sehr viele herausgekommen sein müssen. Dass sie bei kaltem Wetter herauskamen, wird dadurch bewiesen, dass die Exkremente auf dem Stock zurückgelassen wurden, denn bei warmem Wetter *verlassen sie* den Stock zu diesem Zweck."

„Das ist eine neue Idee; im Augenblick scheint sie richtig zu sein; ich werde darüber nachdenken. Aber woher wussten Sie, dass es kein neuer Schwarm war, dass er gut gefüllt war?"

„Als ich gerade darunter schaute, sah ich, dass an den Seiten in Bodennähe, unterhalb der Stelle, wo sie sich jetzt befinden, dunkel gefärbte Waben angebracht waren. Das deutet darauf hin, dass der Stock voll war, und die dunkle Farbe, dass er nicht neu war. Außerdem würde ein Schwarm, der früh und groß genug ist, um einen solchen Stock in der ersten Saison zu füllen, wahrscheinlich nicht auf diese Weise von der Kälte betroffen sein."

„Warum nicht? Ich glaube, dieser Stock war genauso voll mit Bienen wie jeder meiner neuen Schwärme."

„Ich zweifle nicht daran, dass es so aussah, aber in solchen Fällen besteht die Gefahr, dass wir uns von der toten Brut in den Waben täuschen lassen. Eine mittelgroße Familie in einem solchen Stock macht mehr her als größere, die leere Zellen haben, in die sie kriechen können, und sich dichter zusammendrängen können.“

„Aber woher wusstest du von der toten Brut?“

„Denn alte Bestände werden dadurch häufig abgebaut und gehen verloren.“

„Welche Hinweise gab es darauf, dass es mit Honig gefüllt war?“

„Waben werden selten weiter unten an der Seite des Stocks befestigt, als sie mit Honig gefüllt sind. In diesem Stock waren die Waben am Boden befestigt und müssen daher voll gewesen sein. Außerdem ist der Stock im Allgemeinen gut gelagert, selbst wenn er krank ist, es sei denn, die Familie ist stark verkleinert.“

„Warum dachten Sie, es sei fast Frühling, bevor ich es entdeckte?“

„Ich habe einfach geraten. Die meisten Imker sind nämlich ziemlich nachlässig, und wenn sie ihre Bienen für den Winter vorbereitet haben, schenken sie ihnen kaum noch Aufmerksamkeit, bis sie im Frühjahr anfangen auszufliegen.“

„Aber was hätte ich tun sollen, wenn ich bemerkt hätte, dass die Bienen herauskamen?“

"Da es von toter Brut befallen war, war es sinnlos, etwas dagegen zu unternehmen; Sie hätten es schließlich verloren. Wäre es jedoch ein ansonsten gesunder Bestand gewesen und nur deshalb so befallen, weil es sich um eine kleine Familie handelte oder das Wetter streng war, hätten Sie es in einen warmen Raum bringen und auf den Kopf stellen können; die Wärme der Tiere hätte dann den größten Teil des in ihrer Nahrung enthaltenen Wassers in Dampf umgewandelt; dieser wäre aus dem Stock aufgestiegen und die Bienen hätten den Kotanteil ohne Schwierigkeiten bis zum Frühjahr behalten können . "

„Ich nehme an, Sie müssen auskommen, ohne im Winter viele zu verlieren, wenn ich nach Ihren zuversichtlichen Erklärungen urteilen darf.“

„Ich kann Ihnen versichern, dass ich diesbezüglich kaum Angst habe. Wenn ich das Privileg habe, die richtigen Aktien auszuwählen, verpflichte ich mich, nicht eine von hundert zu verlieren.“

„Wie kommen Sie zurecht? Ich wäre froh, eine Methode zu finden, mit der ich mich so vollkommen sicher fühlen kann, wie Sie es tun.“

„Die erste wichtige Voraussetzung ist, dass man von Anfang an nur gute hat. Man vereint genügend schwache Familien, bis sie stark sind, oder man trifft eine andere Anordnung für sie." Dann gab ich ihm einen Überblick über meine Überwinterungsmethode, die ich dem Leser guten Gewissens empfehlen kann.

Von einigen Autoren wird die Ansammlung von Kot als Krankheit beschrieben.

Diese Ansammlung von Kot wird von vielen Autoren als Krankheit angesehen – eine Art Ruhr. Es wird beschrieben, dass sie die Bienen gegen Frühling befällt und es werden mehrere Heilmittel angegeben. Wenn das, was ich beschrieben habe, nicht Ruhr ist, dann muss ich annehmen, dass ich nie einen Fall davon hatte. Ich bleibe jedoch bei meiner Vermutung, dass es sich um dasselbe handelt und nehme an, dass die Unaufmerksamkeit vieler der Grund dafür ist, dass die Krankheit nicht bei kaltem Wetter entdeckt wird, wenn sie auftritt. Einige Bestände können schwer befallen, aber nicht völlig verloren sein, wenn gemäßigtes Wetter den Befall aufhält. Wenn ein Heilmittel im Frühling angewendet wird, lange nachdem die Ursache aufgehört hat zu wirken, wäre es merkwürdig, wenn es nicht wirksam wäre. Ich zweifle nicht daran, dass einige den natürlichen Kotausstoß , der immer im Frühling stattfindet, wenn die Bienen den Stock verlassen, für eine Krankheit gehalten haben. Andere, die nach einer Ursache für erkrankte Brut suchten und die Waben und den Stock etwas verschmiert fanden, hielten dies für ausreichend; Meiner Ansicht nach haben wir es aber umgekehrt, indem wir die Wirkung vor der Ursache angegeben haben.

DAS ABHILFEMITTEL DES AUTORS.

Eine Zeit lang nahm ich an, dass sich diese Feuchtigkeit auf den Waben allmählich mit dem Honig vermischte und ihn dünnflüssig machte, und dass die Bienen, die so viel Wasser mit ihrer Nahrung aufnahmen, die beschriebenen Auswirkungen auf sie haben würden. Einige darauf folgende Experimente veranlassten mich, Kälte als Ursache anzunehmen, da ich immer feststellte, dass eine sofortige Heilung eintrat, wenn ich sie an einen ausreichend warmen Ort stellte, oder dass es ihnen zumindest ermöglichte, ihren Kot zu behalten , bis sie ihn im Frühjahr aussetzten.

BIENEN VERGRABEN.

Das Vergraben der Bienen in der Erde unterhalb des Frosts wurde als beste Methode zum Überwintern für kleine Familien empfohlen. Ich habe die Gewissheit gehabt, dass sie nicht an Gewicht verlieren und keine Bienen sterben würden. Beim Ausprobieren stellte ich fest, dass eine mittlere Menge Honig ausreichte und nur sehr wenig Honig verloren ging, vielleicht weniger als bei jeder anderen Methode. Die Waben waren jedoch schimmelig und für die weitere Verwendung unbrauchbar. Der Dampf und die Feuchtigkeit der Erde konnten nicht entweichen. Das hat mich nicht zufriedengestellt; es heilte nur „eine Krankheit, indem es eine andere hervorrief". Ich rettete die Bienen (und vielleicht etwas Honig), aber die Waben waren verdorben.

EXPERIMENTE DES AUTORS, UM DEN FROST LOSZUWERDEN.

Ich wollte sie warm halten und die Bienen sowie den Honig retten und gleichzeitig die Feuchtigkeit loswerden. Ich fand heraus, dass eine große Familie die Feuchtigkeit viel besser ausstößt als kleine; und wenn man alle in einem engen Raum zusammenbringt, ist die tierische Wärme einer großen Anzahl zumindest für die Schwachen von Vorteil – das erwies sich als einigermaßen vorteilhaft. Ich fand jedoch heraus, dass große Wassertropfen wochenlang an den Seiten eines Glasstocks stehen blieben.

VIEL ERFOLG IN DIESER SACHE.

Dann kam mir folgender Vorschlag zu Hilfe. Wenn dieser Stock von unten nach oben stünde, was würde dann verhindern, dass der ganze Dampf, der von den Bienen aufsteigt, entweicht? (Wenn man es zulässt, steigt er immer auf, wenn es warm ist.) Der Stock wurde umgedreht; nach ein paar Stunden war das Glas trocken.

Das war so vollkommen einfach, dass ich mich wunderte, dass ich nicht schon früher darauf gekommen war, und noch mehr wunderte ich mich, dass nicht einer der vielen intelligenten Imker es entdeckt hatte. Ich drehte sofort alle Bienenstöcke im Raum um und ließ sie so bis zum Frühjahr stehen; dann waren die Waben vollkommen blank, kein einziges Stück Schimmel war zu sehen, und ich war mit dem Ergebnis meines Experiments sehr zufrieden. Obwohl ich befürchtete, dass mehr Bienen die Stöcke verlassen würden, wenn sie umgedreht waren, als wenn sie aufrecht standen, zeigte das Ergebnis keinen Unterschied. Ich hatte nun beide Methoden ausprobiert und hatte eine Möglichkeit, sie zu beurteilen.

Bienen sollten im Haus vollkommen dunkel gehalten werden.

Wenn die Bienenstöcke nicht vollkommen dunkel gehalten werden, verlassen in beiden Fällen einige die Bienenstöcke. Ich habe festgestellt, dass es viel besser ist, den Raum abzudunkeln, um die Bienen im Stock zu halten, als ein dünnes Musselintuch über sie zu binden, da dies den freien Durchgang des Dampfes verhindert und eine große Anzahl voller Bienenstöcke mit der Einsperrung überhaupt nicht zufrieden ist und ständig am Tuch herumnagte und daran herumnagte, bis sie mehrere Löcher als Ausweg hineingemacht hatten. So wurde das kleine Gute durch ein Übel ausgeglichen. Selbst Drahtgewebe, das zur Einsperrung verwendet wird, was wirksam wäre, würde den Bienen nicht genug retten, um die Kosten zu decken. Ich habe sie die letzten zehn Jahre so überwintert und bin äußerst skeptisch, ob eine bessere Methode gefunden werden kann. [17] Mehrere Jahre lang hatte ich ein kleines Schlafzimmer im Haus, das vollkommen dunkel war und in dem ich etwa 100 Stockhähne platzierte. Es war mit Latten verkleidet und verputzt und ließ keine Luft herein, außer der, die durch den Boden kam. Es war einzeln und ziemlich eng, obwohl nicht aufeinander abgestimmt.

EIN RAUM FÜR DIE ÜBERWINTERUNG VON BIENEN.

Im Herbst 1849 baute ich zu diesem Zweck einen Raum. Der Rahmen war acht mal sechzehn Fuß groß und sieben Fuß hoch und hatte keine Fenster. Die Innenseite wurde mit einer dicken Schicht Gips verputzt und ein vier Zoll großer Zwischenraum zwischen der Verkleidung und der Lattung mit Sägemehl aufgefüllt. Unter dem Boden baute ich einen Durchgang für die Luftzufuhr von der Nordseite her ein, einen weiteren über dem Kopf für den Luftauslass. Dieser Durchgang konnte bei gemäßigtem Wetter nach Belieben geschlossen und geöffnet werden, um frische Luft hereinzulassen, bei Kälte jedoch geschlossen und so angeordnet werden, dass er das Licht vollständig abschirmte.

In der Nähe der Mitte wurde eine Trennwand angebracht . Dies sollte verhindern, dass das Ganze durch Lichteinfall gestört wird, wenn im Frühjahr die Arbeiten ausgeführt werden. Durch das Schließen der Tür dieser Trennwand müssen nur die Personen in einem Raum auf einmal gestört werden.

Methode zum Verstauen von Bienen.

Die Regale zur Aufnahme der Bienenstöcke wurden in Reihen übereinander angeordnet; sie waren lose und konnten nach Belieben abgenommen und aufgestellt werden. Nehmen wir an, wir beginnen am hinteren Ende: Die erste Reihe wird direkt auf den Boden gedreht, dann wird ein Regal einige Zentimeter darüber gelegt und gefüllt, und dann ein weiteres Regal, noch darüber, wenn wir wieder auf dem Boden beginnen, und so weitermachen, bis der Raum voll ist; oder wenn der Raum nicht gefüllt werden soll, können die Regale in zwei oder drei Reihen an den Seiten des Raums befestigt werden. Diese letzte Anordnung macht es sehr bequem, sie den ganzen Winter über jederzeit zu inspizieren, doch sollten sie so wenig wie möglich gestört werden. Die Art und Weise, jeden einzelnen zu verstauen, besteht darin, die Löcher oben zu öffnen und dann zwei quadratische Stöcke darauf zu legen, wie sie hergestellt werden, indem man ein Brett geeigneter Länge in etwa einen Zoll breite Stücke spaltet. Der Bienenstock wird auf diese umgedreht; dies ermöglicht eine freie Zirkulation durch den Bienenstock und leitet die gesamte Feuchtigkeit so schnell ab, wie sie entsteht.

RAUMTEMPERATUR.

Die Temperatur eines solchen Raumes wird je nach Anzahl und Stärke der hineingestellten Stöcke variieren; 100 oder mehr würden die Temperatur mit Sicherheit immer über dem Gefrierpunkt halten. Es wäre fraglich, ob es sinnvoll ist, nur sehr wenige in einen solchen Raum zu stellen und sich darauf zu verlassen, dass die Bienen es warm genug machen. Wenn diese Mittel nicht die richtige Temperatur halten, wäre wahrscheinlich eine andere Methode besser. Alle vollen Stöcke würden gut genug funktionieren, wie fast jede Methode. Dennoch werde ich empfehlen, sie, wann immer möglich, unterzubringen. Wenn die Anzahl der Stöcke gering ist, sollte der Raum entsprechend klein sein. [18] Die kleinsten Familien machen die meisten Probleme: Ist es ihnen zu kalt, kann man das daran erkennen, dass die Bienen bei kaltem Wetter den Stock verlassen und sich Kotflecken auf den Waben bilden. Sie sollten dann für zusätzlichen Schutz sorgen: Schließen Sie einige oder alle Löcher im oberen Bereich, decken Sie den offenen Boden teilweise oder ganz ab und beschränken Sie die Wärme der Tiere so weit wie möglich auf den Stock. Wenn diese Mittel versagen, kann es bei sehr kaltem Wetter notwendig sein, die Bienen in einen warmen Raum zu bringen.

MANCHMAL KANN ES VORKOMMEN, DASS ZU VIEL HONIG GELAGERT WIRD.

Wenn die Blüten verwelkt sind und die gesamte Brut ausgereift ist und die Waben verlassen hat, kommt es manchmal vor, dass ein Bestand die Gelegenheit hat, alle Zellen, die während der Honigernte mit Brut besetzt waren, zu plündern und schnell zu füllen, was dann wirksam verhindert, dass sich die Brut darin ansammelt. Dies verhindert dann ein dichtes Packen, was für die Wärme äußerst wichtig ist. Obwohl es sich um eine große Familie handelt, ist ebenso viel Sorgfalt erforderlich wie bei kleineren. Auch solche, die von kranker Brut betroffen sind, sollten aus demselben Grund besondere Aufmerksamkeit erhalten.

Manche Imker trauen sich nicht, den Bienenstock umzudrehen, sondern begnügen sich damit, die Löcher oben zu öffnen. Das ist zwar besser als gar keine Belüftung, aber nicht so effektiv, da nicht die gesamte Feuchtigkeit entweichen kann. Manche können sich auch nicht von der Vorstellung lösen, dass die Bienen, wenn der Bienenstock umgedreht wird, den ganzen Winter über auf dem Kopf stehen müssen!

Ratten und Mäuse treiben ihr Unwesen weniger unverschämt, wenn sie den Weg in einen solchen Raum finden, als wenn der Bienenstock an seinem natürlichen Standort stünde.

RAUMMANAGEMENT FÜR DEN FRÜHLING.

Gegen Frühling vergehen oft ein paar warme Tage, bevor wir unsere Bienen hinauslassen können. In diesen Fällen sollten ein oder zwei Scheffel zerstoßenen Schnees oder Eises auf dem Boden verteilt werden. Es absorbiert und leitet einen Großteil der jetzt unnötigen Wärme ab, da es schmilzt, und hält die Bienen viel länger ruhig als ohne. (Beim Verlegen des Bodens sollte darauf geachtet werden, dass dieses Wasser entsorgt wird.)

ZEIT, DIE BIENEN AUSZUSETZEN.

Die Zeit zum Bienenaussetzen ist im Allgemeinen im März, aber auch einige Jahreszeiten später. Ein warmer angenehmer Tag ist am besten, und ein ziemlich kalter ist besser als ein nur *mäßig* warmer.

Nach langer Gefangenschaft werden sie vom Licht sofort hervorgelockt (sofern sehr kalte Luft sie nicht daran hindert) und wenn die Strahlen der warmen Sonne sie nicht aktiv halten, werden sie bald unterkühlt und verloren sein.

Manche Imker holen ihre Bestände abends heraus. Wenn wir immer sicher sein könnten, dass der nächste Tag schön ist, wäre das wahrscheinlich die beste Zeit. Sollte es aber nur mäßig oder bewölkt sein, wäre dies mit erheblichen Verlusten verbunden. Oder sollte es am nächsten Tag recht kalt sein, würden nur wenige Bienen den Stock verlassen. Dann bestünde das einzige Risiko darin, einen guten Tag zu erwischen , bevor es an einen anderen Tag geht, der gerade warm genug ist, um die Bienen zum Verlassen des Stocks zu bewegen, aber nicht warm genug, um ihnen die Rückkehr zu ermöglichen.

ES WERDEN NICHT ZU VIELE AKTIEN AUF EINMAL HERAUSGENOMMEN.

Wenn zu viele auf einmal herausgenommen werden, ähnelt der Ansturm aus allen Stöcken so sehr einem Schwarm, dass es scheint, als würden sie durcheinandergeraten. Einige der Bestände bekommen auf diese Weise mehr Bienen, als ihnen eigentlich gehören, während andere entsprechend zu wenig haben, was unrentabel ist, und es ist etwas mühsam, sie auszugleichen; es kann jedoch getan werden. Da sie alle in einem Raum überwintern, wird der Geruch oder die Art und Weise, wie sie ihre eigene Familie von Fremden unterscheiden, so ähnlich, dass sie sich ohne Streit vermischen.

Familien können gleichgestellt werden.

Indem Sie dies sofort ausnutzen, oder bevor sich der Geruch wieder verändert hat und jeder Bienenstock seine *eigene Besonderheit hat* , können Sie die Bestände sehr schwacher und sehr starker Familien verändern.

Um einige dieser negativen Auswirkungen so weit wie möglich zu verhindern, warte ich lieber, bis ein schöner Tag beginnt, und dann erst, wenn der Tag warm genug ist, um vor Kälte sicher zu sein.

Schnee muss nicht immer das Austragen von Bienen verhindern.

Ich lege keinen Wert darauf, ob der Schnee weg ist – wenn er nur lange genug gelegen hat, um einen Teil davon geschmolzen zu haben, ist er für die Biene „festes Terrain" und verhält sich genauso gut wie die nackte Erde. Wenn der Tag richtig ist, stelle ich gegen zehn Uhr zwölf oder fünfzehn Bienenstöcke auf, wobei ich darauf achte, dass jeder Stock seinen alten Stand einnimmt, und gleichzeitig versuche, solche zu nehmen, die so weit wie möglich voneinander entfernt sind (um dies bequem zu machen, sollten sie so hineingetragen werden, wie man sie herausbringen möchte). Wenn der Ansturm aus diesen Stöcken vorbei ist und die Mehrheit der Bienen zurückgekehrt ist, stelle ich gegen zwölf Uhr ebenso viele weitere auf, und wenn der Tag weiterhin schön ist, gegen zwei weitere. Am Morgen, wenn es kühl ist, stelle ich vom hinteren in den ersten Raum, ungefähr so viele, wie ich an einem Tag aufstellen möchte, mit Ausnahme einiger am Ende.

Wenn man dies mitten am Tag, wenn es warm ist, tun würde, würden viele Bienen den Stock verlassen, während das Licht hereingelassen wird, und das wäre verloren. Man wird allgemein annehmen, dass ihre lange Gefangenschaft sie so ungeduldig macht, herauszukommen; aber ich habe häufig Stöcke während eines kalten Wetterwechsels zurückgebracht, nachdem sie draußen gewesen waren, und immer festgestellt, dass sie genauso begierig darauf waren, herauszukommen, wie diejenigen, die den ganzen Winter über eingesperrt waren; ohne Belüftung habe ich sie fünf Monate lang ohne Schwierigkeiten so eingesperrt gehalten! Die wichtigsten Voraussetzungen sind ausreichende Wärme und vollkommene Dunkelheit.

BEWEIST DIE ANALOGIE NICHT, DASS BIENEN IM WINTER WARM GEHALTEN WERDEN SOLLTEN?

Diese Überwinterungsmethode wird von denjenigen abgelehnt, die schon immer dachten, Bienen müssten kalt gehalten werden; „je kälter, desto besser". Ich möchte ihnen zur Überlegung eine mögliche Analogie zwischen Bienen und einigen warmblütigen Tieren vorschlagen – Pferden, Ochsen und Schafen zum Beispiel, die eine ständige Nahrungszufuhr benötigen, damit sie so viel Kalorien erzeugen können, wie in die kalte Luft abgegeben wird. Dies scheint durch den Grad der Kälte geregelt zu sein, denn warum sonst lehnen sie die große Menge verlockenden Futters an den warmen Frühlingstagen ab und verschlingen es gierig im stürmischen Sturm? Es ist ziemlich gut belegt, dass die für die gleichen Bedingungen im Frühling benötigte Nahrungsmenge viel geringer ist, wenn sie vor den Unbilden des Wetters geschützt ist, als wenn sie der strengen Kälte ausgesetzt ist. Anders als die Wespe ist die Biene tot, wenn sie einmal vom Frost durchdrungen ist – *ihre Temperatur muss deutlich über dem Gefrierpunkt gehalten werden, und dazu ist Nahrung erforderlich* . Wenn nun die Bienen denselben Gesetzen unterliegen und kalte Luft mehr Wärme abtransportiert als warme und sie diese durch den Verzehr von Honig im Verhältnis zur Kälte erneuern, würde der gesunde Menschenverstand sagen, dass man sie so warm wie möglich halten sollte. Da ein bestimmtes Maß an Wärme in allen Beständen erforderlich ist, kann etwa eine bestimmte Menge Honig erforderlich sein, um sie zu produzieren, und dies könnte erklären, warum eine kleine Familie etwa die gleiche Menge an Nahrung benötigt wie eine sehr große Familie.

DER NÄCHSTBESTE ORT ZUM ÜBERWINTERN VON BIENEN.

Ein *trockener* , warmer Keller ist der nächstbeste Ort, um sie zu überwintern. Der Imker, der einen vollkommen dunklen Keller mit ausreichend Platz hat, wird ihn als sehr guten Ort empfinden, wenn er keinen oberirdischen Raum hat. Wenn eine große Anzahl hineingestellt wurde, sollte für warme Wetterwechsel eine Belüftungsmöglichkeit geschaffen werden. Ich kenne einen Imker, der auf meine Empfehlung hin in den letzten sechs Jahren 60 bis 80 Stöcke auf diese Weise überwintert hat, mit vollem Erfolg, ohne einen einzigen zu verlieren. Ein anderer hat dreißig mit gleicher Sicherheit überwintert.

Was das Vergraben in der Erde betrifft, so habe ich nicht den geringsten Zweifel, dass das Experiment ein voller Erfolg sein wird, wenn man einen trockenen Ort auswählt, den Bienenstock umdreht und mit Heu, Stroh oder einem anderen Material umgibt, das die Feuchtigkeit aufnimmt, und die Oberseite der Abdeckung vor Regen schützt. Aber das ist nur Theorie; als ich das Experiment mit dem Vergraben durchführte und die Waben schimmeln ließ , standen die Bienenstöcke richtig herum.

ÜBEL EINER ÜBERWINTERUNG IM FREIEN.

Da viele Imker meine Überwinterungsmethode als unbequem empfinden oder nicht anwenden können, reicht es aus, zu sehen, inwieweit die bereits erwähnten Übel der freien Luft erfolgreich vermieden werden können. Von denen, die versucht haben, Bienen in Strohstöcken zu überwintern, wurde mir gesagt, dass diese in dieser Hinsicht viel sicherer sind als solche aus Brettern; wahrscheinlich wird das Stroh die Feuchtigkeit absorbieren. Da diese Stöcke jedoch schwieriger zu bauen sind und ihre Form die

Verwendung geeigneter Kästen für überschüssigen Honig verhindert, wird dieser eine Vorteil den Verlust kaum aufwiegen. Sie sollen auch anfälliger für Schäden durch Motten sein. Wir brauchen einen Stock, der so viele Punkte wie möglich vorteilhaft vereint.

Man sollte bedenken, dass Bienen immer Luft brauchen, besonders bei Kälte. [19] In diesem Sinne werden wir versuchen, den Dampf oder Frost zu beseitigen. Wenn der Stock hoch genug ist, damit der Dampf herauskommt, werden auch die Mäuse hineinkommen; um dies zu verhindern, sollte er nur etwa einen Viertelzoll hoch sein. Das Loch an der Seite sollte fast vollständig mit Drahtgewebe abgedeckt sein, um die Mäuse draußen zu halten; aber den Bienen sollte ein Durchgang bleiben; sonst sammeln sie sich hier, versuchen herauszukommen und bleiben, bis sie erkältet sind, und kommen so zu Hunderten um. Die Kästen oben müssen entfernt werden, aber nicht die Kappe oder der Deckel; alle Löcher müssen geöffnet werden, damit der Dampf in die Kammer gelangen kann; wenn diese mit vollkommen dichten Fugen versehen ist, sodass keine Luft entweicht, sollte sie nur ganz wenig hoch sein; sonst nicht. Die Feuchtigkeit kondensiert an den Seiten und oben, wenn sie schmilzt, wird sie den Seiten nach unten folgen und austreten; die Falzung um die Oberseite des Stocks verhindert, dass sie in die Löcher und zu den Bienen gelangt. Es ist leicht zu verstehen, dass ein Loch zwischen jeweils zwei Waben oben (wie beim Aufsetzen der Kästen erwähnt) den Bienenstock viel besser belüftet, als wenn sich nur ein oder zwei Löcher befinden oder wenn sich mehrere in einer Reihe befinden und sich alle zwischen zwei Waben befinden.

ABER WENIG RISIKO BEI GUTEN AKTIEN.

Alle *guten Vorräte* können auf diese Weise überwintert werden, in den meisten Fällen mit nur geringem Risiko. Ob im kalten Nordwind, unter einer Schneewehe oder an einem warmen und angenehmen Ort, macht keinen großen Unterschied. Die Mäuse können nicht hinein; die Löcher geben ihnen Luft und leiten Feuchtigkeit ab usw. Aber Vorräte zweiter Klasse sind in kalten Gegenden nicht gleichermaßen sicher.

WIRKUNG DER FESTHALTUNG ZWEITERKLASSE-AKTIEN AUS DER SONNE.

Es wird dringend empfohlen, ohne Rücksicht auf die Stärke des Bestandes, ihn alle vor der Sonne zu schützen, da ein gelegentlicher warmer Tag die Bienen auf den Schnee locken und umkommen würde. Das ist zwar ein Verlust, aber man kann einen noch größeren Verlust herbeiführen, wenn man versucht, dies zu vermeiden. Ich habe an anderer Stelle gesagt, dass zweitklassige oder minderwertige Bestände gelegentlich aufgrund frostiger Waben verhungern können, obwohl sie reichlich Vorräte im Stock haben. Wird der Stock in der Kälte vor der Sonne geschützt, kommen Perioden mit gemäßigtem Wetter möglicherweise nicht so häufig vor, da die Bienen den Honig in ihrem Kreis oder Schwarm aufbrauchen würden. Im Gegenteil, wenn die Sonne auf den Stock scheint, wärmt sie die Bienen auf und schmilzt den Frost häufiger. Die Bienen können dann im Allgemeinen so oft wie nötig zu ihren Vorräten gehen und sich Nachschub holen. Wir haben selten einen Winter ohne genügend sonnige Tage für diesen Zweck. Sollte dies jedoch vorkommen, sollten Bienen dieser Klasse alle vier oder fünf Tage für jeweils einige Stunden in einen warmen Raum gebracht werden, um ihnen Gelegenheit zu geben, an den Honig zu gelangen. Bienen, die weit unter der zweiten Klasse liegen, können in diesem Klima nicht erfolgreich überwintern; der einzige Ort für sie ist der warme Raum. Ich habe Bienen gekannt, die vollständig von einer Schneewehe bedeckt waren, und ihr Besitzer hatte erhebliche Mühe, den Schnee wegzuschaufeln, weil er befürchtete, er würde sie ersticken. Dies ist unnötig, wenn sie vor den Mäusen geschützt und wie gerade beschrieben belüftet sind; eine Schneewehe ist ungefähr der bequemste Ort, den sie haben können, abgesehen vom Haus. Untersucht man sie kurze Zeit, nachdem sie so bedeckt wurden, stellt man fest, dass der Schnee auf einer Fläche von etwa vier Zoll auf jeder Seite des Stocks geschmolzen ist, und nur sehr arme Bienen würden unter diesem Schutz wahrscheinlich leiden. Ein wenig Schnee am Boden, ohne eine Öffnung an der Seite des Stocks, könnte sie ersticken.

Auswirkungen von Schnee berücksichtigt.

Was die Bienen betrifft, die auf den Schnee gelangen, so gehe ich davon aus, dass dort nicht viel mehr Bienen verloren gehen als auf der gefrorenen Erde, das heißt bei gleichem Wetter. Ich habe gesehen, wie sie zu Hunderten auskühlten und auf dem Boden verloren gingen, wo sie einem zufälligen Beobachter nicht aufgefallen wären; wären sie dagegen auf dem Schnee gewesen, in einer Entfernung von mehreren Ruten, wäre jede Biene aufgefallen. Schnee ist nicht so sehr zu fürchten wie kalte Luft. Angenommen, ein Bienenstock steht den ganzen Winter in der Sonne, und die Bienen dürfen ihn verlassen, wann sie wollen, und ein Teil geht auf dem Schnee verloren, und es wäre möglich, alle Bienen zu zählen, die im Laufe der Saison auf der nackten Erde durch Auskühlung verloren gehen – der Anteil (meiner Meinung nach), der auf dem Schnee verloren geht, wäre nicht eins zu zwanzig. Eine Person, die bei feuchtem oder kaltem Wetter im April, Mai oder sogar in den Sommermonaten nicht genau beobachtet hat, hat keine angemessene Vorstellung von der Zahl. Dennoch möchte ich nicht den Eindruck erwecken, dass es auf irgendeine Weise unerheblich ist, was auf dem Schnee verloren geht. Im Gegenteil, es gehen sehr viele verloren, die mit der richtigen Sorgfalt hätten gerettet werden können. Aber ich möchte betonen, dass gefrorene Erde ohne warme Luft nicht sicher ist, ebenso wenig wie Schnee, wenn er verkrustet oder ein wenig hart ist. Selbst wenn Schnee schmilzt, ist er für Bienen ein fester Stand; sie können genauso leicht davon aufsteigen wie von der Erde und tun dies auch. Bienen, die unter diesen Umständen auf Schnee umkommen, wären wahrscheinlich auch verloren, wenn es keinen gäbe.

In manchen Fällen müssen die Bestände geschützt werden.

Der schlechteste Zeitpunkt für sie, den Stock zu verlassen, ist unmittelbar nach Neuschnee, denn wenn sie dann darauf landen, kann dieser ihr Gewicht nicht tragen; und sie arbeiten sich bald aus den Sonnenstrahlen heraus und sterben. Sollte es nach einem Sturm dieser Art angenehm aufklaren, wird sich ein wenig Aufmerksamkeit wahrscheinlich lohnen. Auch wenn das Wetter mäßig warm ist und nicht warm genug, um sicher zu sein, sollten sie drinnen bleiben, egal ob Schnee auf dem Boden liegt oder nicht.

Zu diesem Zweck sollte vor dem Stock ein breites Brett aufgestellt werden, um ihn vor der Sonne zu schützen, zumindest über dem seitlichen Eingang. Wenn es jedoch warm genug wird, sodass die Bienen den Stock im Schatten verlassen, ist dies ein guter Test, um zu erkennen, wann es an der Zeit ist, ihnen eine gute Chance zu geben, frei hinauszufliegen, außer bei Neuschnee, wenn es ratsam ist, sie im Stock einzusperren. Der Stock könnte auf das Bodenbrett gestellt werden, und das Drahtgeflecht könnte den seitlichen Durchgang abdecken und für den Moment verdunkelt werden; der Stock könnte dann nachts wieder wie zuvor aufgestellt werden. Ich kenne Hunderte von Beständen, die den Winter erfolgreich überstanden, ohne dass eine solche Vorsichtsmaßnahme getroffen wurde, und denen es erlaubt wurde, herauszukommen, wann immer sie wollten. Ihre spätere Gesundheit und ihr Gedeihen beweisen, dass dies nicht völlig verheerend ist. Es wurde empfohlen, den gesamten Stock mit einer großen Kiste zu umschließen, die darüber angebracht und vollkommen verdunkelt wird, mit Belüftungsvorrichtungen usw. (Eine Schneebank wäre genauso gut, wenn nicht sogar besser.) Für große Familien wäre es gut genug, ebenso wie andere Methoden. Aber ich würde es viel lieber riskieren, sie alle in der Sonne stehen zu lassen und sie nach Belieben fortpflanzen zu lassen, als die mittelgroßen Familien von der Wärme der Sonne völlig auszuschließen. Ich habe noch nie erlebt, dass ein ganzer Bestand allein aus diesem Grund verloren ging. [20] Und doch habe ich viele Menschen erlebt, die verhungert sind, nur weil die Sonne den Frost auf den Waben nicht schmelzen konnte und ihnen so keine Chance gab, an ihre Vorräte zu gelangen.

FRESSEN DIE BIENEN MEHR, WENN SIE IM WINTER GELEGENTLICH HERAUSKOMMEN DÜRFEN?

Außer dem Verlust der Bienen im Schnee, wenn sie in der Sonne stehen und sich gelegentlich lüften, gibt es einige sparsame Imker, die diesen Nachteil anführen: „Jedes Mal, wenn die Bienen im Winter herauskommen, geben sie ihren Kot ab und fressen aufgrund des leeren Raums mehr Honig." Was für eine lächerliche Absurdität wäre es, dieses Prinzip auf das Pferd anzuwenden, dessen Gesundheit, Kraft und Lebenswärme durch die Aufnahme von Nahrung aufrechterhalten werden! Und es gibt keinen Landwirt, der auf die Idee käme, sein Futter auf die gleiche Weise zu sparen. Dass Bienen bei kaltem Wetter auf der Grundlage desselben Prinzips überleben, ist stark, wenn auch nicht schlüssig belegt.

Ist es nicht besser (sofern das zum Thema Überwinterung der Bienen Gesagte zutrifft), unsere Bienen möglichst warm und komfortabel zu halten, um so den Honig zu sparen?

Um Bienen optimal überwintern zu lassen, ist viel Sorgfalt erforderlich. Wenn Sie dazu neigen, sie zu vernachlässigen, sollten Sie bedenken, dass ein früher Schwarm mehr wert ist als zwei späte; ihr Zustand im Frühjahr ist oft ausschlaggebend dafür. Wie ein Gespann Rinder oder Pferde sind sie bei gutem Winter für eine gute Saisonarbeit bereit, bei schlechtem Winter jedoch müssen sie lange nachwachsen, bevor sie viel wert sind.

KAPITEL XXIII.

Die Klugheit der Bienen.

WERDEN BIENEN NICHT ALLEIN DURCH IHREN INSTINKT GELEITET?

Zu diesem Thema habe ich nur wenig zu sagen, da ich in einem Schwarm nichts ungewöhnlich Bemerkenswertes, Besonderes und Besonderes entdecken konnte, das ein anderer nicht auch aufweisen würde. Ich habe einen Schwarm gefunden, der allein von seinem Instinkt geleitet wurde und genau das tat, was ein anderer unter denselben Umständen tun würde.

Schriftsteller, die sich mit den erstaunlichen Ergebnissen des Instinkts nicht zufrieden geben, sondern in ihrer Liebe zum Wunderbaren ihren anderen Fähigkeiten eine gute Portion Vernunft hinzufügen müssen – „eine Anpassung der Mittel an die Zwecke, die nur die Vernunft hervorbringen kann." Es ist sehr wahr, dass man ohne genaue Untersuchung und Vergleich der Ergebnisse verschiedener Schwärme in ähnlichen Fällen zu einer solchen Schlussfolgerung gelangen könnte. Es ist schwierig, wie alle zugeben werden, „zu sagen, wo der Instinkt endet und die Vernunft beginnt". Beispiele für Scharfsinn wie das folgende wurden erwähnt. „Wenn das Wetter warm und die Hitze im Inneren etwas drückend ist, kann man eine Anzahl Bienen sehen, die um den Eingang herum stehen und mit ihren Flügeln vibrieren. Die Bienen im Inneren drehen ihre Köpfe in Richtung des Durchgangs, während die Bienen im Freien ihre in die andere Richtung drehen. Dadurch entsteht eine ständige Luftbewegung, wodurch der Stock wirksamer belüftet wird." *Alle vollen Stöcke tun dies bei heißem Wetter.*

WAS SIE MIT PROPOLIS MACHEN.

"Eine Schnecke war in den Stock eingedrungen und hatte sich an der Glaswand festgesetzt. Da die Bienen sie mit ihren Stacheln nicht durchdringen konnten, fixierten die schlauen Ökonomen sie unbeweglich, indem sie lediglich den Rand der Öffnung des Gehäuses mit Harz (Propolis) am Glas festklebten, und so wurde sie lebenslang gefangen." Der Instinkt, der im August zum Sammeln von Propolis und zum Ausbessern aller Risse, Risse und Unebenheiten im Stock veranlasst, würde die Ränder des Schneckengehäuses am Glas festkleben und einen kleinen Stein, Holzblock, Span oder irgendeinen anderen Stoff, den sie nicht entfernen können, auf die gleiche Weise damit befestigen. Die Ränder oder der Boden des Stocks werden, wenn sie sich in unmittelbarer Nähe des Bodens befinden, mit diesem Stoff daran befestigt. Was auch immer das Hindernis sein mag, es wird ziemlich sicher eine Schicht davon erhalten. Die Stopfen für die Löcher an der Oberseite werden nach dem gleichen Prinzip an ihrem Platz gehalten;

und die unerklärliche Klugheit, die einst eine kleine Tür verschlossen hat, ist möglicherweise nichts weiter als derselbe Instinkt.

Ich denke, dass sich ein anderer Grundsatz als allgemeingültig für sie herausstellen wird, statt der scharfsinnigen Argumentation.

Wenn Waben in einem Stock zerbrochen oder neue hinzugefügt wurden, wie im Kapitel zur Herbstkontrolle erwähnt, besteht die erste Aufgabe der Bienen darin, sie so zu befestigen, wie sie sind. Wenn sich die Kanten nahe der Seite des Stocks befinden oder sich zwei Waben berühren, wird ein Stück Wachs abgelöst und zum Verbinden der beiden verwendet oder an die Seite gelegt.

KAPUTTGEGANGENE KÄMME REPARIEREN.

Wenn sich zwei Waben nicht berühren, aber dennoch nahe beieinander liegen, wird ein kleiner Steg zwischen den beiden Waben angebracht, der jede Annäherung verhindert. (Dies kann man sich veranschaulichen, indem man den Bienenstock nach dem Befüllen mit Waben bei warmem Wetter ein paar Zentimeter aus der Senkrechten dreht.)

Schaffen Sie Durchgänge zu jedem Teil ihrer Kämme.

Sollten sich aus irgendeinem Grund fast alle Waben im Stock lösen und in einem „großen Zusammenbruch" auf dem Boden liegen, sind ihre ersten Schritte, wie gerade beschrieben, Säulen von einer zur anderen, um sie so zu halten, wie sie sind. In ein paar Tagen, bei warmem Wetter, werden sie sich durch jeden Teil der Masse hindurch Passagen geschaffen haben, indem sie Waben dort wegbeißen, wo sie in Kontakt sind; kleine Wachssäulen darunter, die die Waben darüber stützen – unregelmäßig, sicher, aber so gut, wie es die Umstände zulassen. Kein einziges Stück kann entfernt werden, ohne es von den anderen abzubrechen, und das Ganze wird fest zusammengeklebt. Ein Stück Wabe, gefüllt mit Honig und versiegelt, kann in eine Glasbox gelegt werden, wobei die Enden dieser so versiegelten Zellen das Glas berühren. Das Prinzip, keinen Teil ihrer Behausung an einer unzugänglichen Stelle zu lassen, wird bald deutlich. Sie beißen sofort die Enden der Zellen ab, entfernen den Honig, der im Weg ist, und graben einen Durchgang neben dem Glas, wobei sie ein paar Stangen zwischen ihr und der Wabe lassen, um sie zu stabilisieren und in ihrer Position zu halten. Eine einzelne Wabenplatte, die flach auf dem Boden eines großen Schwarms liegt, wird an der Unterseite weggeschnitten, um in alle Richtungen einen Durchgang zu schaffen, wobei zahlreiche kleine Wachssäulen als Stütze stehen bleiben. Wie jemand, der die Bienen regelmäßig mit einiger Aufmerksamkeit beobachtet, zu dem Schluss kommen kann, dass die Bienen solche Waben mit mechanischen Mitteln aufgezogen und dann zur Stütze unter die Stützen gelegt haben, ist ziemlich merkwürdig. Ich habe nie erlebt, dass sie sich wie vernünftige Wesen zu einem solchen Zweck zusammengetan haben.

Diese Dinge sind, wenn man sie als Auswirkung des Instinkts betrachtet, nichtsdestotrotz wunderbar. Ich bin mir nicht sicher, ob diese Weisheit noch größer ist, als wenn man ihnen die Fähigkeit gegeben hätte, ihre eigenen Aktionen zu planen.

Ich habe diese erwähnt, um zu zeigen, dass eine Vorgehensweise, die durch die besondere Situation einer Familie bedingt ist, von einer anderen in einem ähnlichen Notfall nachgeahmt würde, ohne zu wissen, dass sie jemals zuvor durchgeführt wurde. Wäre ich mit einem fiktiven Werk beschäftigt, könnte ich meiner Fantasie freien Lauf lassen und versuchen, zu unterhalten, aber das ist nicht das Ziel. Versuchen wir also, mit der Wahrheit zufrieden zu sein und nicht über ihre Realität zu murren. Wenn wir uns die erstaunliche Regelmäßigkeit ansehen, mit der sie ihre Waben ohne einen Lehrer bauen, und uns daran erinnern, dass das wachsartige Material in den Ringen ihres Körpers geformt wird, dass sie zum ersten Mal in ihrem Leben, ohne die Anleitung eines erfahrenen Anführers, eine Klaue verwenden, um es abzutrennen, dass sie auf die Felder gehen und Vorräte sammeln, ohne dass ein Tyrann sie dazu auffordert, und dass während des gesamten Zyklus ihrer Aktivitäten ein Gesetz und eine Macht herrschen. Wer den Geist als lenkende Kraft suchen möchte, muss über das Sensorium der Biene hinaus nach der Quelle von allem suchen, was wir in ihnen sehen!

KAPITEL XXIV.

Honig und Wachs sieben.

Wenn ich den Inhalt eines Bienenstocks entfernen wollte, habe ich es nie für notwendig befunden, alle oft empfohlenen Vorsichtsmaßnahmen zu ergreifen, um den Zugang von Bienen zu verhindern. Ich habe gelesen, dass ein Raum mit offenem Kamin ungeeignet wäre, da die Bienen den Honig riechen und so ihren Weg in den Raum finden würden. Ich war nie so beunruhigt über ihre senkrechte Bewegung. Es stimmt, wenn der Tag warm war und eine Tür oder ein Fenster offen stand, fanden die Bienen bei Honigknappheit ihren Weg hinein. Aber bei geschlossenen Türen und Fenstern muss man keine Schwierigkeiten befürchten.

Methoden zum Entfernen von Waben aus dem Bienenstock.

Die bequemste Methode, Waben aus dem Stock zu entfernen, besteht darin, eine Seite abzunehmen. Dadurch können die Bretter jedoch leicht gespalten werden, wenn sie richtig genagelt wurden, und bei späterer Verwendung beschädigt werden. Mit Werkzeugen wie den beschriebenen kann dies sehr gut durchgeführt werden, und der Stock bleibt unversehrt. Der Meißel sollte die Abschrägung ganz auf einer Seite haben, wie die von Zimmerleuten verwendeten. Wenn Sie beginnen, drehen Sie die flache Seite neben das Brett des Stocks, und die von den Waben umgebene Abschrägung folgt ihr über die gesamte Länge. Mit dem anderen Werkzeug werden sie oben abgeschnitten und leicht herausgehoben. Wenn Sie möchten, können Sie sie in der Nähe der Mitte abschneiden und jeweils ein halbes Blatt herausnehmen. Dies ist manchmal aufgrund der Querstäbe erforderlich.

VERSCHIEDENE METHODEN ZUM SIEBEN VON HONIG.

Waben, die aus der Mitte oder der Nähe von Brutzellen entnommen werden, sind im Allgemeinen nicht zum Verzehr geeignet; sie sollten abgeseiht werden. Dafür gibt es mehrere Methoden. Eine besteht darin, die Waben zu zerdrücken, in einen Beutel zu geben und diesen über ein Gefäß zu hängen, um den auslaufenden Honig aufzufangen. Dies funktioniert sehr gut für kleine Mengen bei warmem Wetter oder im Herbst, bevor etwas davon kandiert wird. Eine andere Methode besteht darin, solche Waben in ein Sieb zu geben, dieses über eine Pfanne zu stellen und es in einen Ofen zu stellen, nachdem das Brot herausgenommen wurde. Dadurch schmelzen die Waben. Der Honig und ein Teil des Wachses laufen zusammen heraus. Das Wachs steigt nach oben und kühlt in einem Kuchen ab. Es ist etwas anfällig für Anbrennen und erfordert etwas Sorgfalt. Viele bevorzugen diese Methode, da sie weniger nach Bienenbrot schmeckt, da keine Zellen, die es enthalten, aufgewühlt werden, aber der gesamte Honig läuft nicht sicher aus, ohne ihn umzurühren. Wenn Sie es vermeiden, können zwei Qualitäten hergestellt werden, indem Sie die erste getrennt aufbewahren. Eine andere Methode besteht darin, die Waben einfach fein zu zerbrechen und in ein Sieb zu geben, den Honig ohne viel Hitze abtropfen zu lassen und anschließend die kleinen Partikel abzuschöpfen, die nach oben steigen, oder, wenn es ganz genau sein muss, den Honig durch ein Tuch oder ein Stück Spitze zu passieren. Für große Mengen ist es jedoch schneller, eine Dose und ein Sieb zu haben, die für diesen Zweck hergestellt wurden, mit denen 50 Pfund oder mehr auf einmal verarbeitet werden können. Die Dose besteht aus Blech, ist zwölf oder vierzehn Zoll tief und hat oben auf jeder Seite Griffe zum Anheben. Das Sieb ist gerade klein genug, um in die Dose zu passen; die Höhe kann erheblich geringer sein, vorausgesetzt, es gibt auf jeder Seite Griffe zum Herausziehen nach oben; der Boden ist wie bei einem Sieb mit Löchern versehen, die Waben werden hineingelegt und das Ganze in einen Kessel mit kochendem Wasser gestellt und ohne Verbrennungsgefahr erhitzt, bis das gesamte Wachs geschmolzen ist (was durch Umrühren festgestellt werden kann), und dann kann es herausgenommen werden. Das ganze Wachs, Bienenbrot usw. wird in wenigen Minuten aufgehen. Das Sieb kann nun oben herausgehoben und zu diesem Zweck auf einen Rahmen gestellt werden, oder es kann einfach leicht auf eine Seite gekippt werden, sodass es auf dem oberen Rand der Dose ruht. Man kann es abkühlen lassen, bevor man das Sieb heraushebt, wenn es nicht dazu neigt, an den Wänden der Dose zu kleben; der Honig wäre genauso rein und würde sich fast genauso sauber von Wachs und Bienenbrot usw. trennen. Wenn der Inhalt vor dem Abkühlen herausgehoben wird, sollte er wiederholt umgerührt werden, sonst bleibt eine beträchtliche Menge Honig übrig. Zwei Qualitäten können hergestellt werden, indem man den ersten, der durchläuft, getrennt vom letzten hält (beim Umrühren wird das Bienenbrot herausgelöst). Sogar eine dritte Qualität kann erreicht werden, indem man ein wenig Wasser hinzugibt und den Vorgang wiederholt. Das ist aber wenig wert. Wenn man das Wasser auskocht, ohne es zu verbrennen, und den Schaum entfernt, reicht es als Bienenfutter. Wenn man Wasser hinzugibt, bis es gerade so groß ist, wie eine Kartoffel, es kocht, abschöpft und gären lässt, erhält man Metheglin , oder wenn man die Gärung fortschreiten lässt, erhält man Essig. Gründlich erhitzter Honig kandiert nicht so leicht, als wenn er ohne Hitze abgeseiht wird. Um zu verhindern, dass er zu hart wird, kann man ein wenig Wasser hinzufügen; sollte er aber bei kaltem Wetter hart werden, kann man ihn jederzeit erwärmen und Wasser hinzufügen, bis er die richtige Konsistenz hat.

WACHS ENTFERNEN – VERSCHIEDENE METHODEN.

ganze Wachs herauszubekommen . Aber ich schätze, ich bin dem Ziel so nahe gekommen wie jeder andere. Einige empfehlen, es im Ofen zu erhitzen, ähnlich wie man Honig durch ein Sieb seiht, aber ich habe festgestellt, dass dabei mehr verloren geht, als wenn man es mit Wasser schmelzt. Bei kleinen Mengen ist es besser, einen groben, stabilen Beutel zur Hälfte mit Wabenabfällen und ein paar Pflastersteinen zu füllen, um ihn untergehen zu lassen, und ihn in einem Kessel mit Wasser zu kochen, wobei man ihn häufig drückt und dreht, bis das Wachs nicht mehr aufsteigt. Wenn der Inhalt des Beutels geleert ist, indem man eine Handvoll ausdrückt, werden die Wachspartikel sichtbar und man kann so die weggeworfene Menge abschätzen. Bei großen Mengen ist das obige Verfahren ziemlich mühsam. Es kann durch zwei Hebel erleichtert werden, die vier oder fünf Fuß lang und etwa vier Zoll breit sind und am unteren Ende mit einem starken Scharnier befestigt sind. Die Waben werden in einen Kessel mit kochendem Wasser gelegt und schmelzen fast augenblicklich; Anschließend wird es in den Beutel gefüllt und zwischen den Hebeln in einem Waschbottich oder einem anderen großen Gefäß herausgenommen und gepresst, wobei der Inhalt des Beutels während des Vorgangs mehrere Male geschüttelt und gewendet und bei Bedarf wieder in das kochende Wasser gegeben und erneut gepresst wird. Das Wachs wird nun mit etwas Wasser erneut geschmolzen und erneut durch feinere Tücher in Gefäße gesiebt, die es in die gewünschte Form bringen . Da sich das Sediment beim Schmelzen am Boden des Wachses absetzt, kann ein Teil fast rein abgenommen werden, ohne dass es gesiebt werden muss.

Wachs kann bei kühlem Wetter in kurzer Zeit in der Sonne weiß werden, aber es muss in sehr dünnen Flocken vorliegen. Diese Form erhält man leicht, wenn man ein sehr dünnes Brett oder eine Schindel verwendet, die man zuerst gründlich anfeuchtet und dann in reines geschmolzenes Wachs taucht. Es bleibt genug haften, um die gewünschte Dicke zu erreichen, und es kühlt sofort ab, wenn man es herauszieht. Wenn man ein Messer an den Kanten entlangzieht, lässt es sich leicht abspalten. Wenn es in einem Fenster oder auf dem Schnee der Sonne ausgesetzt wird, wird es vollkommen weiß und kann zu Kuchen für den Markt verarbeitet werden, wo es einen viel höheren Preis erzielt als das gelbe. Es heißt, es gebe ein chemisches Verfahren, mit dem es leicht weiß wird, aber ich kenne es nicht.

KAPITEL XXV.

Kauf von Beständen und Transport von Bienen.

Wenn der Leser keine Bienen hat und dennoch Interesse oder Geduld hatte, mir bis hierhin zu folgen, ist dies ein mutmaßlicher Beweis dafür, dass er die nötige Ausdauer besitzt, um sich um sie zu kümmern. Es wäre jedoch gut, sich die Sorgen, Verwirrungen und die Zeit, die für die richtige Pflege erforderlich sind, sowie die Vorteile und den Nutzen vor Augen zu führen.

Wenn Sie jedoch geneigt sind, das Experiment zu wagen, wären einige Anweisungen für den Anfang höchstwahrscheinlich akzeptabel.

WARUM DAS WORT GLÜCK AUF BIENEN ANWENDET WIRD.

Bei Aktien dieser Art herrschte so viel Unsicherheit, dass das Wort *Glück* zu viel ausdrückte. Einige waren erfolgreich, während andere völlig scheiterten; dies legte die Idee nahe, dass *das Glück* von der Art und Weise abhing, wie die Aktien beschafft wurden; und auch hier scheint es, wie immer, wenn etwas erraten wird, eine Vielzahl von Meinungen zu geben. Einer wird behaupten, dass die „wankelmütige Dame" in Gunst gezogen wird, indem man zunächst ein oder zwei Aktien stiehlt und sie nach einer Weile zurückgibt. Ein anderer (vielleicht etwas gewissenhafter) sagt, dass man sie zwar ohne *Erlaubnis nehmen muss* , aber einen Gegenwert in Geld auf dem Stand lassen muss. Ein anderer sagt, dass die einzige Möglichkeit, einen wirksamen Zauber zu erlangen, darin besteht, Schafe gegen sie einzutauschen; und noch ein anderer sagt, dass *Bienen immer ein Geschenk sein müssen* . Alle diese Methoden wurden mir gratis angeboten, mit Ernsthaftigkeit, geeignet, Eindruck zu machen. Und schließlich wurde noch eine andere Methode entdeckt, und zwar: Wenn Sie ein paar Bienenbestände brauchen, kaufen Sie sie, ja, und bezahlen Sie auch dafür, in Dollar und Cent, oder nehmen Sie sie für eine gewisse Zeit gegen einen Anteil am Zuwachs, wenn es Ihren finanziellen Mitteln am besten entspricht. Und Sie müssen sich für Ihren Erfolg nicht auf Zauber *oder* mystische Kräfte verlassen – wenn Sie das tun, kann ich die ungünstige Vorhersage eines Misserfolgs nicht vermeiden. Es ist wahr, dass einige zufällig ein paar Jahre lang Erfolg hatten; ich sage zufällig, denn wenn sie keine wahren Grundsätze der Unternehmensführung haben, muss es das Ergebnis eines Zufalls sein. Manche sagen, dass „ein Mann nur ein paar Jahre auf einmal Glück haben kann", und andere überhaupt keins, obwohl sie die ganze Zaubertrick-Routine ausprobieren. Vor fast zwanzig Jahren, als mein geschätzter Nachbar eine „Wende in meinem Glück vorhersagte, weil es immer so war", konnte ich die Kraft dieser Schlussfolgerung nicht verstehen, es sei denn, es liege in der Natur der Bienen, zu verfallen und folglich auszusterben. Ich beschloss sofort, diesen Punkt zu klären. Ich konnte verstehen, dass ein Bauer oft keine Ernte einfahren würde, wenn er sich für seinen Erfolg auf Zufall oder Glück statt auf feste Naturprinzipien verließ. Es war möglich, dass es bei Bienen ähnlich war. Ich fand heraus, dass in guten Jahreszeiten die meisten Menschen Glück hatten, in schlechten Jahreszeiten jedoch das Gegenteil, und wenn zwei oder drei hintereinander auftraten, war die Zeit gekommen, ihr Glück zu verlieren. Es war also offensichtlich, dass ich in guten Jahreszeiten gut genug abschneiden würde, wenn ich die schlechten Jahreszeiten auf irgendeine Weise sicher überstehen konnte. [21] Das Ergebnis hat mir kaum Anlass zur Klage gegeben. Mein Rat ist daher, dass man sich auf eine gute Verwaltung verlassen sollte, statt auf Glück, das sich aus der Art und Weise ergibt, wie der erste Bestand erworben wurde. Sollte jemand geneigt sein, Ihnen einen oder zwei Bienenstöcke zu schenken, rate ich Ihnen, das Angebot anzunehmen und dankbar zu sein und alle Befürchtungen eines Misserfolgs aus diesem Grund beiseite zu legen. Oder wenn jemand dazu bereit ist, sollten Sie einige auf Aktien kaufen; das ist ein billiger Weg, um anzufangen, und Sie laufen kein Risiko, den alten Bestand zu verlieren. Wenn die Bienen jedoch gedeihen, ist der Zins auf das Geld, das die Aktien kosten, im Vergleich zum Wertzuwachs eine Kleinigkeit, und Sie haben die gleichen Probleme. Andererseits kann sich der Bienenbesitzer leisten, ein paar Bienenstöcke mehr zu pflegen, für die Hälfte des Gewinns, den er abgeben müsste, wenn ein anderer sie nimmt; das ist wahrscheinlich besonders bei denen der Fall, die nicht an Zauber glauben.

REGELN FÜR DIE NIMMUNG EINES BIENENANTEILS.

Die Regel für die Bienenhaltung ist im Allgemeinen folgende: Ein oder mehrere Bienenstöcke werden für einen Zeitraum von mehreren Jahren gehalten. Die Person, die die Bienenstöcke hält, besorgt Bienenstöcke und Kästen, kümmert sich um sie und gibt die alten Bienenstöcke zusammen mit der Hälfte des Zuwachses und Gewinns an den Eigentümer zurück.

EIN MANN KANN SEIN „GLÜCK" VERKAUFEN.

Es gibt jedoch einige Leute, die sich weigern, einen Bienenbestand zu verkaufen, weil das „Unglück" bringt. Für diese Annahme gibt es oft einige Gründe. Sie könnte unter den folgenden Umständen aufkommen. Angenommen, jemand hat ein halbes Dutzend Bienenstöcke, drei besonders gute, die anderen am anderen Ende. Er verkauft seine drei besten, um einen besseren Preis zu erzielen. Es besteht kaum ein Zweifel, dass auch sein bestes „Glück" verloren geht! Aber wenn ihm seine schlechtesten weggenommen würden, wäre das Ergebnis zweifellos anders.

Es gibt jedoch Fälle, in denen ein Imker mehr Vorräte hat, als er behalten möchte. (Das ist mir schon oft passiert.) Personen, die verkaufen möchten, sind die richtigen Käufer. Käufer wollen selten andere als erstklassige

Vorräte, die sind im Allgemeinen am billigsten. Normalerweise liegt der Unterschied zwischen den Frühlings- und Herbstpreisen bei etwa einem Dollar, und fünf und sechs Dollar sind übliche Preise. Ich habe schon erlebt, dass sie bei Auktionen für acht Dollar verkauft wurden, aber in manchen Gegenden sind sie billiger.

FÜR DEN EINSTIEG EMPFOHLENE ERSTKLASSIGE AKTIEN.

Für den Anfang würde ich also empfehlen, nur erstklassige Bestände zu kaufen. Es macht kaum einen Unterschied, ob Sie sie im Frühjahr oder im Herbst kaufen, wenn Sie meine Bemerkungen zur Winterbewirtschaftung aufmerksam gelesen haben. Ich habe bereits gesagt, dass die Voraussetzungen für einen guten Bestand für den Winter eine große Familie und viel Honig sind und dass die Bienentraube fast alle Waben durchdringen sollte usw. Um kranke Brut so weit wie möglich zu vermeiden, suchen Sie einen Bienenstand, in dem sie noch nie aufgetaucht ist, und kaufen Sie dort welche. Es gibt einige, die dadurch Bienen verloren haben und die Ursache überhaupt nicht kennen. Es wäre daher gut, sich zu erkundigen, ob Bestände verloren gegangen sind, und dann nach der Ursache zu fragen – achten Sie darauf, dass sekundäre Ursachen nicht mit primären verwechselt werden.

ALTE BESTANDTEILE SIND SO GUT WIE JEDER ANDERE, WENN SIE GESUND SIND.

Wenn sich herausstellt, dass alle ausgenommen sind (durch eine gründliche Untersuchung, wenn Sie auch ohne diese nicht zufrieden sind), brauchen Sie gegen zwei oder drei Jahre alte Stämme nichts einzuwenden; sie sind genauso gut wie alle anderen, manchmal sogar besser (vorausgesetzt, sie haben in der vorherigen Saison geschwärmt, so ein Autor, weil diese immer junge Königinnen haben, die fruchtbarer sind als die alten, was bei allen ersten Schwärmen der Fall sein wird).

Alte Bestände gedeihen genauso gut wie alle anderen, solange sie gesund sind. Allerdings sind sie anfälliger für Krankheiten.

VORSICHT IM ZUSAMMENHANG MIT KRANKEM BRUT.

Wenn kein Bienenstand zum Kaufen zu finden ist, in dem die Krankheit nicht *bereits aufgetreten ist* , und Sie gezwungen sind, dort zu kaufen oder überhaupt nicht, können Sie nicht vorsichtig genug sein. In diesem Fall wäre es am sichersten, nur junge Schwärme zu nehmen, da es nicht so häufig vorkommt, dass sie in der ersten Saison befallen werden, aber sie sind nicht immer frei von der Krankheit. Aber auch hier ist es Ihnen vielleicht nicht erlaubt, alle jungen Bestände zu nehmen; in diesem Fall sollte das Wetter ziemlich kalt sein, die Bienen werden sich weiter oben zwischen den Waben aufhalten und Gelegenheit haben, die Waben zu inspizieren. Zu dieser

Jahreszeit, sagen wir nicht früher als im November, wird die gesamte gesunde Brut geschlüpft sein. Manchmal sind ein paar junge Bienen übrig, die ihre reife Form haben und wahrscheinlich durch plötzliches kaltes Wetter unterkühlt wurden – diese sind nicht das Ergebnis einer Krankheit, die Bienen werden sie in der nächsten Saison entfernen und es folgen keine schlechten Ergebnisse. Bei warmem Wetter kann eine zufriedenstellende Inspektion nur durch die Verwendung von Tabakrauch erfolgen. Achten Sie darauf, alle Bienen abzulehnen, die auch nur im Geringsten von der Krankheit befallen sind; es ist besser, darauf zu verzichten, als von vornherein solche zu nehmen. (Eine ausführliche Beschreibung dieser Krankheit wurde an anderer Stelle gegeben.)

FOLGE VON UNWISSEN BEIM EINKAUF.

Ein Nachbar kaufte dreizehn Stockbeuten; sechs waren alte, die anderen Schwärme der letzten Saison. Da die alten Stöcke schwer waren, hielt er sie natürlich für gut; entweder wusste er nichts von der Krankheit oder machte sich nicht die Mühe, sie zu untersuchen; fünf der sechs alten waren schwer befallen. Vier gingen bis auf den Honig völlig verloren; der fünfte hielt den Winter durch und musste dann umgesiedelt werden. Er hatte sich geschmeichelt, dass er sie sehr billig bekommen hatte, aber als er herausfand, was seine guten Stöcke kosteten, fand er in dieser Hinsicht keinen großen Grund, sich zu gratulieren.

GRÖSSE DER BIENENSTÖCKE WICHTIG.

Ein weiterer Punkt ist zu bedenken: Versuchen Sie, Bienenstöcke zu bekommen, die so nah wie möglich an der richtigen Größe liegen, *nämlich* 2.000 Kubikzoll; besser zu groß als zu klein. Wenn sie zu groß sind, können sie abgeschnitten werden, sodass sie die richtige Größe haben. Trotzdem ergibt sich oft eine unförmige Form, da sie im Verhältnis zur Höhe zu groß und quadratisch ist. Da die Form wahrscheinlich keinen Unterschied für das Wohlergehen der Bienen macht, ist das Aussehen nach dem Abschneiden der Hauptgrund.

Ein Bekannter hatte viele Bienen in sehr großen Bienenstöcken gekauft und fragte mich, was er damit machen solle, da er befürchtete, dass diese infolgedessen nicht gut schwärmen würden. Ich sagte ihm, dass das fraglich sei, wenn er sie nicht auf die richtige Größe zuschneide.

„Schneide sie ab! Wie soll das gehen? Da sind Bienen drin . “

„Das habe ich erwartet, aber es lässt sich fast genauso gut machen, als wenn es leer wäre.“

„Aber wird man davon nicht schrecklich gestochen?“

„Nicht oft: Wenn es bei warmem Wetter gemacht werden soll, räuchere ich sie gut aus, bevor ich anfange; *bei sehr kaltem Wetter* ist die beste Zeit, dann ist es unnötig; drehen Sie einfach den Boden des Bienenstocks um, markieren Sie die richtige Größe und nehmen Sie ihn mit einer scharfen Säge ohne Probleme ab.“

„Manche sind mit Kämmen gefüllt; die schneidet man doch nicht ab, oder?“

„Sicher; ich halte den gesamten Platz für Waben in einem Bienenstock über 2.000 Zoll für schlimmer als verloren.“

„Was verlangen Sie, damit mir meins abgeschnitten wird? Wenn ich es einmal miterleben konnte, tue ich es vielleicht das nächste Mal.“

„Die Kosten sind gering, aber wenn Sie Bienen halten wollen, sollten Sie alles lernen, was damit zusammenhängt, und von niemandem abhängig sein. Ich habe es getan, bevor ich jemals gesehen oder gehört habe, dass es getan wird.“ Ich gab ihm dann genaue Anweisungen, wie er vorgehen sollte, konnte ihn jedoch nicht überreden, es zu unternehmen.

WIE GROSSE BIENENSTÖCKE VERKLEINERT WERDEN KÖNNEN.

Kurze Zeit später ging ich an einem kalten Tag mit einer scharfen Säge, einem Winkelmesser usw. hin. Ich fand seine Bienenstöcke mit einer Innenfläche von 14 Zoll im Quadrat und einer Tiefe von 18 Zoll vor, die zusammen etwa 3.500 Zoll fassten. Von diesem Quadrat wären etwas mehr als 10 Zoll in der Höhe genau die richtige Größe. Um bequemer arbeiten zu können, stellte ich den Bienenstock umgedreht auf ein Fass, stellte ihn aufrecht hin, markierte die Länge und sägte ihn ab, ohne dass eine Biene ihn verließ. Es war sehr kalt (Quecksilber 6 Grad). Die Bienen kamen an die Ränder der Waben, wurden aber von der Kälte zurückgetrieben. Nach kurzer Zeit hatte ich sechs entfernt. Vier waren fast voll, als ich fertig war. Die anderen beiden waren es zu Beginn, aber sie waren wie der Rest markiert und abgesägt. Nachdem die Waben angebracht waren, trennte ich sie mit einem Messer ab und das so lose Stück des Bienenstocks wurde angehoben, so dass mehrere Zoll der Waben aus dem Bienenstock ragten. Nun schnitt ich die erste Wabe ab, bündig mit dem Boden des Bienenstocks. Auf der nächsten Wabe waren ein paar Bienen. mit einer Schreibfeder wurden diese in den Stock hinuntergebürstet; dieses Stück wurde dann entfernt und die Bienen auf der anderen Seite wurden ebenfalls hinuntergebürstet. Auf diese Weise wurden alle anderen entfernt und der Stock gerade voll hinterlassen. Nachdem der andere volle Stock auf beiden Seiten zersägt worden war, wurde ein kleiner Draht parallel zu den Platten hindurchgezogen und alle Waben auf einmal abgetrennt; jedes Stück wurde herausgenommen und die Bienen, die sich darauf versammelt hatten, zurückgebürstet; das Entfernen der losen Teile des Stocks war das Letzte, was getan wurde. Mein Arbeitgeber zog diese letzte Methode der anderen vor; doch wurde alles zu seiner Zufriedenheit durchgeführt, ohne Stechen oder andere Schwierigkeiten, außer der Mühe, sich ziemlich häufig die Finger aufzuwärmen. Tabakrauch hätte sie während der Operation fast genauso gut ruhig gehalten. Falls gewünscht, kann ein Stock beim Sägen auch aufrecht stehen.

MÄSSIGE WETTER EIGNEN SICH AM BESTEN, UM BIENEN ZU ENTFERNEN.

Vermeiden Sie beim Transport Ihrer Bienen möglichst die beiden Extreme von sehr kaltem oder sehr warmem Wetter. Bei letzterem sind die Waben fast so geschmolzen, dass das Gewicht des Honigs sie verbiegt, die Zellen platzen, der Honig verschüttet wird und die Bienen beschmiert werden. Bei sehr kaltem Wetter sind die Waben spröde und lösen sich leicht von den Seiten des Stocks. Wenn sie bei sehr kaltem Wetter bewegt werden müssen, sollten sie etwa eine Stunde vor dem Start aufgestellt werden. Die Bewegung der Bienen nach der Störung erzeugt beträchtliche Wärme; ein Teil davon wird auf die Waben übertragen und trägt zu ihrer Festigkeit bei.

VORBEREITUNGEN FÜR DEN TRANSPORT VON BIENEN.

Zur Vorbereitung des Transports eignen sich Stücke aus dünnem Musselin im Ausmaß von etwa einem halben Quadratmeter, die mit Teppichnägeln befestigt werden.

SICHERN DER BIENEN IM BIENENSTOCK.

Der Stock wird umgedreht, das Tuch darübergelegt, ordentlich gefaltet und mit einem Nagel an den Ecken und einem weiteren in der Mitte befestigt. Der Nagel wird auf etwa zwei Drittel seiner Länge zusammengedrückt, so dass der Kopf bequem herausgezogen werden kann. Wenn die Bienen eine große Entfernung zurücklegen und mehrere Tage eingesperrt werden müssen, wird das Musselin kaum ausreichen, da sie sich wahrscheinlich ihren Weg herausbeißen würden. Dann wäre etwas Stabileres erforderlich. Nehmen Sie ein Brett in der Größe des Bodens, schneiden Sie in der Mitte ein Loch aus, bedecken Sie es mit Drahtgewebe (wie dem für den Stockbau empfohlenen) und befestigen Sie es mit Nägeln. Dieses Brett wird an den Stock genagelt. Nachdem die Nägel eingeschlagen sind, schlagen Sie mit dem Hammer etwa einen Achtelzoll weiter ein; so lässt es an den Seiten und in der Mitte etwas Luft durch, was bei schweren Stöcken durchaus notwendig ist. Sehr kleine Familien könnten jedoch auch ohne Drahtgewebe sicher sein; außer bei warmem Wetter würde genügend Luft zwischen Stock und Brett zirkulieren. Neue Kämme brechen leichter als alte.

BESTE TRANSPORTMÖGLICHKEIT.

Das wahrscheinlich beste Transportmittel ist ein Wagen mit elliptischen Federn. Ein Wagen ohne Federn ist jedoch schlecht, insbesondere für junge Tiere. Ich habe schon erlebt, dass sie auf diese Weise sicher transportiert wurden, aber es erforderte etwas Sorgfalt beim Beladen mit Heu oder Stroh unter und um sie herum und vorsichtiges Fahren. Ein guter Schlitten ist sehr gut geeignet und nach Ansicht einiger die beste Methode.

Bienenstock soll umgedreht werden.

Unabhängig von der verwendeten Transportmethode sollte der Stock umgedreht werden. Die Waben liegen dann alle dicht oben und brechen weniger leicht, als wenn sie aufrecht stehen, da das gesamte Gewicht der Waben dann von den Befestigungen oben und an den Seiten getragen wird und sie sich leicht lösen und fallen. Wenn Bienen so umgedreht werden, kriechen sie nach oben; bei teilweise gefüllten Stöcken verlassen sie oft fast alle die Waben und gelangen auf die Abdeckung. Kurz nach dem Aufstellen kehren sie zurück, außer bei sehr kaltem Wetter, wenn einige manchmal erfrieren; daher ist ein warmer Raum erforderlich, um sie für kurze Zeit unterzubringen.

Nachdem sie einige Meilen getragen wurden, ist die Neigung zum Stechen im Allgemeinen verschwunden, es gibt jedoch einige Ausnahmen. Bei gemäßigtem Wetter zeigen Bienen, wenn sie eingesperrt sind, eine beharrliche Entschlossenheit, ihren Weg nach draußen zu finden, insbesondere nachdem sie bewegt und etwas gestört wurden. Ich habe erlebt, dass sie in drei Tagen Löcher durch Musselin beißen. Dieselbe Schwierigkeit tritt häufig auf, wenn man versucht, sie im Winter im Haus mit Musselin im Stock einzusperren, außer wenn sie an einem kalten Ort gehalten werden. Sollten Waben in nicht gefüllten Stöcken durch Bewegung oder einen anderen Unfall zerbrechen oder sich von ihrer Befestigung lösen, so dass sie beim Aufstellen herunterfallen könnten, kann der Stock, falls nötig, umgedreht auf dem Ständer bleiben, bis warmes Wetter kommt und die Bienen sie wieder befestigt haben, was sie bald nach Arbeitsbeginn im Frühjahr tun. Wenn sie so stark zerbrochen sind, dass sie sich umbiegen, können Papierrollen zwischen sie gelegt werden, um den richtigen Abstand einzuhalten, bis sie befestigt sind. Wenn sie mit dem Bau neuer Waben beginnen oder vorher, ist es Zeit, das rechte Ende nach oben zu drehen. Wenn der Bienenstock umgedreht ist, muss sich an der Seite unbedingt ein Loch befinden, durch das die Bienen arbeiten können. Ein Brett sollte eng über den Boden passen und abgedeckt sein, um wirksam zu verhindern, dass Wasser unter die Bienen usw. gelangt.

ABSCHLUSS.

Abschließend möchte ich sagen, dass der Imker, der mir aufmerksam gefolgt ist und seinem Wissensschatz nichts Wertvolles hinzugefügt hat, über eine beneidenswerte Erfahrung verfügt, die jeder anstreben sollte.

Es heißt, dass „drei von fünf, die eine Imkerei eröffnen, scheitern müssen", aber nehmen wir an, dass dies auf Unwissenheit oder Unachtsamkeit zurückzuführen ist und nicht an den Bienen liegt. Dem Anfänger möchte ich also sagen: Wenn Sie eine der köstlichsten Süßigkeiten für Ihren eigenen Verzehr oder einen Profit in Dollar und Cents erhalten möchten, werden Sie etwas Notwendigeres finden, als nur die Schüssel zu halten, um den Brei zu erhalten. „ SEHEN SIE IHRE BIENEN OFT ", und kennen Sie jederzeit ihren tatsächlichen Zustand. Dieses eine Rezept ist mehr wert als alle anderen, die man geben kann; es steht an der Spitze der Pflichten; *alle anderen beginnen hier* . Sogar das große Geheimnis der erfolgreichen Bekämpfung der Würmer – HALTEN SIE IHRE BIENEN STARK – muss an diesem Punkt seinen Anfang nehmen. Wenn Sie das obige Motto in die Tat umsetzen, vollständig und mit Ausdauer umsetzen, können Sie alle vernünftigen Erwartungen kaum verfehlen. Vermeiden Sie übermäßige Besorgnis über eine schnelle Zunahme der Bestände; versuchen Sie, mit einem guten Schwarm aus einem Bestand pro Jahr zufrieden zu sein, Ihre Chancen sind besser als mit mehr; Erwarten Sie die goldene Ernte nicht zu früh. Sie werden wahrscheinlich gezwungen sein, einige der *extravaganten* Berichte über die Gewinne aus der Imkerei zu verwerfen. Dennoch werden Sie feststellen, dass ein Bestand seinen Preis oder Produktwert verdreifacht oder vielleicht sogar vervierfacht, während der andere nichts bringt. In einigen besonders günstigen Jahreszeiten werden Ihre Bestände zusammen eine Rendite von ein- oder zweihundert Prozent abwerfen – in anderen erzielen sie kaum eine Rendite für den Aufwand. Die richtige Schätzung kann erst nach einigen Jahren vorgenommen werden, wenn Sie sie umsichtig verwaltet haben und Ihre Ideen nicht zu extravagant waren, und Sie dann vollkommen zufrieden sein werden. Ich habe erlebt, dass ein einziger Bestand in einer Saison mehr als zwanzig Dollar an Schwärmen und Honig einbrachte und neunzig Bestände über neunhundert Dollar einbrachten, obwohl einige davon nicht einen Pfennig zum Betrag beitrugen. Ich möchte niemanden dazu verleiten, mit der Bienenhaltung anzufangen und sie mit Ekel und Enttäuschung zu beenden. Aber ich möchte alle geeigneten Personen ermutigen, ihre Fähigkeiten in der Bienenhaltung zu versuchen. Ich sage geeignete Personen, weil es viele, sehr viele gibt, die für diese Aufgabe nicht geeignet sind. Der nachlässige, unaufmerksame Mensch, der seine Bienen von Oktober bis Mai unbeachtet lässt, wird sich wahrscheinlich über mangelnden Erfolg beschweren.

Wer keine Zeit findet, sich um seine Bienen zu kümmern, aber eine Stunde am Tag damit verbringen kann, in der Kneipe in der Nachbarschaft Klatsch und Tratsch zu hören, ist für dieses Geschäft ungeeignet. Wer jedoch ein

Zuhause hat und merkt, dass seine Zuneigung zwischen diesem und seinen Kneipenkameraden zu schwanken beginnt, und sein Interesse von unrentablen Gesellschaftsmitgliedern abziehen möchte, aber nichts hat, das die Macht hätte, diese Bindung zu lösen, was kann er mit besserer Aussicht auf Erfolg tun, als sich der Bienenhaltung zu widmen? Sie bringen reichliche Erträge für jede kleine Pflege. Finanzielle Vorteile sind nicht alles, was man gewinnen kann – viele Punkte bezüglich ihrer Naturgeschichte liegen noch im Dunkeln, und viele sind umstritten. Wäre es nicht eine Quelle der Befriedigung, ein paar weitere Fakten zu diesem interessanten Thema beitragen zu können, die Wissenschaft zu bereichern und einen Anteil am Gesamtfonds zu haben? Angenommen, alle Geheimnisse ihrer Ökonomie würden entdeckt und aufgeklärt, sodass jede Möglichkeit weiterer Ergänzungen ausgeschlossen wäre, wäre das Studium dann trocken und eintönig? Im Gegenteil, die von uns selbst bezeugte Bestätigung wäre so faszinierend und lehrreich, dass wir nicht umhin können, den Zustand des Menschen zu bemitleiden, der nur im Groben und Sinnlichen Befriedigung findet. Es wurde bemerkt, dass „derjenige, der in diesem und anderen Zweigen der Naturgeschichte keine heilsame Übung für seine geistigen Fähigkeiten findet, die ihn zur Gewohnheit der Beobachtung und Reflexion macht, ein Vergnügen, das so leicht zu erlangen ist, ungetrübt durch irgendeine entwürdigende Mischung – das dazu neigt, seinen Geist zu erweitern und zu harmonisieren und ihn zu Vorstellungen der majestätischen, erhabenen, heiteren und schönen Einrichtungen zu erheben, die der Gott der Natur geschaffen hat, über eine beklagenswerte Organisation verfügen muss oder von wahrhaft beklagenswerten Umständen umgeben sein muss.“ Ich würde das Studium der Honigbiene empfehlen, da es am besten geeignet ist, das Interesse der Gleichgültigen zu wecken. Was kann die Aufmerksamkeit so fesseln wie ihre Struktur – ihr Fleiß beim Sammeln von Vorräten für die Zukunft – ihre Absonderung von Wachs und das Formen davon in Strukturen mit einer mathematischen Präzision, die die tiefsinnigsten Philosophen in Erstaunen versetzt – ihre mütterliche und brüderliche Zuneigung bei der Erfüllung aller Bedürfnisse der Mutter und ihre eifrige Fürsorge beim Aufziehen ihres Nachwuchses bis zur Reife – ihre unerklärliche Instinktausstrahlung in Notfällen oder bei Unfällen, die den Betrachter mit Staunen und Verwunderung erfüllt? Der Geist, der über solche erstaunlichen Vorgänge nachdenkt, kann es nicht vermeiden, über diese Ergebnisse hinaus auf ihren göttlichen Urheber zu blicken. Daher sollte jeder Geist, der einen Lichtstrahl aus den geheimnisvollen Vorgängen der Natur wahrnimmt und auch nur die geringste Freude daran empfinden kann, den Weg verfolgen, der immer noch zur weiteren Verfolgung einlädt. Jede neue Errungenschaft wird zusätzliche Befriedigung bringen und beim nächsten Versuch helfen, der mit erneuerter und ständig wachsender Begeisterung begonnen wird; und aus der Betrachtung wird ein weiseres, besseres und edleres Wesen hervorgehen, weit überlegen gegenüber jenen, die nie über die Befriedigung des bloßen Tieres hinausgekommen sind, das im Dunkeln kriechend umherkriecht . Gibt es im gesamten Kreis der unerschöpflichen Vorratskammer der Natur eine Wissenschaft, die verlockender ist als diese? Welche ist erhebender und verfeinernder und bringt zugleich als finanzielle Belohnung Gewinne ein?

Was wäre das Ergebnis in der Summe des Honigs, der jährlich in den Blüten der Vereinigten Staaten produziert wird? Angenommen, wir schätzen die Produktion eines Acres auf ein Pfund Honig, was an den meisten Orten nur einen kleinen Teil des tatsächlichen Produkts ausmacht; da jedoch sehr viele Acres mit Wasser und Wald bedeckt sind, [22] diese Schätzung ist wahrscheinlich für den Durchschnitt ausreichend. Dieser Staat (New York) umfasst 47.000 Quadratmeilen; 640 Acres in einer Quadratmeile ergeben etwas mehr als 30.000.000, und wenn jeder Acre sein Pfund Honig produziert, kommen wir auf das Gesamtergebnis von 30.000.000 Pfund Honig. Wenn wir die Staaten Pennsylvania, Ohio und Michigan hinzufügen, kommen wir auf eine Menge von über 126.000.000 Pfund. Wie hoch diese Menge ausfallen könnte, wenn wir alle Staaten einbeziehen, können diejenigen, die dazu bereit sind, feststellen. Für unseren Zweck ist genug klargestellt, und das heißt, dass jetzt nur ein kleiner Posten einer enormen Menge gesichert ist.

Fußnoten

[1] Die Gegner dieser Hypothese werden im Allgemeinen zu denjenigen gehören, die keine plausiblere Erklärung liefern können. Diejenigen, die die Tatsache ablehnen, dass eine Biene die Mutter der gesamten Familie ist, werden wahrscheinlich zur selben Gruppe gehören.

[2] Siehe Anhang von Cottage Bee-keeper, Seite 118.

[3] Man sollte bedenken, dass Mr. Miner in seinem Handbuch, in dem er diese Größe (1.728 Zoll) für alle Situationen empfiehlt, auf Long Island lebte. Seit seinem Umzug nach Oneida County in diesem Bundesstaat hat er seine Ansichten geändert, entweder aufgrund seiner eigenen Erfahrung oder aus *anderen Gründen* , und empfiehlt jetzt meine Größe, nämlich 2.000 Zoll.

[4] Ich habe gelegentlich eine Seitenbox hinzugefügt, aber die Mühe hat sich für mich selten gelohnt.

[5] Ein mit einer Führungsplatte oder auf andere Weise hergestellter Streifen aus Bienenwachs erweist sich als wenig nützlich.

[6] Diese Vorgänge sind bei neuen und weißen Waben in unserem Glasstock deutlicher zu erkennen als bei sehr alten und dunklen Waben.

[7] Es wird gesagt, dass die Bienen auch diese Eier fressen.

[8] Ich habe mehrere solcher Fälle gehabt. Es machte keinen Unterschied, ob die Eier in den Arbeiterzellen oder Drohnenzellen waren, die Brut bestand nur aus Drohnen. In den Arbeiterzellen (und die Mehrheit war dort) mussten sie um etwa ein Drittel verlängert werden. Bei einem solchen Vorfall nimmt die Zahl der Arbeiterinnen schnell ab, bis zu wenige übrig sind,

um die Waben vor der Motte zu schützen. Am häufigsten kommt es im Frühjahr vor, aber ich hatte einmal im Spätsommer einen Fall. Die ersten Anzeichen sind eine ungewöhnliche Anzahl von Deckeln oder Zelldeckeln unter und um den Stock herum; die Arbeiterinnen werden weniger, anstatt sich zu vermehren. Wenn Sie diesen Zustand befürchten, führen Sie eine gründliche Untersuchung durch, blasen Sie etwas Tabakrauch unter den Stock, wie beim Beschneiden angegeben, drehen Sie den Stock um, teilen Sie die Waben, bis Sie die Brut sehen können; wenn die Arbeiterzellen Drohnen enthalten, sind diese leicht zu erkennen, da sie über die übliche ebene Oberfläche hinausragen und sehr unregelmäßig sind, hier und da ragen ein paar oder vielleicht nur eine heraus. Die Arbeiterinnenbrut bildet in ihren eigenen Zellen eine nahezu ebene Oberfläche; dies gilt auch für die Drohnen. Das einzige Mittel, das ich gefunden habe, ist, diese Königin zu vernichten und sie durch eine andere zu ersetzen, die man in der Schwarmsaison oder im Herbst bekommen kann, besser als zu anderen Zeiten. Um die Königin zu finden, lähmen Sie sie mit Bovist usw. Anweisungen finden Sie unter Herbstmanagement.

[9] Die botanischen Namen stammen aus Woods Class-Book.

[10] In Woods Klassenbuch der Botanik, „Ordnung CII", wird auf einer Tafel, die die Teile dieser Pflanze zeigt, Folgendes beschrieben: „Abb. 11, ein Paar Pollenklumpen, die an den Drüsen in einem Winkel des Antheridiums herabhängen" usw.

Beim Lesen dieser einfachen botanischen Beschreibung und beim Betrachten der Tafel oder beim genauen Betrachten der Teile durch den Botaniker mit seiner Brille würde man nichts für Bienen Gefährliches vermuten.

[11] Die von Harpers veröffentlichte Geschichte der Insekten enthält weitere Einzelheiten zu diesem interessanten Thema.

[12] Seit das Vorstehende geschrieben wurde, habe ich zu diesem Thema noch einige weitere Beobachtungen gemacht. Im August 1852 bemerkte ich, als ich unter einigen Weiden (*Salix Vitellina*) *hindurchging, dass Blätter, Gras und Steine mit einer feuchten oder glänzenden Substanz bedeckt waren. Als ich zwischen den Zweigen nachsah,*

stellte ich fest, dass fast alle der kleinsten mit einer Art großer schwarzer Blattläuse bedeckt waren , die anscheinend damit beschäftigt waren, den Saft zu saugen und gelegentlich einen winzigen Tropfen einer durchsichtigen Flüssigkeit abgaben. Ich *vermutete*, dass dies der Honigtau sein könnte. Da es früh am Morgen war, beschloss ich, diesen Ort noch einmal aufzusuchen, sobald die Sonne hoch genug stand, um die Bienen loszuschicken, und zu sehen, ob sie etwas davon sammelten. Auf meinem Rückweg fand ich nicht nur Bienen zu Hunderten, sondern auch Ameisen, Hornissen und Wespen. Einige waren auf den Zweigen mit den *Blattläusen* , andere auf den Blättern und größeren Zweigen. Einige von ihnen waren sogar auf den Steinen und dem Gras unter den Bäumen und sammelten es.

[13] Es geschah Ende Juli.

[14] Mr. Gillmans Patent zur Bienenfütterung basiert auf dem Prinzip einer chemischen Veränderung. Es wird gesagt, dass das Futter, das er den Bienen gibt, wenn es in die Zellen gegossen wird, zu Honig erster Güte wird. Dies erscheint äußerst mysteriös; denn es ist allgemein bekannt, dass eine Biene, wenn sie ihren Sack gefüllt hat, zum Stock geht, ihre Ladung ablegt und sofort zurückkehrt, um mehr zu holen; und ihre Arbeit den ganzen Tag über fortsetzt oder bis der Vorrat aufgebraucht ist; jede Ladung dauert nur wenige Minuten. Die Zeit vom Futterspender zum Stock ist so kurz, dass eine so bedeutende Veränderung überhaupt nicht wahrscheinlich ist. Die Natur der Bienen scheint darin zu liegen, Honig *zu sammeln , nicht ihn herzustellen* ; daher stellen wir fest, dass Bienen, wenn sie von Klee sammeln, einen ganz anderen Artikel lagern als wenn sie von Buchweizen sind – oder wenn wir westindischen Honig in ausreichenden Mengen füttern, um ihn *rein* in den Kisten zu lagern, stellen wir fest, dass er nichts von seinem schlechten Geschmack verloren hat, als er durch die Säcke unserer nördlichen Bienen gegangen ist.

Wenn Südstaatenhonig und billiger Zucker die Grundlage seines Futters bilden (was angeblich der Fall ist), ist es höchstwahrscheinlich, dass es mit etwas gewürzt ist, um die unangenehmen Eigenschaften der Mischung zu überdecken. Sollte dies das Geheimnis sein, wäre es Verschwendung, es an

Bienen zu verfüttern – ein Teil würde der Brut gegeben, und möglicherweise würden die alten Bienen nicht immer darauf verzichten, ein wenig von dem verlockenden Nektar zu schlürfen. Warum sollte man die Mischung nicht, wenn sie fertig ist, direkt auf den Markt bringen, anstatt sie durch diesen Prozess zu verschwenden? Oder ist es notwendig, sie in den Waben zu haben, um den Verbraucher psychologisch zu überzeugen, dass es sich um Honig reiner Qualität handelt?

[15] Vielleicht wäre Miners Querstangenstock die Lösung.

[16] Alle fremden Königinnen, die in einen Bestand oder Schwarm eingeführt werden, werden auf diese Weise von den Arbeiterinnen festgehalten und gefangen gehalten. Ob *sie* sie jedoch töten oder ob dies ein Mittel ist, um sie zu einem tödlichen Kampf zu provozieren, darüber sind sich die Autoren nicht einig, und ich werde nicht versuchen, eine Entscheidung zu treffen, da ich nie gesehen habe, dass die Bienen eine derart gefangene Königin freiwillig freigelassen haben . Aber ich habe Königinnen gesehen, die, als keine Bienen eingriffen, in einer tödlichen Begegnung zusammenstürmten , und eine von ihnen war bald ein gefallenes Opfer des Kampfes. Es heißt, es komme *nie* vor, dass beide bei diesen Kämpfen getötet würden – vielleicht auch nicht. Da ich nie *alle* dieser königlichen Kämpfe gesehen habe, kann ich mich natürlich nicht entscheiden.

[17] Ich war mit meinem Erfolg, insbesondere bei kleinen Familien, so zufrieden, dass ich die wichtigsten Punkte in einer Mitteilung an die Dollar Newspaper, Philadelphia, im November 1848 darlegte.

[18] Als zusätzlichen Beweis dafür, dass diese Methode, Bienenstöcke für den Winter im Haus umzudrehen, nützlich ist, möchte ich anführen, dass Mr. Miner, der Autor des American Bee-Keeper's Manual, sie anscheinend sehr schätzt. Im Herbst 1850 teilte ich ihm diese Methode mit und gab meine Gründe an, warum ich sie der in seinem Handbuch empfohlenen Kaltmethode vorziehe. Der Versuch über einen Winter hinweg, so scheint es, überzeugte ihn von der Überlegenheit der Methode,

so sehr, dass er innerhalb eines Jahres einen Aufsatz veröffentlichte, in dem er sie empfahl; er riet jedoch dazu, die Bienen mit Musselin usw. einzusperren.

[19] Man geht davon aus, dass auch Unerfahrene schnell lernen werden, Bienen, die an Altersschwäche oder natürlichen Ursachen sterben, von solchen zu unterscheiden, die durch Kälte gestorben sind.

[20] Siehe andere Verlustursachen einige Seiten zurück.

[21] Es gibt Landesteile, in denen der Unterschied zwischen den Jahreszeiten geringer ist als hier.

[22] Man darf nicht vergessen, dass Waldbäume wertvoll sind, insbesondere wenn es Linden oder auch Ahorn gibt.